LEGO
마인드스톰 NXT를 활용한
창의공학설계 입문

김성영 | 오병우 | 김선명 | 황준하 | 이이섭 공저

카오스북
CHAOS BOOK

저자 소개

김성영

금오공과대학교 컴퓨터공학과 교수

오병우

금오공과대학교 컴퓨터공학과 교수

김선명

금오공과대학교 컴퓨터공학과 교수

황준하

금오공과대학교 컴퓨터공학과 교수

이이섭

금오공과대학교 컴퓨터공학과 교수

LEGO 마인드스톰 NXT를 활용한

창의공학설계 입문

발행일 | 2013년 01월 07일
저자 | 김성영, 오병우, 김선명, 황준하, 이이섭
발행인 | 오성준
발행처 | 카오스북
주소 | 경기도 파주시 문발동 507-9번지
전화 | 031-949-2765
팩스 | 031-949-2766

등록번호 | 제406-2012-000111호
웹사이트 | www.chaosbook.co.kr

ISBN | 978-89-98338-05-3 93530
정가 | 17,000원

머 리 말

"창의성을 위한 공학설계 입문서"

이 책의 제목을 결정하기 위한 저자들 간의 모임에서 다양한 의견이 나왔다. '공학도를 위한', '공학인을 위한', '컴퓨터공학도를 위한', '창의적' 이러한 표현을 제목에 넣을지 말지, '마인드스톰 NXT를 이용한', '활용한', '사용한' 이 좋을지 아니면 마인드스톰을 아예 뺄지 등등에 대한 토론이 있었다. 결정된 제목은 《마인드스톰 NXT를 활용한 창의공학설계 입문》이었다.

마인드스톰 NXT는 로봇을 설계하고 개발할 수 있는 레고사의 제품 이름이다. 그리고 창의공학설계는 창의 + 공학 + 설계 세 개의 단어로 구성된다. 책의 이름에서 알 수 있듯이 이 책은 공학과 관련된 문제를 창의적으로 해결하기 위한 설계 이론과 방법을 설명하고, 마인드스톰 NXT를 활용하여 문제 해결을 위한 로봇을 설계할 수 있는 기본 기술을 학습한다.

이 책은 크게 두 부분으로 구성된다. 창의, 공학, 설계에 대해 설명하는 '설계 이론' 부분과 마인드스톰 NXT를 사용해 실제 로봇을 만드는 기술을 설명하고 설계할 수 있도록 해주는 '설계 활동' 부분이다. 설계 이론 부분에서는 공학 실무에서 필요한 각종 기본 개념에 대해 설명한다. 그리고 설계 활동 부분에서는 마인드스톰 NXT의 부품에 대한 설명과 프로그래밍 기술에 대해 살펴본다.

공학 인증에 대한 열기가 급속도로 확산되면서 공학 설계와 관련된 주옥같은 많은 서적들이 쏟아져 나오고 있는 상황이다. 이 책에서는 공학 설계와 관련된 모든 내용을 다루고 있지는 않다. 이론적이지 않을지는 모르겠지만 선배가 후배의 미래를 생각하며 '내가 아는 만큼만은 알았으면' 하는 마음으로 담배연기 자욱한 술집에서 두서없이 정겹게 말하듯이 실무적인 내용을 풀어 쓰려고 노력했다.

이 책이 험난한 공학도의 길을 소신 있게 선택한 학생들에게 인류의 미래를 자신의 머리에서 설계하고 자신의 손으로 직접 만들어낼 수 있는 무한한 창조성을 일깨워 주기를 바란다. 또한 공학의 매력을 느낄 수 있는 계기가 될 수 있기를 바란다.

2010년 9월

김성영, 오병우, 김선명, 황준하, 이이섭

차 례

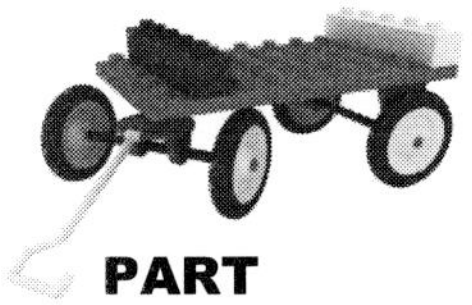

PART 01 설계 이론

Chapter 01

공학 12

1. 돈의 흐름 12
2. 계약에 의한 지식 판매 14
3. 계약의 절차 16
4. 환경 변화 22
5. 문제 해결 프로세스 29

Chapter 02

문제 정의 32

1. 문제 정의의 어려움 32
2. 문제 정의문 작성 원칙 34
3. 초기 정의문 작성 35
4. 문제 정제 36
5. 문제 정의 도구 38

Chapter 03

창의적인 아이디어 48

1. 창출 및 개선 48
2. 창의적인 아이디어 창출 기법 50
3. 아이디어 다듬기 64

Chapter 04

아이디어 평가 69

1. 아이디어 평가의 정의 69
2. 아이디어 분석법 72
3. 쌍비교분석법 73
4. 평가기준기반 아이디어 평가법 74
5. 평가기준기반 쌍비교분석법 77
6. 실행을 위한 준비 79

Chapter 05

프로젝트 관리 82

1. 프로젝트란? 82
2. 프로젝트의 특징 83
3. 팀워크 84
4. 회의 86
5. 계획 수립 87
6. 일정관리 도구 88
7. 예산 집행 90
8. ISO9000 인증 93

Chapter 06

설계의 표현 96

1. 논술 96
2. 프레젠테이션 103
3. 문서 108

Chapter 07

공학적 시스템 개발 방법론 112

1. 필요성 112
2. 계획 단계 117
3. 분석 단계 121
4. 설계 단계 124
5. 구현 125
6. 검증 126
7. 인수 128

PART

02 설계 활동

Chapter 08

LEGO 마인드스톰 NXT 소개 134

1. LEGO 소개 134
2. LEGO 마인드스톰 NXT 개요 137
3. 마인드스톰 NXT 개발 환경 141
4. NXT-G 맛보기 152
5. LEGO Digital Designer 161
6. 테스트용 자동차 조립 167

Chapter 09

LEGO 마인드스톰 NXT-G 프로그래밍 (1) 175

1. Display 블록 175
2. Move 블록 179
3. Record/Play 블록 182
4. Sound 블록 184
5. Data Hub 189
6. Sensor 블록 200
7. Wait 블록 211
8. Loop 블록 215
9. Switch 블록 221
10. Stop 블록 227
11. Random 블록 229
12. Number to Text 블록 233

Chapter 10

LEGO 마인드스톰 NXT-G 프로그래밍 (2) 238

1. Compare 블록 238
2. Range 블록 242
3. Logic 블록 246
4. Variable 블록 249
5. Text 블록 255
6. Math 블록 258
7. Keep Alive 블록 262
8. File Access 블록 265
9. Calibration 블록 270

10. Reset Motor 블록 275
11. Send Message 블록 279
12. Receive Message 블록 281

Chapter 11

실습 예제 284
1. 터치 센서를 이용한 범퍼카!! 284
2. 라인 트레이서 286
3. 라인 감지를 이용한 경로 주행 304
4. 실생활에 유용한 청소 로봇 308

Chapter 12

창의적 설계 문제 326
1. 왕복 빨리 달리기 326
2. 로봇 스모 328
3. 장애물 제거 로봇 330
4. 계단 왕복 주행 로봇 333
5. 4족 보행을 이용한 강아지 로봇 335
6. 해머 게임을 벤치마킹한 로봇 338

참고문헌 341
찾아보기 342

PART 01

설계 이론

'창의創意' 라는 것은 무엇인가? 한자를 풀이해보면 "생각을 만든다"는 것이다. 영어로는 Originality 또는 Creativeness이고, 창의적인 문제 해결이라는 의미로 Creative Problem Solving이라는 표현을 주로 사용한다. 어린이들의 영재 교육에 많이 등장하는 창의력 또는 독창성이라고 생각하면 된다. 세상에 없는 것을 새롭게 생각하거나 기존에 있는 것들을 조합해 더 나은 것을 만드는 것이다.

'공학工學' 이라는 것은 무엇인가? 한자를 풀이해보면 "만드는 것을 배우는 것"이고, 영어로는 Engineering이라고 한다. 무엇인가를 만들기 위해서는 자원이 필요하며 최근에는 최소의 자원으로 높은 품질의 것을 만들기 위해 노력한다. 그러므로 공학은 최소의 자원으로 최고의 제품을 만드는 과정을 체계적으로 배우는 학문이다.

'설계設計' 라는 것은 무엇인가? 한자를 풀이해보면 "계략이나 계획을 세우는 것"이다. 영어로는 Design이라고 하는데 평소에 흔히 사용하는 외

래어가 되었다. 문제를 해결하기 위해 계략이나 계획을 치밀하게 세우는 것이라고 할 수 있다.

이를 종합해보면 창의공학설계는 최소의 자원으로 최고의 제품을 만들기 위해 발생하는 여러 가지 문제들을 해결하기 위해 다양한 생각을 통해 치밀한 계획을 세우는 것이라고 말할 수 있다. 간단히 말하면, 창의공학설계는 공학과 관련된 문제를 창의적으로 해결하기 위한 설계를 의미한다.

Part 01에서는 창의공학설계에 대한 설계 이론을 공학, 설계 절차, 관리의 순으로 설명한다.

Chapter 01 공학Engineering

창의공학설계 입문을 위해 공학부터 살펴보자. 공학工學은 한자로는 만드는 것을 배우는 학문이라는 뜻이며, 영어로는 Engineering이다. 무엇인가를 만들어내기 위해서는 자원이 필요하며 최근에는 최소의 자원으로 최고의 제품을 만들기 위해 노력한다. 이때 자원은 재료뿐만 아니라 시간, 에너지, 자금 등을 포함하는 경제론적인 개념이다. 어떤 자원을 선택할지에 따른 기회비용도 고려해야 한다. 공학에서는 순수 기초과학과는 다르게 경제성을 고려해, 만드는 과정에서 소모되는 자원도 중요하게 생각한다. 공학의 설명은 돈에서부터 시작한다.

1 돈의 흐름

돈은 원시 사회의 조개껍질을 사용하던 것에서 시작해 오늘날의 화폐로 발전해 왔다. 돈에 대한 학문인 경제학의 원칙은 최소비용과 최대효과로 요약할 수 있다. 공학은 여러 과학 분야 중에서 이러한 경제 원칙을 적용한 응용과학이다. 새로운 제품을 만드는 기술뿐만 아니라 동일한 제품을 생산할 때 생산 단가를 낮출 수 있는 신기술을 개발하는 것도 공학에 속한다.

화폐는 조폐공사에서 제조해 한국은행에서 배포한 이후 여러 곳을 거치면서 흘러 다니다가 다시 조폐공사에서 폐기되는 라이프사이클을 갖는다. 돈은 어디서 생기며 또한 무엇이 돈의 흐름을 만드는가? 이론적으로는 부가가치 창출에 따라 돈이 생기며 공학의 측면에서 보면 돈을 가진 자와 기술을 가진 자 사이에서 돈의 흐름이 발생한다.

돈을 가진 자는 기술을 가진 자에게 돈을 지급해 상품을 개발한다. 다르게 말하면 기술을 가진 자는 자신의 기술과 노동을 제공하고 그 대가로 돈을 받는다. 회사나 연구소에 취업해 월급을 받는 대부분의 공학도가 이에 속한다. 금처럼 반짝이는 창의적인 아이디어와 지식을 파는 노동자인 컴퓨터 프로그래머, 컨설턴트, 그래픽 디자이너, 프로듀서, 만화가 등을 미국의 로버트 켈리 교수는 1985년에 골드칼라gold collar라고 분류했다.

그 외에 사용되는 단어로는 육체적인 노동을 제공하고 대가로 돈을 받는 부류를 말하며 주로 작업복이 파란색이어서 붙여진 블루칼라blue collar, 주로 흰색 와이셔츠를 입고 사무실에서 업무를 보는 사무직 노동자를 지칭하는 화이트칼라white collar가 있다([표 1-1] 참조). 단순하게 특정 칼라에 따라 사회적인 위치가 결정되지는 않지만 창의적인 아이디어를 무기로 삼는 골드칼라가 21세기를 주도할 것이라는 것은 많은 사람들이 공감한다.

명칭	부가가치 생산 방법
골드칼라 (gold collar)	창의적인 아이디어 및 지식 노동
화이트칼라 (white collar)	사무직 정신 노동
블루칼라 (blue collar)	육체 노동

표 1-1 노동 유형 분류

개인이 회사에 취업해 회사를 위해 노동을 제공하고 돈을 버는 방법에 대해 설명했는데 그렇다면 회사는 어디서 돈이 나서 개인에게 노동의 대가로 돈을 지급하는 것일까? 회사는 사원들의 육체, 정신, 지식 노동을 집약해 제품 또는 서비스를 만들고 이를 팔아 돈을 번다. 회사가 제품을 파는 대상은 매우 다양하지만 인터넷 비즈니스 유형에서 3가지만 살펴보자. 정부, 회사, 개인을 대상으로 제품을 팔 수 있다([표 1-2] 참조).

회사가 정부를 대상으로 제품을 파는 유형을 B2G Business to Government라고 하고, 회사가 회사를 대상으로 제품을 파는 방식을 B2B Business to Business라고 한다.

B2G 및 B2B 유형은 영업 능력에 따라 계약 성사 여부가 좌우되는 경우가 많다. 영업 과정에서 간혹 뉴스에 보도되는 뇌물, 접대 등의 비리가 발생하기도 한다. 예전보다 많이 개선되었으나 앞으로 공정성이 더욱 확보된다면 영업에 필요한 제반 비용이 절약되는 효과가 있어 제품 개발에 더욱 집중할 수 있게 된다.

회사가 개인을 대상으로 제품을 파는 방식은 B2C Business to Consumer라고 한다. B2C는 개인을 대상으로 하므로 광고를 통한 제품의 홍보가 매우 중요하다.

유형		대상
B2G	Business to Government	정부 및 지방자치단체
B2B	Business to Business	기업
B2C	Business to Consumer (Customer)	개인

표 1-2 인터넷 비즈니스 유형

회사는 제품을 팔아 얻은 수익금의 일부를 회사에 속한 직원 개인에게 노동의 대가로 지급한다. 개인은 이를 가지고 회사에서 만든 제품 또는 서비스를 다시 구매하는 과정을 되풀이하면서 돈은 지속적으로 흘러간다.

2 계약에 의한 지식 판매

2.1 위탁과 용역 계약

B2G 및 B2B 유형에서 회사는 대상 기관인 정부 또는 다른 회사와 계약을 맺어 자사의 제품 또는 서비스를 제공하며 대가로 돈을 받는다. 회사와 정부 간 또는 작은 회사와 큰 회사 간에는 계약을 통한 지식 판매가 빈번하게 이루어진다. 주로 정부 또는 큰 회사에서는 돈을 가지고 있고 정부를 상대하는 회사 또는 작은 회사에서는 기술에 대한 지식을 가지고 있는 경우가 많다. 회사에서 개발 비용의 효율성을 높이기 위해 기술의 일부를 다른 회사와 계약해 개발하도록 하는

것을 아웃소싱outsourcing이라고 한다.

회사의 규모 또는 기술력이 비슷한 경우에는 공동 출자같이 돈을 내는 방식하여 공동 연구 또는 공동 개발 계약을 맺고 지식을 교환하면서 기술 또는 제품을 개발한다. 회사의 규모가 차이가 날 경우에 기관 간의 지식 판매는 위탁, 용역 등의 이름으로 불린다. 위탁 용역을 함께 사용하는 경우도 있다. 위탁과 용역은 명확히 구분하기는 힘들지만 위탁은 특정 부분을 대신하도록 부탁하는 의미를 갖고, 용역은 일을 시키는 의미를 가지므로, 일반적으로는 위탁보다 용역이 지식 또는 노동의 가치가 낮은 것으로 받아들여진다.

회사의 규모면에서도 위탁보다 용역 계약을 맺는 업체 간의 규모 차이가 큰 경우가 많다. 예를 들어, 공동 연구는 국가출연연구소에서 대기업이나 기술력이 있는 업체 또는 타연구소와 동등한 조건에서 기술을 개발하기 위해 사용한다. 위탁 연구는 기술력을 가지고 있는 대학에서 특정 기술을 개발하도록 계약하기 위해 사용한다. 용역은 일반 업체에 제품 또는 서비스를 개발하기 위해 계약할 때 사용할 수 있다. 그러나 단어의 구분 없이 사용하는 경우도 많다.

2.2 갑을관계

계약이 위탁이든 용역이든 상관없이 계약서에는 갑甲과 을乙이 있다. 흔히 '갑을관계' 라고 부른다. 갑은 주로 돈을 가지고 있고 지식에 대한 대가로 돈을 지불하는 기관이고, 을은 주로 가치 있는 지식 또는 기술을 가지고 있는 업체를 지칭한다. 갑, 을 이외에도 병丙, 정丁 등과 같이 10개의 천간天干을 순서대로 지칭할 수도 있다. 일반적으로 천간의 순서가 빠를수록 계약에서 높은 관계에 있다. 예를 들어, A 업체가 갑이고 B 업체가 을이고 C 업체가 병이라고 계약서에 표기되어 있다면, A 업체는 B 업체에게 돈을 주고 일을 시키는 입장이고 B 업체는 A 업체에게 일을 받아서 일부는 자기가 처리하고 나머지는 C 업체에게 돈을 주고 시키는 입장이다. 간혹 계약서에 갑은 '하도급 불가' 라고 명시하는데 이는 을에 해당하는 업체가 병에 해당하는 업체를 별도로 둬서는 안 되고 을에서 직접 계약 내용을 수행할 것을 지정하는 것이다.

흔히 갑을 관계에서 을의 서러움에 대해 많이 불만을 토로하곤 한다. 예를 들어, 심심찮게 뉴스를 장식하는 연예기획사와 아이돌 그룹의 관계 악화도 갑인 연예기획사의 불공정 행위에 대한 을인 아이돌 그룹의 불만에서 주로 발생한다. 비단 연예계뿐만 아니라 모든 분야에 걸쳐 을의 서러움은 공통적이다.

계약서 작성 이전까지의 갑을관계는 계약 체결 이후에 역전되기도 한다. 계약이 체결되고 나면 을이 어떻게 일하느냐에 따라 결과가 달라지므로 갑은 좋은 결과를 산출하기 위해 을의 눈치를 봐야 하는 경우도 있다. 물론 갑은 만족할 만한 결과가 나오지 않는다면 계약에서 정한 금액을 을에게 지급하지 않을 수도 있지만 을을 너무 심하게 대해 을이 위약금을 물더라도 일을 더 이상 진행하지 못하겠다고 포기한다면 갑으로서는 전체적인 계획이 틀어져 손해가 커진다. 또한 업계는 좁고 소문이 빠른 편이어서 그런 갑과 계약을 맺으려는 업체는 줄어들게 된다.

업계에서는 "모든 일은 사람이 하는 일이다"라는 말이 회자되곤 한다. 사람 간의 관계가 무엇보다 중요하다는 말이다. 갑이든 을이든 계약서의 표기 내용에 연연하여 일을 그르치는 일이 없도록 서로 협동하는 것이 무엇보다 중요하다. 계약에 의해 만약 갑이 된다면 을의 입장을 이해해주려고 노력해야 한다. 또한 을이 된다면 최대한 좋은 결과를 낼 수 있도록 노력하고 갑의 입장을 충분히 고려해야 한다. 상호 이해를 통해 원만한 인간관계에 기반을 둔 협력의 즐거움을 느낄 수 있도록 해야 한다.

3 계약의 절차

3.1 입찰공고에서 계약까지

회사가 돈을 버는 방법 중에서 B2B 및 B2G의 경우 입찰을 통해 계약을 하여 체결 제품 또는 지식을 판매하는 방법이 있다. 입찰은 공정성을 기하기 위한 공개적인 경쟁 매매 방법이다. 돈을 가지고 있는 정부, 지방자치단체, 기업 등의 기관이 수행하고자 하는 과제가 있으면 입찰을 통해 최종 계약까지 정해진 절차대로 추진한다. 입찰의 절차는 기관마다 상이하지만 계약에 도달하기 위해 일반적으로 [그림 1－1]의 절차를 따른다.

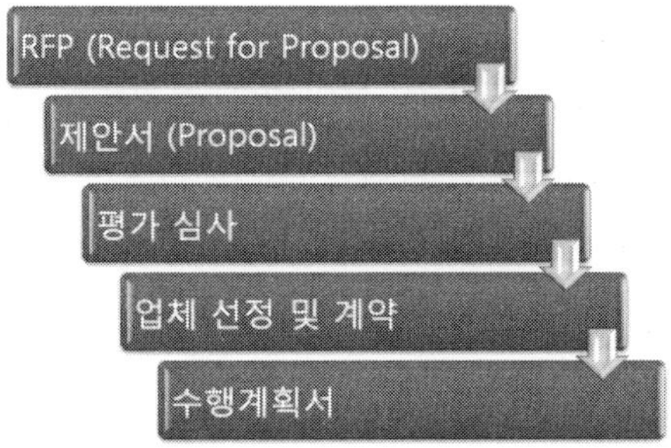

그림 1－1　계약 절차

3.2 RFP

입찰의 공식적인 가장 처음 단계는 RFP Request for Proposal 제안 요청서 또는 과업지시서를 공고하는 것이다. RFP는 제안서proposal를 위한 요청request이라는 의미이다. RFP의 예제는 [그림 1－2]와 같다.

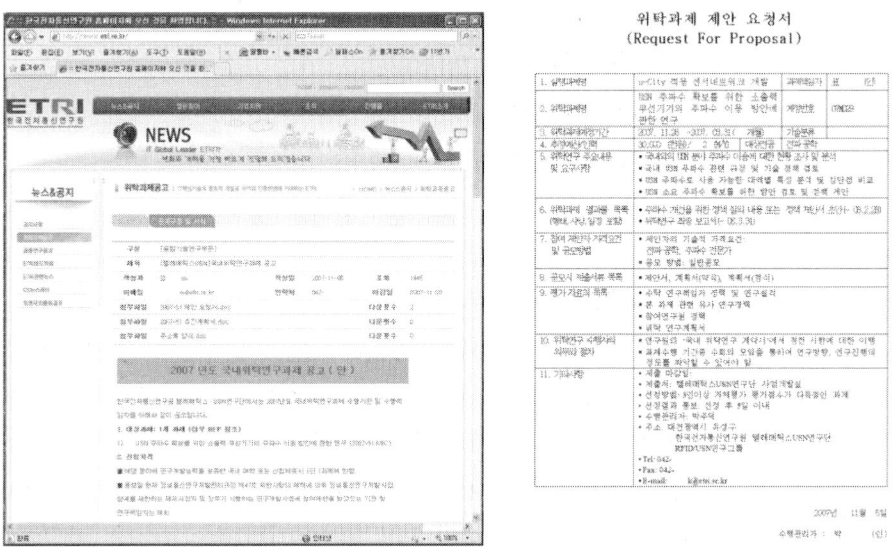

출처 : 한국전자통신연구원 홈페이지 (www.etri.re.kr)

그림 1－2　한국전자통신연구원의 위탁과제 공고 및 RFP

RFP는 계약을 통해 수행하려는 과제에 대한 배경, 내용, 방법, 결과물, 참가 자격, 제한 사항, 기간, 제안서 양식 등을 포함한다. 예산에 대한 내용은 과제에 따라 포함되는 경우도 있고 업체에서 입찰 시에 산정하도록 되어 있는 경우도 있다. 최근에는 RFP를 인터넷에 공고하며 별도로 관련 회사에 e-mail, 공문 등을 통해 배포하기도 한다.

입찰의 처음 단계는 RFP이지만 현실에서는 이 RFP를 작성하는 일 자체가 로비 또는 영업의 대상이 된다. 원래 RFP는 갑에서 만들어야 하지만 전문적인 지식, 시간 등의 한계로 을이 될 수 있는 업체의 도움을 받아 만드는 경우도 있다. 만약 특정 업체가 RFP를 작성하는데 도움을 주었다면 다른 업체보다 해당 과제에 대해 훨씬 다양한 정보를 가지고 있을 것이고 내용, 제한 사항, 제출 기한 등에 자사에 유리한 내용을 넣을 수도 있다. 그리고 갑의 RFP 작성 담당자와 친분 관계를 유지하고 있으므로 얻는 혜택도 많다. 이러한 사전 작업은 공정성을 저해할 뿐만 아니라 자칫 갑이 을의 의도대로 끌려 다니면서 본래 과제의 목적을 이룰 수 없게 되므로 앞으로는 없어져야 한다.

간혹 뉴스에서 턴키turn-key 입찰이라는 용어를 들을 수 있는데 턴키는 열쇠를 돌리면 모든 것이 동작하는 상태로 제품을 통째로 납품한다는 의미로 일괄 수주방식이라고 한다. 예를 들어, 갑이 컴퓨터가 필요하다면 본체 조립 업체, 모니터 업체, I/O 장치 업체와 개별 계약하지 않고 한 업체또는 뒤에 설명할 컨소시엄와만 계약해 을이 본체, 모니터, I/O 장치를 모두 구입하고 테스트하여 문제가 없는지 확인한 뒤에 전체 제품을 통째로 납품하는 방식을 의미한다.

3.3 제안서

RFP가 첨부된 입찰 공고가 발표되면 입찰을 희망하는 업체에서는 정해진 양식에 따라 제안서Proposal를 작성해 기한까지 제출하여야 한다. 제안서가 당락을 결정짓게 되므로 제안서를 작성할 때는 정해진 양식을 지키면서도 제안하는 내용을 논리적이며 조리 있게 기술해야 한다. 제안서를 작성하는 방법에 대해서는 제6장에서 설명한다.

제안서를 작성할 때는 많은 정성을 들이는데 국내의 전문 SI System Integration

업체에서는 일반적인 워드프로세서를 사용하지 않고 마이크로소프트의 파워포인트를 사용해 수백 페이지에 달하는 현란한 제안서를 컬러로 제출하는 경우가 많다. 대기업에서는 지식관리시스템KMS: Knowledge Management System을 구축해 기존의 제안서들을 모아 놓고 재활용하고 있으며 중소 업체들도 점차 지식관리시스템을 구축해 나가고 있다. 제안서를 작성할 때 기존의 데이터를 새로운 제안서에 맞도록 변경해 놓지 않으면 성의가 없다고 판단하여 감점되는 경우도 있으므로 주의해야 한다.

제안서 작성은 업체의 기획 부서에서 담당하거나 별도의 TFT Task Force Team를 구성해 작성한다. 제안서 작성을 전담하는 기획 부서에서는 연구소 또는 개발팀과의 회의를 통해 제안서에 포함할 내용을 결정한다. 간혹 기획 부서에서 개발팀과 협의되지 않은 상태에서 평가에 유리한 이상적인 내용을 추가함으로써 계약은 체결되지만 실제 과제 수행 시에 개발팀에서 어려움을 겪는 경우도 있다.

TFT는 특정 목적을 완수하기 위해 한시적으로 결성하는 조직을 의미한다. TFT를 구성해 제안서를 작성한 후에는 팀을 해체하고 본래의 업무로 돌아가는 것이 일반적이다. 만약 계약이 체결되면 제안서 작성을 위한 TFT를 기반으로 조직을 정비해 제안서의 내용대로 추진하기 위한 TFT를 새로 구성한다.

제안서 작성에는 인력, 시간, 재료 등이 필요하며 일반적으로 많은 비용이 든다. 갑이 제안서를 제출한 업체에게 일부 비용을 제공하는 경우도 간혹 있지만 일반적으로는 제안서 작성에 필요한 비용은 업체에서 부담한다. 그러므로 무작정 여러 RFP에 대해 제안서를 많이 작성하는 것이 능사는 아니다. 회사에서 가진 지식 또는 기술이 해당 RFP에 적합한지, 과거의 과제에서 개발한 기술을 재사용할 수 있는지, 가격경쟁력이 있는지, 로비에서 유리한 입장을 갖추고 있는지 등을 면밀히 검토하는 과정이 선행되어야 한다.

제안서를 작성할 때는 단독으로 과제를 수행할 수 있는지의 여부에 따라 다른 업체와의 협력도 고려해야 한다. 다른 업체와 공동으로 참여하는 방식을 컨소시엄consortium을 구성한다고 말한다. 컨소시엄은 영구적인 협력 관계를 의미하지는 않으며 해당 과제에 국한되는 경우가 많다. 즉, 과제를 위해서 필요하면 업체 간에 협력해 컨소시엄을 구성하고, 다른 과제에 대해서는 또 다른 업체와 협력해 다른 컨소시엄을 구성할 수 있다.

3.4 평가 심사

RFP에서 공고한 기한까지 접수된 제안서를 평가해 계약할 업체를 선정한다. 평가 심사는 정량 평가와 정성 평가로 나눌 수 있다. 정량 평가는 수치로 명확히 계량할 수 있는 양에 대한 평가이고, 정성 평가는 계량화하기 어려운 성질에 대한 평가이다. 정량 평가는 객관적인 수치 기준에 따른 평가가 가능하다. 예를 들어, 참여 인력이 1~5명이면 10점, 6~10명이면 20점 등과 같이 수치에 따른 객관적인 평가가 가능하다.

이에 비해 정성 평가는 주관적인 평가에 의존하므로 심사위원마다 평가 결과가 다를 수 있다. 예를 들면, 제안서의 내용이 RFP에서 기술한 과제 내용과 얼마나 부합하는지 심사하는 것은 객관적으로 판단할 수 없고, 심사위원의 주관에 따라 '매우 부합함 (20점)', '부합함 (10점)', '일부 부합함 (5점)' 등과 같이 평가된다.

평가 심사는 해당 기관이 정한 규정에 의해 이루어지며 주로 [그림 1-3]과 같은 내용을 평가한다.

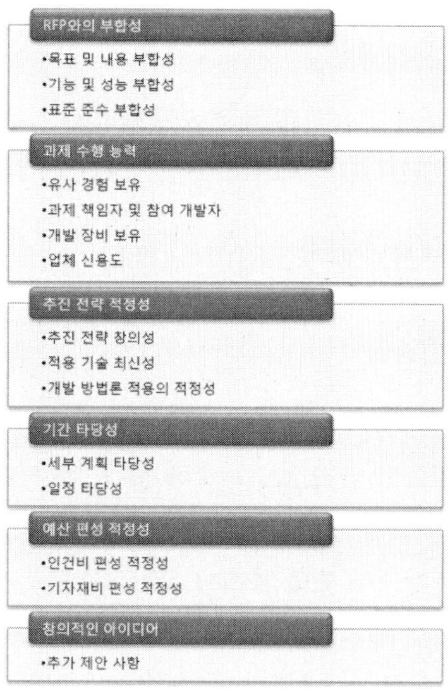

그림 1-3 평가 기준 예제

RFP를 공고한 기관에서는 공정한 평가 심사를 위해 다양한 방법을 사용한다. 평가위원을 평가 바로 전날 오후에 추첨을 통해 선정하고 전화, 휴대폰 문자 메시지, 자동 응답 장치 등을 사용해 평가위원의 참석 가능 여부를 문의함으로써 평가위원에 대한 입찰 업체의 로비를 최대한 방지하려고 노력한다.

평가 심사에서는 최고점과 최하점을 제외한 나머지 점수로 평균을 계산하는 방법을 사용하기도 한다. 특정 평가위원이 월등히 높은 점수를 부여해 평균값이 높아지는 것을 막기 위한 방법이다. 매우 민감한 심사의 경우에는 입찰에 참가한 업체명이 평가 심사용 제안서에 거론되지 못하도록 제한하기도 한다. 제안서에 업체명을 삭제함으로써 평가위원이 어느 업체의 것인지 모르도록 하여 공정한 평가를 도모하기 위한 방법이다.

3.5 업체 선정 및 계약

평가 심사의 결과가 나오면 입찰가를 고려해 과제를 담당할 업체를 선정한다. 입찰의 결과로 계약이 이루어지는 것을 낙찰이라고 한다. 낙찰된 업체를 신중한 표현으로 '우선 계약 대상 업체' 로 표현하기도 한다.

간혹 계약이 성사되지 못하고 유찰되는 경우도 있다. 유찰은 낙찰되지 않는 것을 의미한다. 입찰에 참가한 업체들 중에서 비용에 해당하는 입찰가가 미달되거나 초과될 때 유찰될 수 있다.

경쟁을 유발하여 과제 수행의 질을 높이기 위해 최소 입찰 업체수를 두 업체로 지정했는데 아무도 입찰하지 않았거나 한 업체만 입찰했을 때도 유찰된다. 이런 경우에는 기간을 연장해 재입찰 공고를 낸다. 기관의 규정에 따라 다르지만 재입찰에서도 한 업체만 입찰했다면 이 업체의 제안서에 대해 평가 심사를 수행하고 문제가 없다면 낙찰된다. 현실에서는 유찰을 막기 위해 제안서 한 개는 정상적으로 제출하고, 나머지 한 개는 다른 업체에 의뢰해 낮은 수준으로 작성해 제출하기도 한다. 이런 경우에 낙찰되지 못할 줄 알면서 입찰 업체수를 채우기 위해 제안서를 제출하는 업체를 '들러리' 라고 표현한다.

더 심한 경우에는 낙찰을 원하는 업체에서 유령회사를 만들어 입찰 업체수를 채우기 위한 나머지 제안서를 작성해 제출하기도 한다. 유령회사는 paper company시류회사라고도 하며 서류상으로는 회사가 설립되어 있으나 사업자등록증만 존재하고 실제로는 아무 업무도 하지 않는 회사를 말한다. 이러한 편법은 기술 발전을 저해하고 공정한 사회를 구축하는데 걸림돌이 되므로 근절되어야 한다.

3.6 수행계획서

기술 과제인 경우에는 계약이 성사되었다고 바로 과제를 추진하는 것이 아니며 제안서와 유사한 수행계획서를 다시 제출하는 경우가 많다. 이때에는 갑에 해당하는 과제 발주 기관과 을에 해당하는 계약 업체가 함께 구체적인 과제 내용과 기간 등을 협의한다. 갑의 입장에서는 RFP에서 기술한 내용이 제안서에 잘못되어 있으면 이를 바로잡을 수 있고, 을의 입장에서는 사용자 요구 사항 분석 단계에 해당한다. 을이 제안서를 수정하고 수행계획서를 제출해 갑이 그 내용을 확인하면 실제 과제가 추진된다.

4 환경 변화

정보화 시대와 지식화 시대를 거치면서 공학 분야에도 다양한 환경 변화가 있었다. 다양한 환경 변화 중에서 몇 가지에 대해 살펴보자.

4.1 UCC

인터넷이 발전하던 초기에는 전문화된 대형 기업에서 유용한 고급 콘텐츠를 개발해 보급하였으나 최근에는 소비자인 사용자가 직접 다양한 콘텐츠를 만들어 배포하는 추세이다. 사용자가 제작한 콘텐츠를 의미하는 UCC User Created Contents는 현재 동영상 형태로 가장 많이 제작되고 있으며, 인터넷 방송도 UCC로 볼 수 있다. YouTube, 국내 포털 사이트의 동영상 등이 대표적이다. UCC는 다양한 볼 거리를 제공하지만 저작권 문제, 사생활 침해, 유해 콘텐츠 등의 문제점도 안고 있다.

웹 백과사전인 Wikipedia도 사용자들이 만들어가는 백과사전으로 대형 업체에서 만든 백과사전에 필적하거나 일부에서는 수준이 더욱 뛰어날 정도로 다양하고 신속한 정보를 제공해준다([그림 1−4] 참조).

그림 1−4 Wikipedia에 실린 UCC에 대한 설명을 찾은 예제 화면

포털 사이트의 지식 검색도 사용자가 질문하고 사용자가 답하는 형식의 UCC로 볼 수 있다. 자신이 고민하는 문제는 이미 다른 사람도 고민했던 문제인 경우가 많으므로 지식 검색은 다양한 해결책들을 발견할 수 있도록 해준다. 개인이 구축하는 블로그도 UCC에 속한다. 사용자가 만든 응용프로그램도 UCC로 볼 수 있다. 다음에 설명할 앱스토어는 사용자가 만든 응용프로그램을 공유하거나 판매할 수 있는 체계를 제공한다.

4.2 앱스토어

2009년 겨울 애플의 아이폰이 국내에도 출시되면서 사회에 큰 반향을 일으켰다. 아이폰은 하드웨어의 성능으로 봐서는 크게 월등하지 않으나 응용프로그램에서 무선랜을 사용할 수 있고 무엇보다도 애플이 제공하는 엄청난 콘텐츠를 활용할 수 있다는 측면에서 사용자에게 크게 각광 받고 있다.

그동안 국내의 통신사는 콘텐츠 프로바이더CP: Contents Provider들 위에 존재하는 서비스 프로바이더SP: Service Provider로서의 권위적이고 독과점적인 지위를 유지하고 있었다. CP나 일반 프로그래머는 휴대폰에 응용프로그램을 올리기 힘들었고 SP인 통신사의 눈치를 봐야 하는 입장이어서 응용프로그램의 개발 환경이 제한적이었다. 또한 콘텐츠뿐만 아니라 무선랜 기능, 플래시 기능 등과 같이 기술적으로 가능한 기능도 제한된 경우가 많았다.

이러한 제한된 환경은 통신사에 많은 이익을 가져다주었지만 휴대폰 사용자에게는 불편함을 주었다. 아이폰 출시를 계기로 통신사에서도 콘텐츠와 사용자 요구의 중요성을 인식하고 새로운 구조에서의 수익 모델 창출 노력을 기울임으로써 전체적인 분량을 키워 자사의 이익도 증대시키면서 진정한 통신 대국을 이루어야 한다.

애플의 아이폰에서는 업체 또는 개인이 응용프로그램을 개발해 유무료로 배포할 수 있도록 앱스토어AppStore: Application Store를 제공한다. 2009년에 응용프로그램만 10만 개 이상이고 앞으로 더욱 2010년에는 30만 개 이상으로 증가할 것으로 예측된다. 앱스토어에서 무선랜을 통해 받은 응용프로그램은 아이폰이나 아이팟 터치에서 실행 가능하다. 애플의 앱스토어는 아이폰에서 접속할 수도 있고 일반 컴퓨터의 인터넷으로도 접속할 수 있다. 일반 컴퓨터에서 접속하려면 애플의 홈페이지에서 iTunes라는 프로그램을 다운로드 받아 설치하면 된다. iTunes를 사용하면 응용프로그램뿐만 아니라 동영상, 오디오 형태의 콘텐츠를 다운로드 받을 수 있고 아이폰 또는 아이팟 터치를 컴퓨터에 연결하면 동기화되어 모바일 장치에서 사용할 수 있다([그림 1-5] 참조).

애플이 제공하는 엄청난 콘텐츠 중에서 응용프로그램을 제외하고 나머지 콘텐츠는 아이폰 없이도 이용할 수 있다. iTunes를 통해 세계적으로 이름난 대학의 동영상 강의와 자료를 받을 수 있는 iTunes U와 다양한 주제의 동영상을 구독할 수 있도록 해주는 Podcast 등의 콘텐츠를 활용할 수 있다. 2009년 현재 국내에서는 iTunes를 통해 Podcast를 접속할 수 없는데 iTunes의 오른쪽 밑에 있는 태극기를 클릭해 국가를 미국, 일본 등으로 변경하면 Podcast 자료를 동일하게 접근할 수 있다. 유용한 자료가 매우 많으니 아이팟이나 아이폰이 없더라도 들어가보길 권장한다. 전공 공부에 대한 전문적인 지식을 얻기 위해서는 iTunes U를 추천하고, 영어 학습, 여가, 취미를 위해서는 Podcast를 추천한다. 포털 사이트에서 'Podcast 추천'을 검색하면 도움이 된다.

그림 1-5 애플의 iTunes 실행 화면

그렇다면 애플에서만 앱스토어를 제공할까? 그렇지는 않다. 구글, 노키아, 마이크로소프트, 국내 통신사에서도 앱스토어를 제공한다.

구글에서는 모바일 장치를 위한 운영체제인 안드로이드를 개발했고 안드로이드 마켓을 오픈해 2009년 12월에 2만 개 정도의 응용프로그램이 등록되어 판매되고 있다. 향후 이 숫자는 더욱 증가할 것으로 예측된다. 그 밖에도 노키아의 오비Ovi 스토어, 마이크로소프트의 윈도우즈 모바일 마켓플레이스, SKT의 T 스토어 등이 있다.

환경 변화에서 앱스토어가 갖는 의미는 무엇일까? 개인 또는 소규모 개발 회사들이 응용프로그램을 만들어 판매함으로써 수익을 얻을 수 있는 환경이 되었다는 점에서 매우 큰 의미를 갖는다. 기존의 소프트웨어 개발에서는 홍보 및 판매가 문제되었지만 앱스토어에서는 개발에만 집중할 수 있도록 해준다. 응용프로그램을 개발해 앱스토어에 올려놓기만 하면 홍보 및 판매는 앱스토어에서 전담하며 판매될 때마다 수익의 70% 애플과 구글의 경우를 개발자에게 지급한다. 응용프로그램 개발자는 독창적인 아이디어만으로 수익을 창출할 수 있는 기회가 보장된다. 여러분들도 추후 앱스토어가 확대되면서 환경이 어떻게 변해갈지 관심있게 지켜보고 변혁의 시기에 환경 변화에 따른 절호의 기회를 포착해야 한다.

4.3 웹 서비스 데이터로부터 서비스로

웹 환경이 구축되어 현재까지는 데이터의 제공이 주된 목적이었으나 최근에는 웹 환경을 통해 서비스를 제공하려는 웹 서비스가 주목받고 있다. 웹 서비스는 기존의 홈페이지와 구분하기 위해 XML 웹 서비스라고 부르기도 한다. XML eXtensible Markup Language은 구조화된 데이터를 저장하기 위해 태그를 확장할 수 있는 언어로서 눈에 보이는 부분은 포함하고 있지 않다. HTML HyperText Markup Language이 사람이 눈으로 볼 수 있는 데이터를 표현하기 적합한 언어라면 XML은 데이터 자체를 구조적으로 표현하기 적합한 언어로서 사람도 볼 수 있고 컴퓨터에서도 처리하기 용이하다.

웹 서비스는 자바의 RMI, 마이크로소프트의 DCOM, 요즘은 찾아볼 수 없는 CORBA 등과 같은 분산 컴퓨팅 기술로 주목받고 있다. 예를 들면, 예전에는 웹 브라우저를 통해 기상청 홈페이지에 접속해 사람이 날씨를 확인했지만, 웹 서비스를 사용하면 응용프로그램에서 기상청으로부터 날씨를 서비스 받아 원하는 형태로 가공한 후에 출력할 수 있게 된다. 웹 서비스에 관심이 있다면 SOAP Simple Object Access Protocol, UDDI Universal Description, Discovery, and Integration, SOA Service Oriented Architecture, 웹 2.0의 매시업 mashup, Open API 등에 대해 검색하면 된다.

4.4 클라우드 컴퓨팅

클라우드 컴퓨팅Cloud Computing은 데이터와 서비스를 웹을 통해 제공하는 환경이다. 현재는 인터넷 디스크에 데이터를 올려놓고 어디서든 웹을 통해 다운로드 받을 수 있는데 클라우드 컴퓨팅 환경에서는 데이터를 다운로드 받는 것이 아니라 마치 개인용 컴퓨터에 파일을 저장하듯이 스토리지 서버에 데이터를 저장해놓고 사용하는 개념이다. 더 나아가 데이터뿐만 아니라 응용프로그램도 웹을 통해 사용할 수 있는 환경이다. 서버를 구축하는 비용 대신 클라우드 컴퓨팅 사용에 대한 운영비를 지급하고 저장 공간 및 응용프로그램을 사용한다. 단점으로는 회사 기밀 사항에 대한 보안 등의 문제가 발생할 수 있다.

4.5 융합 기술

고대의 철학이 세분화되어 다양한 분야의 학문으로 나뉘어졌으나 근래에는 필요에 따라 부분적으로 다시 합쳐져 문제를 해결하기도 한다. 기술 분야에서도 상이한 분야가 합쳐지는 융합convergence 기술이 유행처럼 확산되고 있다. 특히 디지털 컨버전스 기술에 대한 기대가 높다. 자동차와 컴퓨터 통신이 결합된 텔레매틱스, 의료와 컴퓨터가 결합된 u-Healthcare 등과 같은 분야가 융합 기술에 해당된다.

기술과 예술의 융합에 대한 움직임도 있다. TED(http://www.ted.com)는 Technology, Entertainment, Design의 앞 글자를 모은 약어로 1984년 미국의 공학자, 예술가, 디자이너들이 모여 설립했으며 1990년부터 컨퍼런스를 개최해 널리 알려지게 되었다([그림 1-6] 참조). 현재는 미국뿐만 아니라 유럽, 아시아에서도 컨퍼런스가 개최되고 있다. TED에서는 'Ideas worth spreading' 퍼뜨릴 가치가 있는 아이디어이라는 기치를 내걸고 세상을 바꿀 아이디어들을 수집해 발표하고 널리 퍼뜨리는데 공헌하고 있다. 또한 TEDx는 독립적으로 조직되거나 개최되는 TED 이벤트를 의미하며 지식 추구를 위해 TED 강연을 함께 보고 토론하면서 아이디어를 공유하는 이벤트이다. 2009년 11월 28일에는 TEDx 서울 행사가 개최되었다.

그림 1-6 TED 홈페이지

컨퍼런스에서의 발표 동영상들이 홈페이지에 공개되어 있고 내용은 흥미로우며 길이는 20분을 넘지 않아 가볍게 볼 수 있다. 'view subtitles' 에서 Korean을 선택하거나, 다음 링크에 접속하면 한글로 자막이 제공되는 동영상도 있다. 창의적인 영감을 얻기 위해 반드시 한두 개 정도는 보아야 한다.

- http://www.ted.com/translate/languages/kor

앞서 설명한 iTunes를 사용하면 TED Talks를 구독할 수 있는데 Podcast 링크는 다음과 같다.

- http://itunes.apple.com/WebObjects/MZStore.woa/wa/viewPodcast?id=281315460&subMediaType=Video

5 문제 해결 프로세스

공학적인 문제를 해결하기 위해서는 우선 문제를 정의하고 문제 해결을 위한 창의적인 아이디어를 도출해 가장 타당한 아이디어를 가지고 실행하는 절차가 필요하다. [그림 1-7]은 일반적인 문제 해결 프로세스를 보여준다.

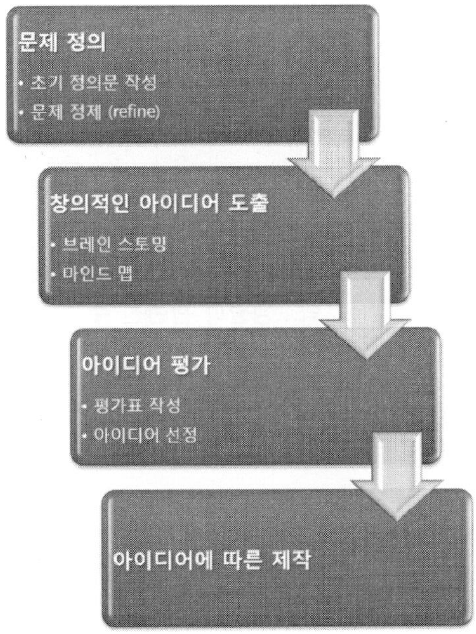

그림 1-7 문제 해결 프로세스

문제를 해결하기 위해서는 유사한 과거의 경험을 기반으로 해결책을 모색하는 경우가 많다. 컴퓨터공학이나 건축학에서 사용하는 디자인 패턴Design Patterns이라는 용어가 있다. 컴퓨터공학에서의 디자인 패턴은 소프트웨어를 만들면서 겪어왔던 문제를 해결하면서 쌓은 경험을 기반으로 바람직한 설계에 대한 가이드라인을 제시한다. 디자인 패턴에서는 재사용성을 강조하는데 객체 지향 프로그래밍에 익숙해진 뒤에 공부한다면 프로그래밍 실력을 향상시키는데 많은 도움이 된다.

과거의 경험을 기반으로 문제를 해결할 수 있다면 좋겠지만, 새로운 문제이거나 과거의 경험에 의한 해결책보다 더욱 좋은 해결책을 모색하기 위해서는 창의적인 문제 해결이 필요하다. 과거의 경험에만 집착하다보면 환경 변화에 적응하기 힘들 수 있기 때문이다. 과거의 경험을 기반으로 창의적인 아이디어 도출하는 것이 가장 바람직하다.

연 습 문 제

1. 기회비용의 정의와 의미에 대해 조사하고, 기회비용이 적용되는 실제 본인의 예를 수업 및 학교생활과 관련된 주제로 3가지 이상 서술하라. 또한 어떤 선택이 합리적인지 결정하라.

2. 조달청의 나라장터(http://www.g2b.go.kr)에 최근 공고된 기술 용역 중에서 학교 소재지와 관련 있는 용역에 대한 개략적인 정보를 조사하라.

3. 학교가 속한 지방자치단체(시 또는 구)에서 세금으로 무슨 일을 하고 있는지 입찰 공고를 보고 가장 의미 있다고 생각되는 건에 대해 RFP 또는 과업지시서를 조사하라.

4. 정부출연기관 중에서 한 곳을 선정하고 그 기관에서 추진하고 있는 사업들을 조사하라.

5. 공정한 평가 심사를 보장하기 위한 방법에 대한 아이디어를 3개 이상 제출하고 각 방법의 장단점에 대해 설명하라.

6. 애플의 홈페이지에서 iTunes를 다운로드 받아 설치하고 AppStore의 유료 및 무료 응용프로그램 중에서 자신에게 필요하다고 생각되는 응용프로그램 10개를 골라 각각의 특징을 조사하고 모두 구매하기 위한 총액을 계산하라.

7. iTunes를 통해 iTunes U에서 제공되는 세계적인 유명 대학의 강의 내용 중에서 자신의 전공과 관련된 강의 3개를 찾아 내용에 대해 조사하라.

8. iTunes에서 국가를 미국으로 변경하고 Podcast 자료 중에서 영어 실력 향상에 도움이 될 Podcast 3개를 찾아 구독하고 내용에 대해 조사하라. 뉴스, ESL(English as a Second Language), Hot for Words, Top Gaming, 어린이용 영어교육 프로그램 등을 찾아보라.

9. TED 강연 중에서 자신이 관심 있는 한 가지 내용을 감상하고 감상문을 2페이지 이내로 작성하라.

10. 30년 후 미래의 생활환경을 상상하여 3페이지 이내로 기술하라.

Chapter

02 문제 정의

문제 해결 프로세스 모형에서 첫 번째 단계는 문제 정의이다. 어떤 문제를 해결하기 위해 문제에 대해 정확히 이해할 필요가 있다. 이를 위해 필요한 정보를 수집하고 분석해야하며 이 과정을 통해 목적을 명확하게 할 수 있다. 본 장에서는 해결해야 할 문제에 대해 이해하기 쉽도록 문제 정의를 하는 방법에 대하여 설명하고 또한 이 과정에서 사용되는 도구에 대해 설명한다.

1 문제 정의의 어려움

어떤 문제를 해결하기 위해서는 문제를 어떻게 정의하는가가 매우 중요하다. 문제에 대한 정의를 올바르게 하지 않으면, 해결책이 제시되었을 때 의미 없는 답이 될 수도 있기 때문이다. 그러나 문제 정의를 올바르게 하는 것은 쉽지 않다. 어떤 문제에 대해 인식을 하고 판단할 때 오류가 포함된 부정확한 정보나 전체가 아닌 일부 정보만을 이용할 수 있기 때문이다. 또한 정확한 정보를 바탕으로 판단하더라도 문제가 발생한 상황을 올바르게 인식하지 못할 수도 있기 때문이다.

즉, 주위에서 볼 수 있는 문제들 중에는 우리가 인식한 현상과 근본적인 원인이 다른 경우가 많다. 예로, 어느 교차로에서 교통사고가 자주 발생해 교차로를 다시 설계하려 한다고 하자. 우리가 인식할 수 있는 상황으로 판단하면 교차로에 문제가 있어 교통사고가 자주 발생하므로 교차로 자체를 다시 설계함으로써 해결하고자 할 것이다. 그러나 진짜 문제는 교차로 자체가 아니라 운전자의 잘못된 운전 습관(신호 무시, 과속 등)이나 신호등의 오동작, 보행자가 신호를 무시하고 무단횡단을 하기 때문에 발생할 수도 있다. 이와 같이 문제의 근본적인 원인을 찾아내지 못하고 문제 정의를 하고 해결책을 제시한다면 문제는 해결되지 않고 다시 발생할 것이다.

1.1 문제 정의 실패 사례 1

어떤 회사의 작업장에서는 무거운 물건들을 자주 이동시키기 때문에 직원들이 힘들어 한다. 이러한 문제점을 해결하고자 어느 한 기계공이 간단한 수레를 만들었다. 처음에는 수레를 이용해 무거운 물건들을 이동할 수 있어 편했지만 어느 정도 시간이 흐르자 수레의 오른쪽 바퀴가 자주 빠지는 현상이 발생했다. 문제의 원인은 기계공이 그동안의 경험에 의해 수레를 설계하고 만들었기 때문이다. 즉, 기계공이 오른쪽 바퀴를 고정시키고 조일 때 오른쪽(시계방향)을 택했기 때문이다. 수레바퀴의 회전 방향과 같은 방향으로 조이면 바퀴가 회전하면서 풀리려는 힘이 커져 자주 빠지게 된다. 그러므로 바퀴의 회전방향과 반대방향으로 조임이 되도록 한다면 그 힘이 조임으로 작용해 수레가 이동하면서 볼트/너트가 풀려 사고가 나는 것을 막을 수 있다.

우리가 일상에서 많이 사용하는 자동차의 경우처럼 왼쪽 바퀴는 오른쪽 방향으로, 오른쪽 바퀴는 왼쪽 방향으로 고정시키는 원리와 같다. 만약 기계공이 습관에 따라 설계하지 않고 이 원리를 알고 했다면 바퀴가 빠지는 현상은 발생하지 않았을 것이다. [그림 2-1]은 수레바퀴의 처음 상태와 수정된 상태에 대해서 보여준다.

1.2 문제 정의 실패 사례 2

어떤 도시에서 지역 발전을 위해 도시 외곽에 새로운 공업단지를 만들고 여러

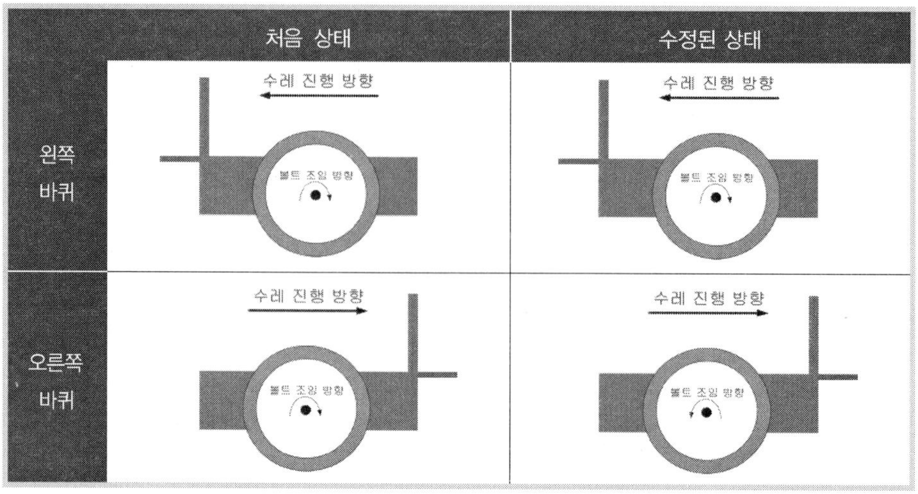

그림 2-1 수레바퀴 상태

기업을 유치했다. 입주한 기업들은 직원을 충원하고자 노력했지만 쉽지가 않았다. 이 문제를 해결하기 위해 다음과 같이 문제를 정의할 수 있다.

✘ 잘못된 문제 정의 보수가 적어 직원 채용이 어렵다(문제 정의를 하는 순간에 직원 채용이 어려운 이유가 '보수가 적다' 라고 단정하고 이를 해결하기 위한 방법까지 내포하고 있다).

✔ 해결책 보수 인상

✘ 좋은 문제 정의 기업이 도시 외곽에 위치하고 있기 때문에 대중교통이 발달되지 않아 출퇴근이 어렵다.

✔ 해결책 출퇴근 문제를 해결한다. → 직원 충원 문제 해결

2 문제 정의문 작성 원칙

작성된 문제 정의문의 내용이 정확하게 전달되지 않거나 이해되지 않으면 정의문은 완전하지 않은 것이다. 따라서 다음에 제시되는 문제 정의문 작성 원칙을

고려해 작성해야 한다.

- 통일성있게 작성하라.
  - 작성하는 화자, 글의 어두 및 어미 등을 통일해 내용 이해를 쉽게 하면서 통일성을 줄 수 있어야 한다.
  - 주어와 목적어가 명확하지 않거나 능동 및 피동의 혼동을 피해야 한다.
- 구어체 및 인터넷 상의 표현이 아닌 문어체로 작성하라.
  - 일상에서 사용하는 구어체적인 표현을 배제해야 한다.
  - 인터넷에서 사용되는 표현 역시 사용하기에는 부적절하다.
- 간단하면서도 구체적으로 작성하라.
  - 화려한 수식어구를 사용하지 않고 문장을 간결하게 작성해야 한다.
  - 수식어를 많이 쓰면 내용이 추상적일 수 있다.
  - 간결하지 않은 문장은 핵심을 전달하기 어렵다.
  - 긴 문장은 명확하게 파악하기 어렵다.
- 맞춤법에 맞는 문장을 작성하라.
  - 맞춤법이 맞지 않으면 내용의 의미를 정확하게 전달하기 어렵다.
- 무엇을 말하고 행하는지를 직접적으로 이해할 수 있는 능동태와 행동 동사들을 사용해 작성하라.

3 초기 정의문 작성

명시적인 문제든 잠재적인 문제든 해결을 필요로 한다면 문제를 정확히 이해할 필요가 있다. 이를 위해 문제를 정의하는 과정이 필요한데 그 처음 과정으로 초기 정의문을 작성한다. 특별한 양식이 있는 것은 아니고 문제를 대략적으로 기술하는 형태로 작성하면 된다.

예를 들어, 춥고 눈이 많이 내리는 지역에 위치한 한 작은 마을에 매년 폭설로 인해 전선에 눈이 쌓여 무게를 견디지 못하고 전선이 끊어져 정전으로 주민들이 큰 피해를 보는 상황을 가정해보자. 이에 따른 초기 정의문을 작성한다면 [그림 2-2]와 같이 작성할 수 있다. 단순히 문제를 적는 것으로 문제 해결 프로세스는 시작한다고 보면 된다.

초기 정의문 작성
폭설로 전선에 눈이 쌓여 단선되는 문제 발생

그림 2-2 문제에 대한 초기 정의문

4 문제 정제

문제에 대한 초기 정의문이 작성되면 이를 가다듬어 이해하기 쉽고 더욱 해결하기 쉽도록 정제해 최종 문제를 만드는 과정이 필요하다. 문제가 복잡해 이해하는 것 자체가 쉽지 않은 경우에는 문제를 이해하기 쉽게 다듬는 정제 과정이 특히 중요하다. 합리적이고 체계적인 의사 결정을 위해서는 문제를 정제해 정확히 정의해야 한다. 정제를 위한 다양한 방법 중에는 'Divide and Conquer' 방법이 있다.

Divide and Conquer란 문제를 조그맣게 분할divide해서 부분 문제들로 나누고, 나눠진 부분 문제들을 하나씩 정복conquer해 나가는 방법이다. 복잡한 문제를 나눠놓고 각각의 부분 문제에 대한 해결책을 찾다보면 막연했던 문제도 보다 쉽게 해결할 수 있게 된다. 필요하다면 부분 문제들을 다시 분할해 더욱 세분화된 부분 문제들로 나눌 수도 있다.

Divide and Conquer의 예를 들어보면, 회사에서 급여 체계가 월급 단위가 주급 단위로 변경되어 그룹웨어를 수정해야 하는 경우라면 복잡한 문제가 될 수 있다. 이를 데이터, 알고리즘, 사용자 인터페이스로 나누어 놓고 각각의 부분 문제에 대해 해결책을 찾는 것이 문제 해결에 도움이 된다. 데이터 부분 문제는 데이터베이스의 스키마를 변경해 기존 데이터로부터 새로운 데이터로 수정하고, 알고리즘 부분 문제는 월급을 주급으로 분할 지급하기 위한 알고리즘, 주급 처리에 따른 세금 처리 알고리즘 등의 새로운 알고리즘을 개발하고, 사용자 인터페이스 부분 문제에 대해서는 삽입/삭제/갱신/조회 사용자 인터페이스 중에서 월 단위 처리를 주 단위로 변경하면 된다.

앞서 초기 정의문 작성에서 살펴본 폭설로 인한 단선 문제는 그리 복잡하지 않고 단순한 문제이긴 하지만 문제 정제 과정 설명을 위해 굳이 나눠본다면 다음과 같이 세 가지 측면에서 생각해볼 수 있다.

1) 폭설에 의해 눈이 전선에 쌓여 문제가 발생하는 것이므로 눈이 전선에 쌓이지 않도록 한다면 문제를 해결할 수 있다.
2) 이미 전선에 눈이 쌓여 있다면 무게에 의해 전선이 끊기기 전에 전선 위의 눈을 제거한다면 문제 해결이 가능하다.
3) 눈이 아무리 쌓여도 전선 자체가 끊어지지만 않는다면 문제를 해결할 수 있다.

문제를 상황별로 나누고 가다듬어서 눈이 전선에 쌓이지 않도록 하는 방법, 쌓인 눈을 치우는 방법, 단선이 되지 않도록 하는 방법에 대한 세 가지 부분 문제로 나눌 수 있고 이 경우에는 부분 문제 중에 하나만 해결해도 된다. 문제 정제에 의한 최종 문제 정의는 [그림 2-3]과 같다.

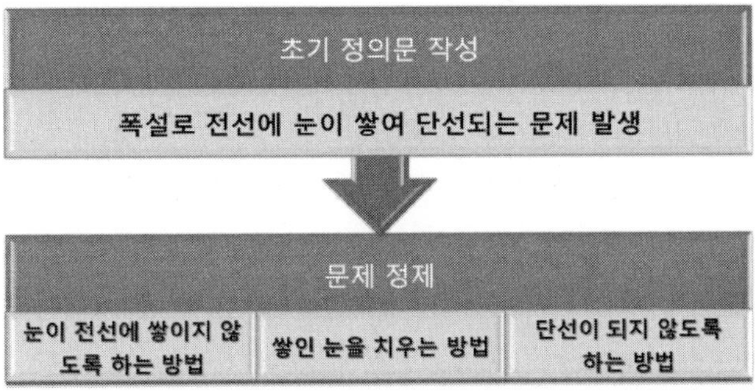

그림 2-3 문제 정제를 통한 최종 문제 정의 예제

5 문제 정의 도구

5.1 원인결과도

우리가 주위에서는 보는 일반적인 문제들은 대부분 어떤 현상과 관련된 문제들이므로 이러한 현상이 어떻게 발생되는지에 대한 근본적인 원인을 찾아야 한다. 근본적인 원인을 찾기 위해 원인결과도Cause and Effect Diagram가 사용된다. 문제에 대한 근본적인 원인을 찾은 후에는 원인을 제거할 수 있는 해결책을 찾는 작업이 수행된다.

원인결과도는 결과보다는 원인에 초점을 맞추고 진행하며 어떤 문제점(결과)에 대한 원인들을 시각적으로 표현해 발생 가능한 잠재적인 원인이 무엇인가를 찾아내고자 할 때 사용된다. 어떤 문제에 대해 많은 원인들이 존재하기 때문에 이 방법은 구조화되고 복잡하지 않은 방식으로 문제의 근본적인 원인을 찾는데 도움을 준다. 원인결과도는 발생된 원인들을 가지처럼 나열하기 때문에 물고기뼈 모양과 비슷해 피쉬본 다이어그램Fishbone Diagram이라고도 한다.

원인결과도는 1960년 일본 도쿄대학교의 이시가와 카오르 교수가 창안한 것으로 가와사키 제철소에서 품질관리를 위해 처음 사용되었다. 품질 불량을 발생시키는 주요 원인과 잠재 원인들을 파악하고 발생 가능한 문제 원인에 대해 상호 인과관계를 분석했다.

원인결과도를 모든 상황에 적용할 수 있는 것은 아니다. 다이어그램과 관련이 없거나 예상되는 결과를 얻지 못할 수도 있기 때문에 원인결과도를 항상 사용할 수 있는 것은 아니다. 따라서 다음과 같이 어떠한 경우에 사용하는 것이 유용하고 사용이 불가능한지 나열한다.

사용 가능한 경우

- 복잡한 문제의 근본 원인을 찾고 분석하고자 할 때
- 문제에 대해 가능성이 있는 많은 원인이 존재할 때
- 모든 가능한 원인에 대해 계속 시도하는 방법처럼 문제에 접근하는 방식이 시간 소모가 매우 심할 때
- 문제가 매우 복잡하고 프로젝트팀이 근본 원인을 구분하지 못할 때
- 원인과 결과에 대해 시각적으로 표현할 때

사용 불가능한 경우
- 문제가 간단하고 이미 알려진 경우
- 프로젝트팀 크기가 브레인스토밍을 하기에 너무 작은 경우
- 팀 구성원 간에 의사 소통 문제가 있을 때
- 시간 제약이 있는 경우
- 큰 어려움 없이 문제를 해결할 수 있는 전문가가 있을 때

원인결과도를 작성하는 방법은 다음과 같다.

단계 1: 문제 정의

첫 번째 단계는 매우 간단하고 단순하다. 근본 원인이 분석되어져야 하는 문제를 정의한다. 일반적으로 프로젝트 리더는 어떤 문제를 브레인스톰할 것인지를 결정한다. 매우 중요하고 문제점 해결이 필요하며 팀원과 브레인스톰하는 것이 가치있는 문제를 선택해야 한다.

문제를 구분한 후에 프로젝트 리더는 원인결과도 작성을 시작한다. 종이 한 장을 이용해 종이의 오른쪽 면에 원을 그리고 문제를 기술한다. 그런 후에 원을 향해 화살표를 갖는 직선을 왼쪽부터 그린다. 여기에서 문제 정의를 한 원은 물고기 머리가 되고 직선은 등뼈이고 구체적인 뼈는 다음 단계에서 만들어진다. 첫 번째 단계에서 만들어진 원인결과도는 [그림 2-4]와 같다.

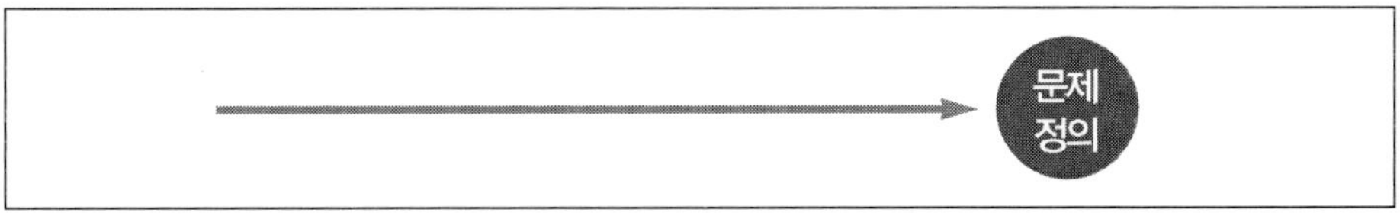

그림 2-4 원인결과도 - 문제 정의 단계

단계 2: 범주 선택

일반적으로 사람은 큰 문제에서 생각 프로세스를 어떻게 구조화하는지 이해하는데 어려움이 있다. 때때로 문제와 논리적으로 관련된 범주에 초점을 맞추고 원인결과도로 표현하는 것이 효율적이다. 한 가지 방법으로 모든 문제에 적용할 수 있는 것은 아니지만 5-3절에서 설명하는 브레인스톰 방법을 사용해 범주

를 선택할 수 있다.

원인결과도에서 많은 원인들은 여러 개의 범주로 그룹화될 수 있다. 원인결과도를 비즈니스 문제에 적용한다면 가능한 원인들은 다음과 같이 여섯 개의 범주로 구분된다. 방법Method, 사람Man, 관리Management, 측정Measurement, 재료Material, 기계Machine이다. 브레임스톰하는 과정에서 프로젝트팀은 모든 가능한 범주를 찾아내기 위해 노력해야 한다.

위에 나열된 범주들은 가능한 원인들을 찾는데 도움이 된다. 위에 나열된 범주가 모든 상황에 적용되는 것은 아니다. 사용 가능한 다른 범주는 정책Policy, 절차Procedure, 기술Technology 등이 될 수 있다.

문제를 정의한 후에 프로젝트 리더는 가능한 원인에 대한 정보를 모으기 위해 프로젝트팀과 토론을 시작한다. 프로젝트팀은 각 범주에 대한 가능한 원인을 분석하거나 위에 나열되지 않은 다른 범주를 조사한다.

일반적으로 4개에서 6개 정도의 주요 범주들이 선택된 후에 원인결과도의 물고기 등뼈로 연결한다. 각 범주들은 [그림 2-5]와 같이 등뼈 방향으로 화살표를 갖는 사선으로 표현된다.

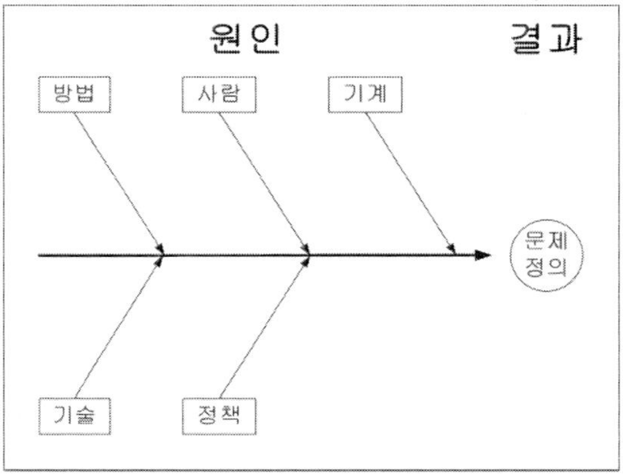

그림 2-5 원인결과도 - 범주 선택 단계

때때로 많은 원인들로 인해 몇 개의 주요 범주를 찾는데 어려울 수도 있다. 이런 경우에 여러 원인들에 대해 우선순위를 정해 4개에서 6개 정도의 원인을 주요 범주로 결정하고 원인결과도의 등뼈에 뼈로서 연결한다. 예로, 프로젝트

리더는 각 구성원에게 각각의 원인에 대해 10점 만점으로 점수를 부여한 후에 부여된 점수를 합해 점수가 높은 순으로 순위를 정한다.

단계 3: 원인 분석

브레인스토밍하는 동안에 프로젝트팀은 먼저 주요 범주를 구분하고 각 범주에 대한 1차 또는 2차 원인을 찾기 위해 더 구체적으로 토론을 수행한다. 이러한 방법은 프로젝트팀이 한 번에 하나의 범주에 집중해 진행할 수 있도록 하며 가능한 1차, 2차 원인들을 계속해 정제할 수 있도록 한다. 필요하다면 가능한 다음 계층(3차, 4차,...) 원인을 얻기 위해 더 상세하게 토론할 수 있다.

각 범주에 대해 1차 또는 2차 원인을 찾기 위해 5-3절에서 설명하는 브레인스토밍 방식을 이용할 수도 있지만 5Why 방법을 통해 구체적으로 찾을 수도 있다. 5Why 방법은 Why(왜?)를 5단계에 걸쳐 원인을 구체적으로 찾을 때까지 질문을 계속함으로써 구체화시켜 나가는 방법이다. 예를 들어 전구 수명과 관련해 다음처럼 5Why 방법을 진행할 수 있다.

❶ **왜 전구 수명이 짧은가?**
전구를 바닥에 떨어뜨리기 때문이다.

❷ **왜 전구를 바닥에 떨어뜨리는가?**
손이 미끄럽기 때문이다.

❸ **왜 손이 미끄러운가?**
고무장갑을 사용하지 않았기 때문이다.

❹ **왜 고무장갑을 사용하지 않았는가?**
고무장갑이 없기 때문이다.

❺ **왜 고무장갑이 없는가?**
사용하던 고무장갑에 구멍이 생겼기 때문이다.

1차 원인은 결과에 직접적으로 연관되는 원인이다. 예로, 전구가 수명이 너무 일찍 다 된다면(결과) 이는 떨어뜨림과 같은 갑작스런 전구의 움직임에 기인할 수 있다. 떨어뜨림은 사람의 조작과 관련되므로 사람이라는 범주에 포함될

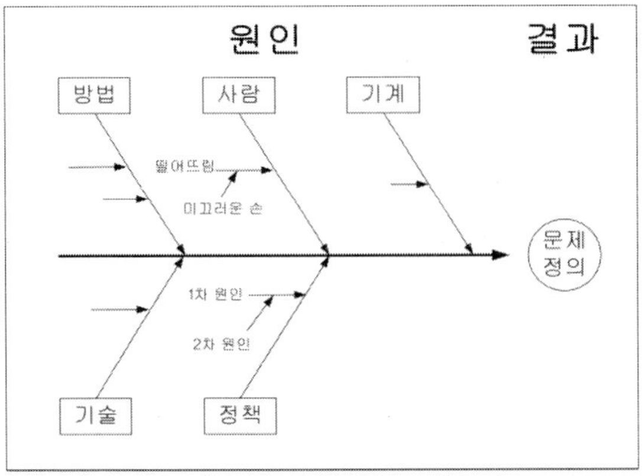

그림 2-6 원인결과도 – 원인 분석 단계

수 있다. 2차 원인은 1차 원인과 연관된 원인이지 결과와 직접적으로 연관되지는 않는다. 예로, 미끄러운 손은 전구 수명과 직접적인 관계는 없지만 전구의 떨어뜨림을 유발할 수 있다. 따라서 미끄러운 손은 떨어뜨림의 2차 원인으로 표현될 수 있다. 각 범주에 대한 1차 또는 2차 원인을 찾은 후에 [그림 2-6]과 같이 각 범주 방향으로 화살표를 갖는 사선으로 표현한다.

5.2 파레토도

어떤 일을 수행할 때, 첫 번째 해야 할 일 중의 하나는 우선순위를 정하는 것이다. 이는 아주 중요한 몇 가지 일과 사소한 많은 일들을 구분함으로써 가능하다. 이는 영향이 적거나 거의 없는 많은 일에 집중하는 것보다 정말로 중요한 몇 가지 일에 초점을 맞추고 진행해야 한다는 것을 의미한다.

19세기에 이탈리아 경제학자 파레토Pareto는 사람들의 경제적 부가 불공평하게 분배된다는 것(20%의 사람이 전체 경제적 부의 80%를 차지함)을 설명할 수 있는 파레토 법칙을 고안했다. 파레토 법칙은 80/20 룰이라고도 한다. 이러한 룰을 이용해 문제의 데이터를 분석해 어떤 결정을 할 때 유용한 정보를 제공한다.

80/20 룰은 모든 문제 발생의 80%는 문제를 야기한 종류의 20% 때문이라는 것을 의미한다. 다르게 표현하면 어떤 문제 발생의 80%는 20%의 원인에 의해

발생한다. 그러므로 문제를 해결하기 위해서는 가장 먼저 문제의 80%를 야기하는 20% 원인을 찾아내고 해결해야 한다. 파레토도는 매우 간단하지만 문제 원인에 대해 우선순위를 정할 때 매우 유용하다. 80/20 룰은 경험상의 값이지 절대값은 아니다. 즉, 80/20 자체가 중요한 것이 아니라 90/10 또는 70/30이 될 수도 있다. 핵심 요소를 분석하는데 도움을 줄 수 있는 한 값 자체는 크게 중요하지 않다.

파레토도Pareto Chart는 자료들이 어떤 범주에 얼마만큼 해당되는지를 나타내는 숫자형일 때 각 범주에 대한 빈도를 막대로 나타낸 그림이다. 따라서 기본적으로 파레토도는 숫자형 자료에 대한 히스토그램이다. 파레토도는 그림에서 발생 비율에 대한 누적값을 나타내는 선을 포함할 수 있다. 이 선을 누적비율선이라고 하며 어떤 것이 매우 중요한 원인이고 어떤 것이 사소한 원인인지를 결정하는데 사용된다. 파레토 법칙은 문제에 대한 해결책을 찾는데 유용하지 않고 대다수의 문제를 야기하는 몇 가지의 원인을 찾는데 좋은 정보를 제공할 수 있는 효율적인 방법이다.

파레토도는 다음과 같은 여러 장점을 갖고 있다.

- 가장 크게 영향을 미치는 원인에 초점을 맞추고 진행할 수 있도록 한다.
- 시각적으로 쉽게 알 수 있도록 원인의 상대적인 중요도를 나타낸다.
- 체계적인 성능 향상을 위해 반복적으로 계속 사용될 수 있다.

파레토도는 모든 문제에 대해 유용한 것은 아니다. 어떤 경우에는 원하는 결과를 얻지 못할 수도 있기 때문에 파레토 법칙이 효율적이지 않을 수도 있다. 따라서 다음과 같이 어떠한 경우에 사용하는 것이 유용하고 사용이 불가능한지 살펴보자.

사용 가능한 경우
- 시스템에서 대다수의 문제를 야기하는 몇 가지의 원인을 찾고자 할 때
- 활용 가능한 데이터가 문제의 대다수를 야기하는 원인을 찾기에 너무나 방대할 경우와 원인을 찾기 위해 수학적 방법이 필요한 경우

사용 불가능한 경우
- 분석을 위한 샘플 데이터가 너무 적은 경우
- 활용 가능한 데이터를 통해 대다수의 문제를 야기하는 특별한 원인을 명확하게 알 수 있어 분석이 필요하지 않는 경우

파레토도를 만들기 위해 일반적으로 다음과 같은 단계를 따른다.
① 해결되어야 할 문제를 선택한다.
② 기존 데이터와 브레인스토밍을 통해 문제의 원인을 찾아낸다.
③ 파레토도에서 사용될 데이터를 수집하기 위해 2단계에서 찾아진 원인들을 어떻게 모니터링할 것인지를 결정한다(예, 발생 빈도 수, 비용).
④ 데이터 수집을 위한 기간을 결정한다. 기간은 실제 상황에서 의미 있는 정보를 제공할 수 있는 충분히 긴 시간이어야 한다.
⑤ 정해진 기간 동안 발생 빈도수 또는 비용등 모니터링해 데이터를 수집한다.
⑥ 문제 원인들을 내림차순으로 정렬한 후에 [표 2-1]과 같이 빈도수, 비율, 누적 비율을 표로 나타낸다.
⑦ 표로 만들어진 데이터를 이용해 [그림 2-7]과 같이 파레토도를 만든다.
⑧ 80/20 룰을 이용해 파레토도를 분석하고 가장 먼저 해결되어야 할 매우 중요한 원인을 선택한다.

문제 원인	빈도수	비율(%)	누적 비율(%)
원인 1	19	47.5%	47.5%
원인 2	11	27.5%	75.0%
원인 3	5	12.5%	87.5%
원인 4	3	7.5%	95.0%
원인 5	2	5.0%	100%
총계	40	100%	-

표 2-1 파레토도에서 사용될 데이터 예

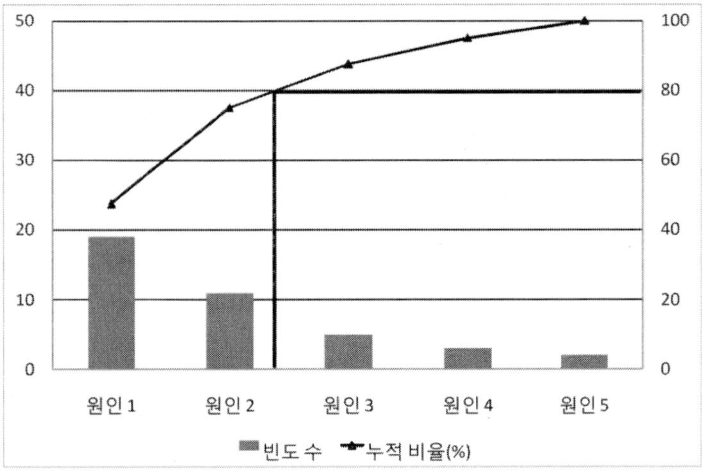

그림 2-7 파레토도 예제

[그림 2-7]의 파레토도는 어떤 문제에 대해 어떤 원인들이 가장 크게 영향을 미치는지 보여준다. 프로젝트팀은 75%를 차지하는 원인 1과 원인 2에 초점을 맞추고 프로젝트를 진행해야 한다.

5.3 브레인스토밍

브레인스토밍Brain Storming은 두뇌에 폭풍이 몰아친다는 의미로 자유롭고 유쾌한 분위기에서 창의적인 아이디어를 최대한 많이 제안하도록 유도하는 방법이다. 브레인스토밍은 혼자 하기보다는 여러 명이 모여서 함께 하는 것이 효과적이다. 한 사람만의 생각으로는 다양한 아이디어를 도출하기 힘들기 때문이다. 여러 명이 이런 저런 아이디어를 제안하다 보면 좋은 아이디어도 있고 문제 해결에 도움이 되지 않을 것 같은 아이디어도 있다. 때로는 엉뚱한 아이디어가 나오더라도 절대 비판하지 않고 그런 아이디어를 어떻게 좋은 아이디어로 발전시킬 수 있을지에 대해 계속 토의한다. 브레인스토밍에서는 자유롭긴 하지만 보다 창의적인 아이디어가 도출될 수 있도록 다음과 같은 원칙을 지켜야 한다.

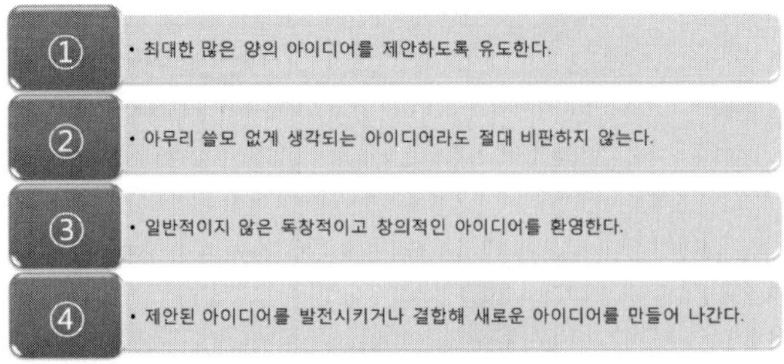

그림 2-8 브레인스토밍 원칙

억압이나 비판은 창의성을 저해하는 요소로 알려져 있다. 브레인스토밍에서는 가벼운 다과를 곁들여 농담을 주고받듯이 자유로운 분위기를 보장해주는 것이 좋다. 브레인스토밍에서 주도적인 역할을 담당한 사람은 문제 해결과 너무 동떨어진 대화가 지속될 때 화제를 문제 해결에 대한 방향으로 자연스럽게 다시 돌아올 수 있도록 유도해야 하며, 이미 나온 아이디어를 발전시키거나 결합시킬 수 있도록 유도하는 것이 좋다. 분위기가 경직되거나 아이디어 제안을 억지로 강요하지 않도록 주의해야 한다.

브레인스토밍을 통해 많은 양의 아이디어가 도출되었다면 이를 합치거나 다듬는 과정이 필요하다. 이때는 문제 해결에 도움이 될 만한 어느 정도 현실성이 있는 아이디어를 중심으로 정리한다.

[그림 2-9]는 앞서 살펴본 폭설에 의한 단선 문제 해결을 위한 브레인스토밍의 예제를 보여준다.

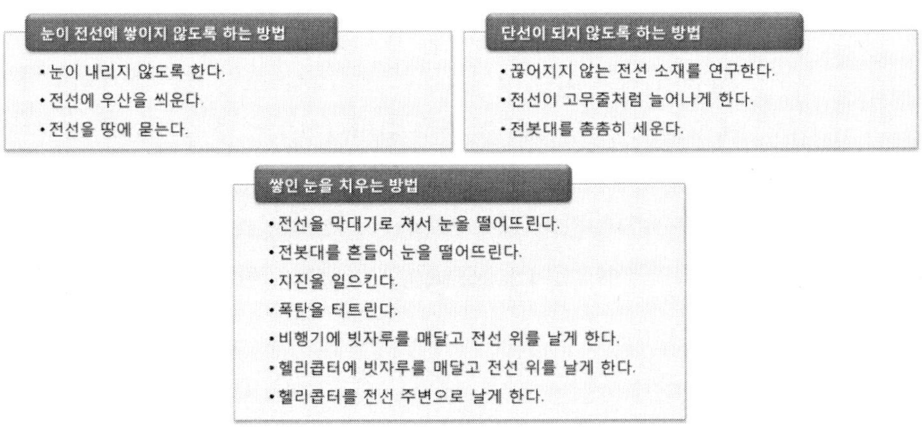

그림 2-9 단선 문제 해결을 위한 브레인스토밍

예제에서는 쓸모없을 것 같은 아이디어도 있지만 그 아이디어를 점차 발전시킨 아이디어도 있다는 점에 주목해야 한다. 예를 들어, 전선을 막대기로 쳐서 눈을 떨어뜨리자는 아이디어에서 출발해 전봇대를 흔들자는 아이디어로 발전했고, 일일이 전봇대를 흔들기 어려우니 지진을 일으키자는 쓸모없을 것 같은 아이디어도 나왔으며 이를 조금은 현실성 있게 지진을 인위로 일으키지 못하니 폭탄을 터트리자는 아이디어로 발전해나간 것을 볼 수 있다. 또한 비행기에 빗자루를 매달고 전선 위를 날게 해 눈을 치우자는 쓸모없을 것 같은 아이디어에서 발전해 비행기는 너무 빠르니 헬리콥터를 이용하자는 아이디어가 제안되고, 어차피 헬리콥터가 지나가면 바람에 의해 눈이 날아갈 것이라는 아이디어가 도출되는 것도 볼 수 있다.

연 | 습 | 문 | 제

1. 브레인스토밍을 통해 팀 명칭을 결정하고 팀원의 역할을 구분하라.

2. 신문으로 할 수 있는 일들을 열거하라. 제한시간은 10분이며 30개 이상의 아이디어를 창출하라.

3. 종이컵으로 할 수 있는 일들을 열거하라. 제한시간은 10분이며 30개 이상의 아이디어를 창출하라.

4. 냉장고를 손대지 않고 열 수 있는 방법을 열거하라. 제한시간은 15분이며 20개 이상의 아이디어를 창출하라.

5. 좋은 직장을 갖기 위한 대학생활 방법을 브레인스토밍하라.

6. A4 용지 한 장을 다른 재료나 도구 없이 최대한 높이 쌓을 수 있는 방법에 대해 3~4명의 팀을 구성해 브레인스토밍 회의를 하고 과정 및 결과를 정리하라.

7. 주변에서 흔히 구할 수 있는 나무젓가락을 활용할 수 있는 방법에 대해 5~7명의 팀을 구성하여 브레인스토밍 회의를 하고 50가지 이상의 아이디어를 도출하라.

8. 문제 정의 "학생들의 체력 저하"에 대해 원인결과도를 그리시오.

9. 5Why 방법을 이용하여 "컴퓨터 속도 느림"에 대한 원인 분석을 하시오.

Chapter 03

창의적인 아이디어 창출 및 개선

공학 문제를 해결하기 위해서는 창의적인 아이디어의 창출이 필요하다. 창의적인 아이디어의 생성은 발산적 사고와 수렴적 사고가 서로 연계되어 보조를 이룰 때 원활하게 이루어진다. 발산적 사고는 아이디어를 새롭게 만드는 능력이고 수렴적 사고는 비판적인 사고 능력이다. 이 장에서는 발산적 사고 기법과 수렴적 사고 기법들에 대해 살펴본다.

1 창의성이란?

창의는 "생각을 만든다"는 뜻으로 공학 설계에서는 공학 문제의 해결을 위한 한 가지 방법으로 사용한다. 창의성Creativity이란 독창적이며 유용한 아이디어나 결과물을 만들어내는 능력이라 할 수 있다. 루버트Lubart는 창의성을 "새로우면서도 유용한 산출물을 생성할 수 있는 능력"으로 정의했다. 창의의 어원은 '만들다' 라는 의미의 라틴어인 creo를 어근으로 하는 creatio에서 유래한다. 창의성의 구성 요소를 길포드Guilford와 토랜스Torrance는 [표 3-1] 및 [표 3-2]와 같이 정의했다.

Guilford (1967년)	민감성	주변 환경에 대한 관찰을 통한 탐색 영역의 광범위화 정도
	유창성	아이디어의 생산량
	독창성	독특하면서도 새로운 아이디어를 제시하는 정도
	유연성	새로운 시각이나 사고방식으로 해결책을 찾아내는 능력
	조직력	동떨어진 요소들을 서로 연관 맺는 능력
	분석력	큰 구조를 분할해 새로운 구조를 만드는 정도
	복합성	한 번에 조작할 수 있는 상호 관련된 아이디어의 수
	평가력	새로운 아이디어의 가치를 평가하는 능력

표 3-1 길포드의 창의성 구성 요소

Torrance (1976년)	유창성	관련 있는 아이디어의 수
	유연성	아이디어의 다양화(다른 범주에 포함) 정도
	독창성	특이하며 예외적인 아이디어 생성 능력
	정교성	아이디어를 발전시키고 포장하는 능력

표 3-2 토랜스의 창의성 구성 요소

일반적으로 우리는 창의성을 타고나는 것으로 오해하고 있는데 항상 그렇지는 않다. 물론 선천적으로 높은 창의성을 갖는 경우도 있지만 후천적인 학습으로 창의성을 향상하는 것이 가능하다. 최근 초 · 중 · 고의 정규 과정이나 영재교실 등에서 창의성 향상을 위한 다양한 교육을 실시하고 있다. 또한 창의성은 상식으로부터 벗어나야만 나온다고 생각하는데 그렇지도 않다. 상식에서 벗어난 경우 새로운 관점에서 사고하여 자유로운 생각을 유도할 수 있지만 너무 무모한 아이디어들이 나올 가능성이 크다. 반면 기존 상식의 틀 안에서 사고한다면 현실적으로 사용 가능한 아이디어들을 생산할 수 있다.

마지막으로 창의성을 위해서는 좌뇌보다는 우뇌를 발전시켜야 한다고 생각하는데 물론 대부분의 사람들은 우뇌보다 좌뇌가 발달되어 있으므로 크게 틀린 생각은 아니다. 하지만 창의성이란 좌뇌와 우뇌가 고루 발달하여 이들이 상호 조화를 이룰 때 보다 쉽게 발휘되므로 좌뇌와 우뇌를 함께 발달시키는 것이 필요하다. 후천적으로 창의성을 향상하기 위해서는 개인적인 마음 자세가 중요한데 다음은 개인이 가져야 하는 태도에 대한 요구 사항[1]이다.

① 자발성

해결할 문제에 대해 자발적으로 아이디어를 만들어야 한다. 문제를 해결하기 위해 적극적이고 능동적으로 사고해야만 창의성을 향상시킬 수 있다.

② 독자성

자신이 개발한 아이디어에 대한 자부심을 가지고 다른 사람의 평가에 너무 집착하지 말아야 한다.

③ 집착성

문제를 해결할 때까지 지속적으로 필요한 자료를 수집하고 고민하여 끈질기게 문제와 맞서는 태도를 가져야 한다.

④ 호기심

주변 사물과 현상에 대해 높은 호기심을 가지고 주의 깊게 관찰하고 질문하는 성향을 가져야 한다. 매일 보는 사물도 다시 한 번 살펴보며 그 내면의 숨겨진 현상과 특징을 파악하기 위해 노력한다.

2 창의적인 아이디어 창출 기법

창의적으로 아이디어를 창출하는 과정은 주로 발산적인 사고에 의해 이루어진다. 발산적 사고divergent thinking 과정은 기존 지식을 활용하고 응용하여 새로운 지식을 창출하는 과정이다. 즉 기존에 없었던 것을 새롭게 생각하는 것이다. 따라서 발산적 사고는 '옳다 또는 틀리다' 보다는 '합리적 또는 비합리적' 이나 '적절 또는 부적절' 과 관련이 있다. 발산적 사고는 확산적 사고라고도 한다.

---

[1] 창의성 수업의 길라잡이(2006)

발산적 사고에 대응하는 사고 방법으로 수렴적 사고convergent thinking가 있다. 수렴적 사고는 논리적인 판단과 추론을 통해 분석하고 결과를 판단하는 능력으로 창출한 아이디어에 대한 평가를 통해 가치 있는 아이디어를 선별하는 과정이다. 발산적 사고와 수렴적 사고가 균형을 이루어 상호작용할 때 창의적 사고가 가능하다.

발산적 사고 기법에는 브레인스토밍, 마인드맵, 스캠퍼, 여섯 생각 모자 기법 등이 있다. 브레인스토밍은 2장에서 살펴보았으며 이번 절에서는 나머지 기법들에 대해 살펴본다. 또한 창의적 문제 해결 방법론인 트리즈TRIZ에 대해 살펴본다.

2.1 마인드맵

무엇인가를 골똘히 생각할 때는 머릿속으로만 생각하는 것보다 종이에 그림이나 글씨를 쓰는 것이 도움이 될 때가 많다. 머릿속으로만 생각하다보면 같은 생각이 계속 맴돌면서 사고의 진행이 잘 이루어지지 않는다. 이때 메모를 병행하면 생각이 하나씩 정리되면서 논리적인 사고의 진행이 가능하다. 이와 같이 메모는 논리적인 사고를 돕는 유용한 도구이다.

아이디어 노트를 한 권 준비해 생각하거나 결정해야 할 문제가 있을 때 여기에 그림이나 글씨를 메모하면서 사고하는 습관을 들이면 설계가 필요할 때 큰 도움이 된다. 아이디어 노트는 얇은 노트, 휴대가 쉬운 다이어리, 모바일 장치의 메모장 기능(그림을 그릴 수 있다면 더욱 좋음)이 있는 응용 프로그램 등과 같이 언제 어디서나 쉽게 사용할 수 있는 것이 좋다. 적을 내용은 제한 없이 어떤 것이 되어도 좋으니 아이디어 노트를 마련해 두고 활용하기를 적극 권장한다.

단순히 생각을 적고 쓰기만 해도 도움이 되기는 하지만 가능하면 체계적으로 생각을 표현할 수 있다면 더욱 유용하다. 이러한 방법으로 마인드맵Mind Map을 많이 사용한다. 마인드맵은 1970년대 초에 토니 부잔Tony Buzan에 의해 창안되었다. 마인드맵은 생각을 그린 지도 또는 생각을 정밀하게 기술한다는 의미로 논리적인 사고와 창의력 증대에 도움을 준다. 그림과 글씨를 함께 사용해 좌뇌와 우뇌의 기능을 유기적으로 결합할 수 있는 사고력 중심의 두뇌 개발 프로그램이다. 마인드맵은 학생들의 학습 방법으로도 소개되고 있다. 마인드맵을 사용해 공부하려는 내용을 구조적으로 그려놓으면 암기하는데도 도움이 된다.

마인드맵은 형식에 얽매이는 어려운 방법이 아니며 누구나 쉽고 간단히 그릴 수 있다. 중심에 생각하려는 주제를 써놓고 생각나는 단어들을 쓰고 선으로 연결시킨다. 연결된 단어를 보고 생각나는 것이 있으면 새로운 단어들을 쓰고 그 단어와 선으로 연결시킨다. 이렇게 생각나는 단어들을 연결해 나가면 마인드맵이 완성된다. 중심에 생각하려는 주제가 있고 사방팔방으로 가지가 뻗어나가는 것처럼 그리면 된다.

같은 주제로 마인드맵을 그리더라도 사람에 따라 다르며 같은 사람이 작성해도 달라질 수 있다. 다른 사람이 같은 주제로 마인드맵을 그렸는데 똑같다면 이상한 것이다. 흥미를 더하기 위해 그림을 그리면 더욱 좋고 중요한 연결은 굵은 선을 사용하거나 강조되는 다른 색을 사용하는 것이 좋다. 인터넷에서 마인드맵을 검색하여 참조해 보고 어떤 형식이든 자신이 원하는 형식으로 자유롭게 그리면 된다.

마인드맵의 규칙은 간단하며 다음과 같다. 종이는 세로보다 가로가 더 긴 것을 사용하며 줄이나 네모 칸이 없는 백지를 사용한다. 칸이 있는 종이는 사고의 확장을 방해할 수 있다. 중심 주제나 핵심 사항은 중앙에 중심 이미지로 표현한다. 중심 이미지의 크기는 A4를 기준으로 5cm×5cm 정도의 크기가 적당하며 색은 3가지 이상 사용한다. 중심 이미지의 그림은 구름과 같이 정확하지 않은 형상을 사용하는 것이 좋다. 생각의 흐름에 따라 중심 이미지에 가지를 생성한다. 중심 이미지에 가까운 가지일수록 중요하고 중심이 되는 생각을 표현한다. 이때 가지는 실제 나무 가지처럼 구부정하고 길쭉한 모양을 사용한다. 동일 단계의 가지는 비슷한 길이로 표현하며 공간적으로 고르게 분포하도록 배치한다. 각 가지에는 핵심어를 입력한다. 핵심어는 가지마다 하나씩만 입력하고 유용한 정보를 연상할 수 있는 것으로 선택한다. 연상 과정을 통해 각 가지는 부가지로 파생될 수 있다. 마인드맵은 그려 나가는 과정에서 수정이 필요할 수 있으며 중심 이미지가 변경될 수 있다. 따라서 초기 마인드맵을 기반으로 최종 마인드맵을 완성할 때까지 반복하며 작성한다.

앞서 살펴본 폭설에 따른 단선 문제에 대한 마인드맵 예제는 [그림 3-1]과

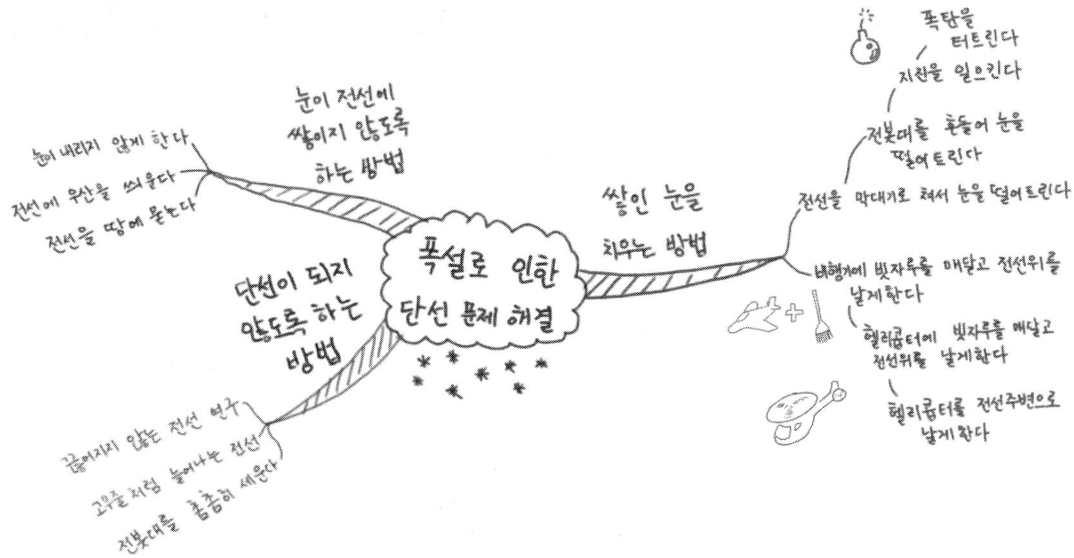

그림 3-1 단선 문제 해결을 위한 마인드맵

같다. 예제에서는 브레인스토밍에서 도출된 아이디어를 표현했다. 각자 마인드맵을 직접 그려보라. 마인드맵을 그려주는 응용 프로그램들도 있으니 활용하거나 아이디어 노트에 자유롭게 그리는 것도 좋다.

2.2 스캠퍼

스캠퍼SCAMPER는 주어진 문제를 새로운 관점에서 다각적으로 사고함으로써 새로운 아이디어를 창출하는 기법이다. 이 기법은 알렉스 오스본Alex Osbone의 체크리스트법을 로버트 애벌리Robert Eberle가 재구성하여 만든 아이디어 촉진 질문 방법이다.

SCAMPER는 Substitute, Combine, Adapt, Modify-Magnify-Minify, Put to other uses, Eliminate, Reverse-Rearrange의 첫 글자를 딴 약자로서 [표 3-3]의 질문을 포함한다. [표 3-4]는 스캠퍼를 적용해 아이디어를 창출한 예이다.

약 자	의 미	설 명	예
S	Substitute (대체)	• 다른 재료를 사용할 수 있을까? • 기존 제품이나 처리공정의 일부분을 새로운 것(물질, 요소, 공간 등)으로 대체	연탄재벽돌, 물침대, 종이컵, 나무젓가락, 화이트보드
C	Combine (결합)	• 무엇을 덧붙일 수 있을까? • 서로 다른 두 가지 이상의 특징, 물질, 프로세스, 요소 등을 결합	지우개 달린 연필, 스마트폰, 복합기
A	Adapt (적용)	• 상황에 맞게 조절할 수 있을까? • 다른 제품이나 자연물 혹은 과거의 기능을 적용	산 우엉 가시: 벨크로, 장미덩굴: 철조망, 형광 잉크
M	Modify- Magruify- Minify (변형)	• 모양이나 크기를 조절할 수 있을까? • 제품의 일부분이나 전체의 모양, 색, 성질 등을 확대, 축소, 왜곡, 과장, 강하게, 두껍게 변형	커플 자전거, Post-it
P	Put to other uses(다른 용도)	• 다른 용도로 사용할 수 있을까? • 원래의 사용 용도를 변경	폐타이어: 보도블록, 우산: 지팡이, 진흙: 미용 팩
E	Eliminate (제거)	• 무엇을 없앨 수 있을까? • 일부 기능을 제거	씨없는 수박, 키패드 없는 휴대폰, 카페인 없는 커피, 무선 인터넷
R	Rearrange- Reverse (재배치)	• 순서를 바꾸거나 거꾸로 할 수 있을까? • 다른 방향이나 역방향으로 방향을 바꾸고 뒤집거나 용도의 교환	벙어리 장갑, 발가락 양말, 마개가 아래에 있는 케찹 병

표 3-3 스캠퍼 7가지 질문

Substitute	3차원 입체화면으로 대체
Combine	화면과 키패드를 결합, 교통카드 기능 결합
Adapt	언어 번역기를 적용
Modify-Magnify-Minify	전 · 후면을 모두 유리로 제작
Put to other uses	인터넷 모뎀이나 내비게이션으로 사용
Eliminate	음성인식을 통해 키패드 제거
Rearrange-Reverse	안테나를 본체 내부에 배치

표 3-4 휴대폰의 기능 향상을 위한 아이디어

2.3 여섯 생각 모자

여섯 생각 모자Six Thinking Hats 기법은 다양한 관점에서 생각할 수 있는 기회를 제공하는 강력한 기법이다. 이 기법은 습관적으로 생각하는 방법에서 벗어나 더 나은 아이디어를 창출할 수 있도록 도와준다.

성공적인 사람들은 주로 합리적이고 긍정적인 관점에서 생각한다. 하지만 이들은 감정적, 직관적 혹은 부정적인 관점에서 바라보는 것은 서툴다. 이런 요소는 창의적 도약이나 불확실한 계획을 세우는 것을 어렵게 만든다. 반면 비관적인 성향의 사람들은 상당히 방어적이며 논리적으로 생각하기 때문에 역시 창의성을 발휘하기 어렵다. 여섯 생각 모자 기법을 사용하면 이런 다양한 관점에서의 접근이 가능하여 성공적인 문제 해결이 가능하다. 여섯 생각 모자 기법은 자신의 생각을 버리고, 의도적으로 다른 생각을 하게 함으로써 폭넓은 사고력을 신장하는 기법이며 영국의 심리학자 에드워드 드 보노Edward de Bono가 고안했다.

여섯 생각 모자 기법의 모든 참석자들은 차례대로 각 생각 모자를 착용하고 모자의 역할에 따라 사고방식을 결정한다. 생각 모자는 역할에 따라 색이 정해져 있다. 동일 색상의 모자를 여러 명이 함께 착용하는 것이 가능하다. 각 모자의 역할은 다음과 같다.

하얀 모자

비판과 감정적 사고를 수행하지 않고 주어진 사실이나 자료에 초점을 맞춘 사고를 수행한다. 이것으로부터 무엇을 배울 수 있는지를 확인하며 보유한 지식과의 차이를 극복하거나 이런 정보를 활용할 수 있는 방법에 대해 생각한다.

빨간 모자

직관이나 본능, 예감 혹은 감정에 기반을 두고 사고를 수행한다. 주어진 아이디어나 해결책에 대한 다른 사람들의 감정적인 반응을 생각하려고 노력하며 다른 의견을 가진 사람들의 직관적인 반응을 이해하도록 노력한다.

검은 모자

대상을 비관적이고 부정적이며 조심스럽고 비판적으로 바라본다. 아이디어의 부정적인 측면에 대해 생각하려고 노력한다. 아이디어의 약점이나 모순 요소, 불합리성 등을 발견할 수 있으므로 중요한 역할이다. 아이디어에 대한 약점을 발견할 수 있어 이를 제거하거나 해결하는 것이 가능하며 접근 방법을 수정하거나 반대적인 상황에 대한 우연한 계획을 준비할 수 있다.

노란 모자

노란색은 밝고 긍정적인 느낌의 색이다. 노란 모자를 쓴 경우에는 장점이나 가치, 이득 등의 긍정적인 측면만을 생각한다. 아이디어에 대한 장점이나 유용한 가치들을 찾아낼 수 있으며 당장은 알 수 없지만 앞으로 발생할 수 있는 기회 요소에 대해 생각하도록 노력한다.

녹색 모자

창의적인 사고를 수행한다. 이 역할은 주어진 문제에 대한 창의적인 해결책

하얀 모자	현재까지 등록된 차량 수와 주차장의 가용 차량 수를 확인한다. 또한 등록된 차량의 변화 경향을 확인하고 그 원인을 파악한다. 주차장 건설이 가능한 공간과 건설비를 조사하며 재원 조달 방법에 대해 확인한다.
빨간 모자	주차장이 건설되었을 경우와 건설되지 못한 경우의 사람들의 반응을 생각한다. 또한 주차장의 위치가 외곽에 치우친 경우나 학교의 중심에 위치한 경우에 대한 반응을 생각한다. 주차장 건설에 따른 차량 소유자의 추가적인 비용 부담에 대해 생각한다.
검은 모자	주차장 건설을 위한 공간 확보나 재원 확보의 어려움에 대해 생각한다. 또한 주차장 건설의 불필요성에 대해 생각한다. 주차장 건설비용에 대한 회수 방안을 생각한다.
노란 모자	주차장의 건설을 통해 얻을 수 있는 이점에 대해 생각한다. 또한 이를 통해 학교 재정의 증가 방법을 생각한다. 외부 위탁 경영을 통해 학교 수입 창출의 방법에 대해 생각한다.
녹색 모자	주차장의 위치, 크기, 모양 등에 대해 생각한다. 지하 혹은 빌딩 형태로 건설할 지에 대해 생각한다. 번호판 인식, 주차 공간 자동 알림 등의 첨단화된 주차장 관리 방법을 계획한다.
파란 모자	회의를 주재하여 각 역할 간의 발표 순서를 조정하고 내용을 조율하며 다른 역할자의 의견을 경청할 수 있도록 한다.

표 3-5 주차장 건설에 대한 여섯 생각 모자

을 제공하도록 노력한다. 자유분방하게 생각하면서 발산적 사고를 사용해 다양한 아이디어를 창출한다.

파란 모자

절차를 조절하고 통제하는 역할을 수행한다. 회의를 이끄는 사회자나 의장의 역할이며 문제를 정의하고 사고를 조직화한다. 회의의 진행이 침체되면 파란 모자는 다른 참석자에게 해당 역할에 부합하는 활동을 요청한다.

예를 들어, 증가하는 차량으로 인해 학교 주차장이 포화된 상태에서 주차장을 추가로 만들어야 하는 지에 대한 논의 과정을 살펴보자. [표 3-5]는 각 생각 모자의 역할을 나타낸다.

2.4 트리즈TRIZ

트리즈는 구소련의 알트슐러Genrich Altshuller에 의해 1946년부터 연구가 시작된 창의적 문제 해결 방법이다. 알트슐러는 해군의 특허 심사관으로 근무하며 전 세계의 200만 건 이상의 특허를 조사해 창의적인 해결책이 갖는 공통점을 조사하여 트리즈를 정립하게 되었다. 200만 건의 특허 중에서 발명의 수준에 따라 창조적인 특허 4만 건을 분류하고 이를 체계적으로 정리하여 표준 해법인 발명 원리와 표준 인자 등을 개발했다. [표 3-6]은 발명의 수준을 나타낸다.

수 준	발명의 수준	점유율(%)	예
1	자명한 해결책	32	바퀴 달린 책장
2	작은 개선	45	머리가 굽은 빨대
3	획기적인 개선	18	냉장고
4	신개념	3	증기기관
5	발견	1	X선

표 3-6 발명의 수준

트리즈는 창의적 문제들이 안고 있는 모순을 해결할 수 있는 방법을 제공한다. 모순이란 일반적으로 서로 양립할 수 없는 것들 사이의 대립 상태를 의미하는데 트리즈에서는 한쪽을 향상시키면 다른 쪽이 악화되는 대립적인 형태를 의미한다. 모순은 크게 기술적 모순과 물리적 모순으로 구분할 수 있다. 기술적 모순은 시스템의 서로 다른 두 가지 속성이 충돌하는 것이다. 예를 들어, 파이프의 강도를 좋게 하면 무게가 증가하는 것이다. 물리적 모순은 시스템의 동일 속성이 충돌하여 서로 다른 값을 동시에 가져야 하는 경우에 발생한다. 예를 들어, 비행기의 바퀴는 이륙과 착륙을 위해 반드시 필요하지만 이륙 이후에는 공기의 저항을 줄이기 위해 없어야 한다.

일반적인 문제 해결 방법은 모순을 해결하기보다는 이를 회피하거나 타협하는 것으로 모순을 해결한다. 반면 트리즈는 모순 자체를 제거해 문제를 해결한다. 물리적 모순을 해결하기 위해 분리의 원리를 제공하며 기술적 모순을 해결하기 위해 40가지의 발명 원리와 39가지 표준 인자를 제공한다.

1) 물리적 모순의 해결

물리적 모순을 해결하기 위해서는 시간에 의한 분리, 공간에 의한 분리, 부분과 전체에 의한 분리 방법을 사용한다.

① 시간에 의한 분리

시스템의 단일 요소가 갖는 충돌을 시간적으로 분리해 일정 시점에는 A라는 속성을 가지고, 다른 시점에는 B라는 속성을 갖도록 한다. 예를 들어, 비행기의 바퀴의 경우 이륙과 착륙을 할 때는 존재하지만 이륙 후에는 비행기 몸체 내부로 이동하여 제거한다.

② 공간에 의한 분리

서로 다른 요구 조건을 공간적으로 분리해 일정 공간에서는 A라는 속성을 가지고, 다른 공간에서는 B라는 속성을 갖도록 한다. 예를 들어, 자전거의 속도를 높이기 위해서는 바퀴의 지름이 커야 하지만 자전거에 오르내리거나 페달을 쉽게 밟기 위해서는 지름이 작아야 한다. 이를 해결하기 위해 체인을 사용하여 회전력을 높이고 바퀴의 크기를 줄였다.

③ 부분과 전체에 의한 분리

서로 다른 요구 조건을 전체와 부분으로 분리해 시스템의 구성요소가 갖는 특성과 전체 시스템이 갖는 특성을 다르게 갖도록 한다. 예를 들어, 자전거 체인의 경우 동력을 전달할 수 있도록 매우 강해야 하지만 회전할 수 있도록 부드러워야 한다. 이를 위해 작은 쇠 조각을 연결하여 쇠의 강함을 갖지만 굽어지는 것이 가능하도록 했다.

2) 기술적 모순의 해결

기술적 모순의 해결을 위해서는 우선 개선하거나 제거해야 할 사항들을 결정하며 이와 연관지어 악화되는 요소들을 찾아 표준 인자를 도출하여 모순 행렬을 작성한다. 발견한 모순을 해결하기 위해 40가지 발명원리와 39가지 표준인자를 사용한다. 다음은 40가지 발명원리이다. 이 중에서 32가지(1~32번)가 주로 많이 사용된다. 8가지는 나중에 추가된 것이다.

1. 분할Segmentation 물체를 독립된 부분으로 나눔 예 카트 칼날, 조립식 가구
2. 추출Extraction 방해 혹은 필요한 속성만을 분리 예 벌레 퇴치용 주파수 장치, UV차단 선글라스
3. 국부적 품질Local Quality 요소별로 다른 기능 수행 예 지우개 달린 연필, 잠수교
4. 비대칭Asymmetry 대칭 구조에서 비대칭 구조로 변경 예 레미콘, 비대칭 깔때기
5. 통합Consolidation 여러 작업을 동시에 수행, 예 도색이 가능한 금형틀
6. 다기능Multifunction 여러 기능을 동시에 수행 예 카메라와 MP3 기능을 가진 휴대폰
7. 포개기Nesting 하나의 물체를 다른 물체 속에 포갬 예 코펠, 접히는 안테나
8. 무게 상쇄Counterweight 물체의 무게를 상쇄 예 헬륨 풍선을 통한 광고
9. 사전 반대 조치Preliminary Counter Action 반대 방향으로 미리 준비 예 많은 액수의 정리 해고 수당, 페인트칠을 위해 마스킹 테이프 사용

10. 사전 조치Preliminary Action 미리 준비 예 식당에서 미리 음식을 담아 둠
11. 사전 보상 조치Preliminary Compensation 미리 보상을 취함, 예 예비 낙하산 에어백
12. 높이 유지Equipotential 물체의 높이 변화가 필요 없도록 환경 변화 예 자동차 엔진오일 교환을 위한 지하 작업장
13. 반대로 수행Do it Reverse 반대로 조치 예 자동차 대신 땅이 움직이는 운전교습 시뮬레이터
14. 곡선화Curvature Increase 직선을 곡선으로 변경 예 유선형 스포츠카
15. 자유도 증가Dynamicity 물체의 각 부분이 자율적으로 동작 예 관절 로봇
16. 초과나 부족Partial or Excessive 지나치게 하거나 부족하게 함 예 자동차의 사이드미러 전기 퓨즈
17. 차원 변화Dimension Change 차원이나 관점을 변경 예 3차원 마우스 온라인 강의
18. 진동Vibration 진동을 이용, 예 초음파 진동을 사용한 결석 제거 해머드릴
19. 주기적 작용Periodic Action 연속적이 아니라 주기적으로 수행 예 가변 차선제, 점심 특선 가격 제도
20. 유용한 작용의 지속Continuity of Useful Action 유용한 작용을 지속 예 사계절 썰매장
21. 빠르게 처리Rushing Through 유해한 것을 빠르게 수행 예 하이패스
22. 전화위복Convert Harmful to Useful 유해한 것을 유용한 것으로 변경 예 예방접종
23. 피드백Feedback 피드백을 이용 예 자동 온도 조절 장치
24. 중간매개물Intermediary 직접 하지 않고 중간 매개체를 사용 예 펀드 투자
25. 셀프서비스Self Service 스스로 수행 예 자동차의 밧데리 충전이나 히터
26. 대체 수단Copying 값싼 복제품을 이용 예 동영상 강의, 더미
27. 값싸고 짧은 수명Cheap Short Life 비싼 물체를 값싼 물체로 교체 예 일회용품
28. 기계시스템의 대체Replacing Mechanical System 기계적 장치를 물리적 장으로 대체 예 전자 파리채 번호키
29. 공기 및 유압사용Pneumatics and Hydraulic System 고체 대신 기체나 액체를 사용

예 공기부양선

30. 박막Flexible Membrane and Thin Film 얇은 막이나 필름을 사용 예 캡슐약 자외선 차단 필름

31. 다공성 물질Porous Material 구멍이 많은 물질을 사용해 중량이나 성질을 변경 예 수소를 팔라듐 스폰지의 구멍에 저장(수소저장탱크)

32. 색깔 변화Changing Color 물체의 색이나 투명도를 변경 예 투명 밴드, 매직 테이프

33. 동질성Homogeneity 동일 재료 혹은 특성을 갖는 물체를 상호작용시킴 예 생리식염수

34. 폐기 및 재생Rejection and Regeneration 기능을 완료한 물체는 사라지거나 재생 예 얼음 접시 리필 제품

35. 특성 변경Parameter Change 물질의 특성(물리적 상태, 온도, 농도 등)을 변경 예 압력 밥솥 LPG의 액체 수송

36. 상태전이Phase Change 기체, 액체, 고체 등의 상태 변화를 사용 예 냉장고

37. 열팽창Thermal Expansion 물질의 열팽창을 사용 예 형상기억합금

38. 산화제Oxidant 산화 수준을 높임 예 산화표백제

39. 불활성 환경Inert Environment 정상 상태를 불활성 상태로 변경 예 화재소화기

40. 복합재료Composite Material 복합재료를 사용 예 하나의 골프채는 그립과 샤프트를 위해 다른 재료를 사용해 복합적인 재료로 제작

다음은 39가지 표준인자이다.

1. 움직이는 물체의 무게Weight of moving object
2. 고정된 물체의 무게Weight of nonmoving object
3. 움직이는 물체의 길이Length of moving object
4. 고정된 물체의 길이Length of nonmoving object
5. 움직이는 물체의 면적Area of moving object
6. 고정된 물체의 면적Area of nonmoving object
7. 움직이는 물체의 부피Volume of moving object

8. 고정된 물체의 부피 Volume of nonmoving object

9. 속도 Speed

10. 힘 Force

11. 압력 Tension / Pressure

12. 모양 Shape

13. 물체의 안정성 Stability of object

14. 강도 Strength

15. 움직이는 물체의 내구력 Durability of moving object

16. 고정된 물체의 내구력 Durability of nonmoving object

17. 온도 Temperature

18. 밝기 Brightness

19. 움직이는 물체가 소모한 에너지 Energy spent by moving object

20. 고정된 물체가 소모한 에너지 Energy spent by nonmoving object

21. 동력 Power

22. 에너지의 낭비 Waste of energy

23. 물질의 낭비 Waste of substance

24. 정보의 손실 Loss of information

25. 시간의 낭비 Waste of time

26. 물질의 양 Amount of substance

27. 신뢰성 Reliability

28. 측정의 정확성 Accuracy of measurement

29. 제조의 정확성 Accuracy of manufacturing

30. 물체에 작용하는 해로운 요인 Harmful factors acting on object

31. 유해한 부작용 Harmful side effects

32. 제조용이성 Manufacturability

33. 사용편의성 convenience of use

34. 수리가능성 Reparability

35. 적응성 Adaptability

36. 장치의 복잡성 Complexity of device

37. 조절의 복잡성 Complexity of control

38. 자동화의 정도 Level of automation

39. 생산성 Productivity

모순 행렬은 [표 3-7]과 같이 좌측에 개선이 필요한 특징을 배열하고 상단에는 악화되는 특징을 배열한다. 행렬의 내부에서 모순을 해결할 발명 원리를 찾아 사용한다. 예를 들어, 개선할 인자가 '2번 고정된 물체 무게'이고 악화되는 인자가 '38번 자동화 정도'이면 '2번 추출', '26번 대체 수단', '35번 특성 변경'의 발명 원리를 문제해결을 위해 적용할 수 있다.

모순 행렬은 문제 해결을 위해 참조할 수 있는 정보에 해당할 뿐 모든 문제를 해결할 수 있는 것은 아니다.

		약화되는 표준 인자				
	구 분	1. 움직이는 물체 무게	2. 고정된 물체 무게	. . .	38. 자동화 정도	39. 생산성
개선할 표준 인자	1. 움직이는 물체 무게		–	. . .	26, 35, 18, 19	35, 3, 24, 37
	2. 고정된 물체 무게	–		. . .	2, 26, 35	1, 18, 15, 35
	. . .	. . .	. . .	. . .	. . .	. . .
	38. 자동화 정도	28, 26, 18, 35	28, 26, 34, 10	. . .		5, 12, 35, 26
	39. 생산성	35, 26, 24, 37	28, 27, 15, 3	. . .	5, 12, 35, 26	

표 3-7 모순 행렬

다음은 트리즈에 대한 국내 참조 사이트이다.

www.triz.co.kr

www.trizacademy.net

3 아이디어 다듬기

아이디어 다듬기 과정은 아이디어 창출 과정에서 생성한 '부족하고 엉뚱한' 아이디어를 '유용하고 현실적'인 것으로 개선하는 단계이다. 아이디어 다듬기 과정에서는 수렴적 사고가 주로 필요하지만 발산적 사고를 함께 사용해 새로운 아이디어를 지속적으로 창출하는 것이 필요하다. 아이디어 다듬기를 위해서는 하이라이팅, 강제 결합법, PMI, 연상법 등의 기법을 사용할 수 있으며 이들을 결합하여 사용하는 것도 효과적이다. 아이디어 창출 후 충분한 시간(하루 이상)이 경과한 뒤에 아이디어 다듬기를 수행하는 것이 좋다.

3.1 하이라이팅

생성한 아이디어를 공통된 속성이나 성질에 따라 집합으로 묶어 문제 해결을 위한 적합한 형태로 재진술하는 기법이다. 이때 각 집합을 적중 영역hot spot이라 한다. 하이라이팅을 위해서는 우선 생성한 아이디어 중에서 유용한 아이디어만을 선택한다. 다음으로 적중 영역을 만들어 선택한 아이디어들을 적중 영역으로 분류한다. 이때 한 가지 아이디어가 여러 개의 적중 영역에 포함될 수 있다. 정의한 적중 영역으로 분류하기 어려운 아이디어는 '기타' 적중 영역을 만들어 분류한다. 마지막으로 적중 영역을 재진술한다. 두 개 이상의 적중 영역을 조합해 하나의 해결책을 찾는 것도 가능하다.

예제 재학생 팀 단위 프로젝트의 결과 향상을 위한 좋은 방법 제안

1) 아이디어 창출 기법을 통해 50가지의 아이디어를 생성
2) 유용한 아이디어 17가지를 선택
3) 6가지의 적중 영역을 생성 : 전문가 활용, 동기부여, 유대감, 정책, 재정 지원, 기타
4) 선택한 아이디어를 적중 영역으로 분류
   ① 전문가 활용
   - 업체 전문가를 초빙하여 프로젝트 보조
   - 졸업생을 초빙하여 프로젝트 지원
   - 직접적인 대면뿐만 아니라 온라인을 통한 수시 만남

② 동기부여

- 공모전이나 경진대회 출품 시 각종 비용 및 성과급 지원
- 뛰어난 프로젝트 수행 팀에게 취업 기회 제공
- 결과물의 성능에 따른 소정의 상품 제공

③ 유대감

- 해병대 캠프 체험
- 등산이나 체육대회 개최
- 식사나 회식 기회 제공
- 티셔츠나 액세서리를 공동으로 제작

④ 정책

- 프로젝트 시연회 개최
- 프로젝트 시행 과정이나 결과물에 대한 문서화를 통한 포트폴리오 제작
- 특허 및 논문 비용 지원

⑤ 재정 지원

- 프로젝트 진행을 위한 공간 및 장비 지원
- 특허 및 논문 비용 지원
- 개인 능력이 부족한 경우 개별 지도 실시

⑥ 기타

- 해당 분야의 전문가나 명망 있는 교수님을 초빙
- 우수작을 선정하여 외부에 홍보

5) 재진술

재학생 팀 단위의 프로젝트 결과를 향상시키기 위해서는 졸업생이나 업체 전문가를 초빙하여 프로젝트를 지원하고 직접적인 만남뿐만 아니라 온라인을 통해 수시로 만나도록 한다. 동기부여를 위해 공모전이나 경진대회 출품 시에 비용을 지원하고 우수 프로젝트에 대해 취업 기회나 성과금을 지원한다. 프로젝트 팀원 간의 유대감 형성을 위해 모임 기회를 갖거나 공동 의류를 맞출 수 있도록 한다. 학과에서는 프로젝트 시연회를 개최하고 포트폴리오를 제작하며 특허나 논문 비용을 지원한다. 또한 프로젝트 진행을 위한 공간 및 장비를 지원하고 개인별 지도를 실시한다. 이외에도 명망 있는 교수님을 초빙해 학생들을 지도하며 우수작은 외부에 홍보한다.

3.2 강제 결합법

전혀 관계없어 보이는 두 가지 이상의 아이디어를 인위적으로 연결시켜 새로운 아이디어를 생성하는 아이디어 유도 방법이다. 초기 단계에서는 임의 강제 결합법을 사용하는데 무작위로 선택한 2개의 아이디어를 연결시켜 생각해보는 것이다.

예제 새로운 개념의 칫솔을 개발하기 위해 전구와 관계를 생각해본다.

1) 전구의 속성
- 빛을 발산한다.
- 전기의 공급이 필요하다.
- 여러 개를 연결하여 사용할 수 있다.
- 장식용으로 사용한다.
- 다양한 색상이 존재한다.

2) 전구의 속성을 적용한 칫솔
- 빛을 발산하여 입 속을 쉽게 확인할 수 있다.
- 전기의 공급을 통해 칫솔모가 스스로 움직인다.
- 여러 개의 칫솔모를 연결하여 위, 아래 혹은 왼쪽, 오른쪽을 동시에 닦을 수 있다.
- 화려한 모양과 색상으로 만들어 사용하지 않을 때는 욕실의 장식용품으로 활용한다.

3.3 PMI

모든 아이디어에는 동전의 양면처럼 긍정적인 측면과 부정적인 측면이 공존한다. PMI 기법은 아이디어의 긍정적인 요소Plus와 부정적인 요소Minus 그리고 흥미 있는 요소Interesting를 함께 고려하여 새로운 아이디어를 생각하는 방법이다. 좋거나 긍정적인 측면의 Plus 관점과 나쁘거나 부정적인 측면의 Minus 관점에서 생각해보고 객관적인 관점에서 Interesting 요소를 추가한다. PMI 기법은 다음의 진행으로 이루어진다.

1) 아이디어에 대한 좋은 점, 나쁜 점, 흥미로운 점을 찾는다. 이때 순차적으로 각 측면에서의 특징을 찾는다.
2) 좋은 점은 향상하고 나쁜 점은 제거할 수 있는 대안을 모색한다.
3) 흥미로운 점을 기반으로 새로운 아이디어를 확장한다.

3.4 연상법

연상법은 주어진 아이디어에 대해 연상되는 새로운 아이디어를 찾아내는 창의적 기법이다. 자유 연상법은 연상되는 생각을 자유롭게 제시하는 방법이고 통제 연상법은 자유 연상법에 일정한 제약 조건을 정해 진행한다. 예를 들어, 구전 동요에 나왔던 것처럼 '원숭이 엉덩이(빨강) – 사과(맛있다) – 바나나(길다) – 기차(빠르다) – 비행기(높다) – 백두산'과 같이 연상을 통해 새로운 단어를 생각할 수 있다.

연 | 습 | 문 | 제

1. 브레인스토밍을 통해 팀 명칭을 결정하라.

2. 신문으로 할 수 있는 일들을 열거하라. 제한시간은 10분이며 30개 이상의 아이디어를 창출하라.

3. 종이컵으로 할 수 있는 일들을 열거하라. 제한시간은 10분이며 30개 이상의 아이디어를 창출하라.

4. 냉장고를 손대지 않고 열 수 있는 방법을 열거하라. 제한시간은 15분이며 20개 이상의 아이디어를 창출하라.

5. 재학생 혹은 졸업생의 창업을 활성화할 수 있는 방법을 마인드맵을 사용해 논의하라.

6. 좋은 직장을 갖기 위한 대학생활 방법을 브레인스토밍하라.

7. 우리 대학의 경쟁력을 강화할 수 있는 방법에 대해 여섯 생각 모자 기법을 사용해 논의하라.

8. 외계 생물체가 존재한다고 가정할 경우 어떤 모습일지를 상상하여 그려라. 이때 외계 생물체의 모습은 마인드맵을 사용해 결정하라.

9. 우리 주변의 일상용품을 하나 선택한 후 스캠퍼 기법을 사용해 개선할 수 있는 방법을 제시하라.

10. 과제가 전혀 없는 과목에 대한 PMI를 진행하라.

12. 최근 공항에 설치된 알몸 투시기에 대해 PMI를 진행하라.

13. A4 용지 한 장을 다른 재료나 도구 없이 최대한 높이 쌓을 수 있는 방법에 대해 3~4명의 팀을 구성해 브레인스토밍 회의를 하고 과정 및 결과를 정리하라.

14. 주변에서 흔히 구할 수 있는 나무젓가락을 활용할 수 있는 방법에 대해 5~7명의 팀을 구성하여 브레인스토밍 회의를 하고 50가지 이상의 아이디어를 도출하라.

15. 자신이 즐겨하는 게임 한 개를 선정하고 그 게임에 대한 마인드맵을 작성하라.

16. 즐겨 찾는 음식점(식당, 까페, 술집, 배달 음식점 등 포함)에 대한 마인드맵을 작성하라.

17. 자신이 희망하는 졸업 후 10년 뒤의 미래에 대한 마인드맵을 작성하라.

18. 이번 학기에 수강하고 있는 과목 중에서 한 과목을 선택하고 그 과목의 한 장(chapter)에 대한 마인드맵을 작성하라.

Chapter

04 아이디어 평가

다양한 아이디어들이 생성되었다면 아이디어들을 비교 평가함으로써 실제 실행을 위한 최선의 아이디어를 도출해야 한다. 이 장에서는 아이디어를 평가하고 우선순위를 부여하는 방법으로써 아이디어 분석법, 쌍비교분석법, 평가기준기반 아이디어 평가법 그리고 평가기준기반 쌍비교분석법에 대해 설명한다. 아울러 성공적인 실행을 위한 몇 가지 유의 사항을 제시한다.

1 아이디어 평가의 정의

공학 문제를 해결하기 위해서는 문제 정의, 아이디어 도출, 아이디어 평가, 실행의 절차를 따른다. 이전 장에서는 아이디어를 도출하기 위한 다양한 방법에 대해 배웠으며 이 장에서는 아이디어를 평가하는 방법에 대해 배운다.

아이디어 평가는 아이디어들 간의 장단점을 파악하고 우열을 판단하여 우선순위를 매기는 작업이라 할 수 있다. 그렇다면 아이디어들 간의 우선순위를 정하는 이유는 무엇일까? 만약 도출된 아이디어들을 주어진 시간 내에 그리고 주어진 재료들을 가지고 모두 실행해 볼 수 있다면 그 결과를 비교하여 최선의 아이디어를 쉽게 파악할 수 있을 것이다.

그러나 대부분의 경우에 있어 우리가 가지고 있는 자원은 한정되어 있기 때문에 모든 아이디어를 실행에 옮길 수는 없다. 따라서 실행에 앞서 어떤 아이디어가 최선의 아이디어인지를 가려야만 한다.

최선의 아이디어란 무엇일까? 이 또한 주어진 환경을 고려해야만 한다. 즉, 현실적인 여건을 감안할 때 실행 가능한 아이디어로서 문제 해결을 위한 가장 효과적인 아이디어라 할 수 있다. 그러나 실질적으로 최선의 아이디어를 선정하는 것은 매우 어려운 작업이다.

모든 결정 기준에 있어서 트레이드오프trade-off가 존재한다. 좋은 면이 있으면 그에 따른 나쁜 면이 있게 마련이다. 예를 들어, 빵을 만들 때 좋은 재료를 쓰면 빵의 질은 좋아지지만 단가가 높아져 판매가 부진할 수 있고, 싼 재료를 쓰면 단가가 낮아져 많이 판매할 수 있지만 소비자 불만과 반품에 의해 장기적으로는 오히려 손해를 볼 수도 있다. 빵의 질을 우선할 것인가 또는 단가를 낮추는 것을 우선할 것인가는 평가자의 판단에 좌우되는 경우가 많다.

이와 같이 아이디어를 평가하는 단계에서도 평가자의 주관적 견해가 크게 작용할 수밖에 없다. 따라서 판단 기준을 결정하는 것에서부터 해당 기준에 따라 아이디어를 평가하는 것에 이르기까지 평가자는 자신의 지식과 경험을 총동원하여 보다 정확한 판단을 할 수 있도록 노력해야 한다. 특히 평가자는 비판적 사고 능력을 갖추어야 한다. 비판적 사고 능력이란 실행 단계에서 발생할 수 있는 결함을 미리 예측하는 능력이라 할 수 있는데, 비판적 사고를 하기 위해서는 결국 문제에 대한 통찰력을 바탕으로 주어진 환경을 면밀히 파악해 접목할 수 있어야 한다.

비판적 사고를 통한 아이디어 평가는 결코 쉬운 일이 아니다. 최선의 아이디어를 도출했다고 하지만 어디까지나 이는 믿음의 문제이지 실제 최선의 아이디어란 보장은 없다. 문제 또는 주어진 환경에 따라서는 하나 이상의 아이디어를 실행해 볼 수도 있을 것이다. 이와 같은 경우에는 최상의 아이디어뿐만 아니라 허용된 범위 내에서 차선의 아이디어들도 실행해 봄으로써 평가 시의 오류를 완화시킬 수 있다. 이를 위해서는 최소한 아이디어들에 대한 우선순위 부여가 필수적이다. 평가 시의 오류를 완화하는 또 한 가지 방법은 이후 설명할 평가 방법들 중 여러 개를 적용한 후 결과를 서로 비교하는 것이다. 만약 아이디어가 총 3개로 1, 2, 3이 있고 평가 방법이 A, B, C가 있다고 할 때 A는 1, B는 1, C

는 2를 각각 최선의 아이디어라고 판단했다면 다수결 원칙에 의해 1을 최선의 아이디어로 선정할 수 있다.

이 책에서 제시하는 아이디어 평가 방법은 총 네 가지로서 다음과 같다.

① 아이디어 분석법 : 아이디어들의 장단점을 파악하여 이를 서로 비교한다. 아이디어의 개수가 소수일 때 유용하다.
② 쌍비교분석법 : 모든 아이디어 쌍들에 대한 우열 비교 결과를 점수화한다. 아이디어의 개수가 많아지면 적용이 어려워진다.
③ 평가기준기반 아이디어 평가법 : 평가 기준별로 각 아이디어의 점수를 부여하고 이를 합산하여 전체 점수를 구한다. 아이디어의 개수가 많을 때도 비교적 쉽게 적용이 가능하다.
④ 평가기준기반 쌍비교분석법 : 평가 기준별로 모든 아이디어 쌍들에 대한 우열 비교 결과를 합산하여 전체 점수를 구한다. 아이디어의 개수가 많아지면 적용이 어려워진다.

이상의 네 가지 평가 방법이 완전히 독립적인 것은 아니다. 특히 아이디어 분석법의 경우 아이디어들의 장단점을 기술하고 이를 음미하여 아이디어들을 비교하게 되는데 이는 다른 평가 방법들에 있어서도 가장 먼저 선행되어야 할 작업이라 할 수 있다. 즉, 평가 방법을 적용하기 전에 각 아이디어에 대한 장단점을 기술해보고 비판적 사고를 동원해 직관적으로 아이디어 간 비교를 해 볼 필요가 있다. 또는 쌍비교분석법에 의해 유망한 몇 개의 아이디어가 도출되었다면 이들만을 대상으로 아이디어 분석법을 적용하여 장단점을 보다 면밀히 파악하고 최선의 아이디어를 도출할 수도 있다.

여기서 소개하는 아이디어 평가 방법은 아이디어 평가를 위한 보조 도구들로서 절대적인 기준은 되지 못한다. 만약 평가 방법을 적용한 결과가 직관적인 평가 결과와 다르다면 과연 어느 쪽이 더 정확한지 다시 한 번 음미해 보아야 한다. 직관적인 평가 시 고려하지 못한 부분은 없었는지, 평가 방법 적용 시 누락되거나 과장된 측면은 없었는지 면밀히 분석해야 한다. 만약 합의점을 찾지 못한 경우 최선의 아이디어를 선택하는 것은 평가자의 또 다른 숙제이다.

2 아이디어 분석법

아이디어 분석법은 아이디어들을 분석하고 서로 비교하여 최선의 아이디어를 선정하는 것이다. 아이디어를 분석하는 도구로는 ALoU를 사용할 수 있다. ALoU는 장점Advantages, 단점Limitations to overcome, 특성Unique qualities을 의미한다. 먼저 장점부터 나열하도록 한다. 그렇게 함으로써 보다 긍정적인 인식을 가질 수 있다. 그러고 나서 특성을 나열한다. 특성은 아이디어의 실행 결과로서 얻을 수 있는 이점 및 매력적인 측면이 포함될 수 있다. 마지막으로 제한 사항 등 단점을 기술하는데 이를 극복할 수 있는 방안이 있다면 함께 기술하는 것이 좋다. 이 방법은 다른 방법에 비해 체계적이지 못한 편이지만 아이디어의 개수가 많지 않을 때는 매우 효과적이다.

[표 4-1]은 ALoU를 기반으로 한 아이디어 분석의 예를 보인 것이다. 문제는 '다음 학기 숙소를 어떻게 할 것인가?' 라는 문제이며 아이디어로는 총 세 가지로 '기숙사에 들어간다', '자취한다', '집에서 통학한다' 가 도출되었다. 각 아이디어에 대한 장점과 단점 및 특성을 파악한 결과 기숙사에 들어가는 것이 가장 좋다고 판단되었다. 단, 그렇게 하기 위해서는 이번 학기에 공부를 열심히 해야 함을 알 수 있다.

분석 항목 / 아이디어	장 점	단 점	특 성
• 기숙사에 들어간다	• 학업 집중 유리	• 어떻게 하면 선발될 수 있도록 성적을 올릴까? ○ 공부를 열심히 한다. • 비용이 듦	• 성적이 올라감
• 자취한다	• 자유로움 • 통학이 쉬움	• 자취 비용은 어떻게 마련할까? ○ 아르바이트를 한다. • 식사, 빨래 등 불편	• 자유롭게 다양한 활동을 할 수 있음
• 집에서 통학한다	• 식사, 빨래 등 편함 • 학업 집중 유리	• 어떻게 통학할까? ○ 통학 버스를 이용한다. • 시간이 너무 많이 걸림	• 통학 외에 특별히 신경 쓸 일이 없음

표 4-1 아이디어 분석법

3 쌍비교분석법

아이디어 분석법은 하나의 아이디어에 초점을 맞추어 세밀한 분석이 이루어지는 반면 아이디어 사이의 우열 판단은 직관에 치우치는 경향이 많다. 아이디어의 개수가 적을 경우에는 큰 문제가 되지 않지만 아이디어의 개수가 많아지면 직관적으로 순위를 결정하기가 매우 어려워진다. 쌍비교분석법은 주어진 아이디어들로부터 만들 수 있는 2개의 쌍들에 대해 우열을 비교함으로써 아이디어별 점수를 계산하는 방법을 제공한다.

기본적인 방법은 두 개의 아이디어를 비교하여 좋다고 판단되는 아이디어에 1점을 부여하는 것이다. 물론 두 개의 아이디어를 비교할 때는 직관적으로 판단할 수도 있고 아이디어 분석법에서와 같이 아이디어별 장단점을 기반으로 비교할 수도 있다.

이를 좀더 체계적으로 표현하기 위해 [표 4-2]와 같이 쌍비교분석 행렬을 만들 수 있다. 세로축과 가로축에 각각의 아이디어를 기입한다. 그리고 세로축의 아이디어를 기준으로 다른 아이디어와 비교하면서 점수를 기입하되 세로축의 기준 아이디어가 더 좋다고 판단되는 경우에는 1점을 부여하고 더 좋지 않다고 판단되는 경우에는 −1점을 부여한다. 모든 쌍들에 대한 비교가 끝난 후에는 대각선을 기준으로 위쪽 삼각형 부분의 점수가 채워지게 된다.

대각선 부분은 0점을 기입하고 아래쪽 삼각형에는 위쪽 삼각형의 대칭된 위치의 점수에 대한 역수를 기입하면 쌍비교분석 행렬이 완성된다. 예를 들어 세로 기숙사와 가로 자취를 비교하여 1점을 부여했다면 대칭되는 세로 자취와 가로 기숙사 위치에는 −1점을 기입하면 된다. 마지막으로 세로축 아이디어를 기준으로 각각 합계를 계산하고 점수가 높은 순으로 순위를 부여한다.

	기숙사	자취	통학	합계	순위
기숙사	0	1	1	2	1
자취	−1	0	−1	−2	3
통학	−1	1	0	0	2

표 4-2 쌍비교분석법

쌍비교분석법은 아이디어의 개수가 많아지면 적용이 어려워질 수 있다. 예를 들어 아이디어의 개수가 3개일 경우에는 3번의 비교가 필요하지만, 10개일 경우에는 45번의 비교가 필요하며 20개일 경우에는 190번의 비교가 필요하게 된다.

한편 쌍비교분석법을 약간 변형해 선호 점수를 1점이 아닌 1~5와 같이 선호 정도에 따라 점수를 부여할 수도 있다. 이 경우 두 아이디어 사이의 단순한 우열뿐만 아니라 우열 정도를 표현할 수 있다.

4 평가기준기반 아이디어 평가법

아이디어 분석법과 쌍비교분석법에서는 하나의 아이디어 단위로 비교했다. 물론 비교 시 내부적으로는 다양한 관점에서 분석이 이루어지고 있지만 이는 명시적으로 드러나지 않고 단지 아이디어 사이의 우열을 비교하기 위한 참고자료로 활용된다. 비교를 위한 평가기준이 명시적으로 드러나지 않기 때문에 이를 종합하는 과정에서 평가자의 직감이 작용할 소지가 많다.

평가기준기반 아이디어 평가법에서는 아이디어를 비교하기 위한 평가기준을 명시적으로 나열하고 각 기준별로 아이디어 사이의 우열을 비교한 후 전체적으로 종합하는 방식을 취한다.

우선 평가기준을 만들어야 한다. 판정기준에는 중요한 판정기준이 있을 수도 있고 사소한 판정기준이 있을 수도 있다. 중요한 판정기준을 어떻게 도출해내느냐가 최종적인 평가 결과에 큰 영향을 미칠 수 있다. 중요한 판정기준을 도출하는 과정은 문제 해결을 위한 아이디어 도출 과정과 유사하다. 먼저 브레인스토밍과 같은 아디이어 도출 방법을 통해 다양한 판정기준을 생성한다. 판정기준이 너무 많으면 오히려 아이디어 판정을 복잡하게 만드는 경향이 있으므로 다양한 판정기준으로부터 중요한 몇 가지 판정기준을 선정하는 것이 좋다. 이때 간단한 장단점 비교를 기반으로 한 아이디어 분석법이나 쌍비교분석법을 적용할 수도 있다.

평가기준기반 아이디어 평가법을 체계적으로 적용하는 방법으로는 선호행렬표를 이용한 방법과 평가기준별 평가표를 이용한 방법이 있다. [표 4-3]은 선호행렬표를 이용한 방법의 예를 보인 것이다. 먼저 '다음 학기 숙소를 어떻게 할 것인가?' 의 문제에 대한 평가기준으로 비용, 자유도, 고생, 학업, 교통이 선택되었다고 가정하자. 각 평가기준별로 아이디어를 평가하되 긍정적일 경우 1, 부정적일 경우 −1, 무관할 경우 0으로 표기한다.

예를 들어, 자취의 경우 비용 측면에서 부담이 되고 고생이 많을 것으로 예상되나 자유가 보장되고 교통이 편리할 것으로 예상되므로 비용 −1, 고생 −1, 자유도 1, 교통 1로 표기하고 나머지 학업은 0으로 표기했다. 마지막으로 아이디어별 합계를 구하고 합계가 높은 순으로 우선 순위를 매기면 된다.

평가기준	기숙사	자취	통학
비용	1	−1	1
자유도	0	1	−1
고생	0	−1	1
학업	1	0	0
교통	1	1	−1
합계	3	0	1
순위	1	3	2

표 4-3 평가기준기반 아이디어 평가법 – 선호행렬표의 예

[표 4-4]는 평가기준기반 아이디어 평가법의 두 번째 방법인 평가기준별 평가표의 예이다. 각 평가기준별로 각 아이디어를 평가하되 1에서 5까지의 점수를 부여토록 한다. 그리고 합계를 기준으로 우선순위를 구한다. 물론 경우에 따라서는 점수의 범위를 다르게 조정할 수 있다. 이 방법은 사실상 첫 번째 방법인 선호행렬표에 있어서 긍정과 부정의 정도를 점수화하여 보다 심도있게 평가를 수행한 것이라 할 수 있다.

평가기준	기숙사	자취	통학
비용	2	1	5
자유도	4	5	2
고생	3	1	5
학업	5	2	3
교통	5	4	1
합계	19	13	16
순위	1	3	2

표 4-4 평가기준기반 아이디어 평가법 – 평가기준별 평가표의 예

경우에 따라서는 평가기준의 중요도에 따라 가중치를 부여할 수 있는데 이 방법은 선호행렬표와 평가기준별 평가표에 모두 적용이 가능하다. [표 4-5]는 [표 4-4]의 평가기준별 평가표에 평가기준별 가중치를 적용한 예이다. 먼저 각 평가기준의 중요도에 따라 가중치를 부여하되 합이 1이 되도록 한다. 그리고 아이디어별 평가 점수에 해당 가중치를 곱한 후 그 결과를 바탕으로 합계와 우선순위를 구하면 된다. 예에서는 비용과 학업의 평가기준이 중요하다고 판단하였으며 그 결과 역시 기숙사에 들어가는 것이 가장 좋은 것으로 평가되었다.

평가 항목	가중치	기숙사		자취		통학	
	(A)	점수(B)	A×B	점수(C)	A×C	점수(D)	A×D
비용	0.3	2	0.6	1	0.3	5	1.5
자유도	0.2	4	0.8	5	1	2	0.4
고생	0.1	3	0.3	1	0.1	5	0.5
학업	0.3	5	1.5	2	0.6	3	0.9
교통	0.1	5	0.5	4	0.4	1	0.1
합계			3.7		2.4		3.4
순위			1		3		2

표 4-5 평가기준기반 아이디어 평가법 – 평가기준별 가중치를 사용한 평가표의 예

5 평가기준기반 쌍비교분석법

평가기준기반 쌍비교분석법은 쌍비교분석법과 마찬가지로 모든 2개의 아이디어 쌍에 대한 우열을 비교하되 평가기준을 마련하고 평가기준별로 비교한 후 이를 취합하는 방식을 취한다.

먼저 평가기준기반 아이디어 평가법과 마찬가지로 아이디어를 평가할 평가기준을 마련한다. 그리고 [표 4-6]과 같이 평가기준별로 하나의 아이디어를 기준으로 다른 아이디어와 비교하여 기준 아이디어가 더 좋다면 1점씩 더하는 방식으로 점수표를 만든다. 예를 들어 비용 측면에서 기숙사는 자취보다는 유리하고 통학보다는 불리하므로 1점을 획득하게 된다. 자취는 가장 불리하므로 0점을 획득하게 되고 통학은 다른 모든 아이디어보다 유리하므로 2점을 획득하게 된다.

평가기준	기숙사	자취	통학
비용	1	0	2
자유도	1	2	0
고생	1	0	2
학업	2	0	1
교통	2	1	0
합계	7	3	5
순위	1	3	2

표 4-6 평가기준기반 쌍비교분석법 – 아이디어별 점수표

아이디어의 개수가 적을 경우에는 아이디어별 점수표를 작성하기가 쉽지만 아이디어의 개수가 많아지면 점수표 작성이 어려울 수도 있다. 이때는 점수표를 만들기 위한 전 단계로서 [표 4-7]과 같이 쌍비교행렬표를 만들 수 있다. 세로축 아이디어를 기준으로 가로축 아이디어와 비교하여 기준 아이디어가 우수하다면 1점씩 부여하고 그렇지 않으면 0점을 부여한다. 대각선 위 셀들의 값을

채운 후 대각선 아래 셀들은 대각선을 기준으로 대칭되는 셀값의 반대값, 즉 1이면 0, 0이면 1을 취하면 된다. 최종 합계를 바탕으로 [표 4-6]을 쉽게 작성할 수 있다.

평가기준	아이디어	기숙사	자취	통학	합계
비용	기숙사	–	1	0	1
	자취	0	–	0	0
	통학	1	1	–	2
자유도	기숙사	–	0	1	1
	자취	1	–	1	2
	통학	0	0	–	0
고생	기숙사	–	1	0	1
	자취	0	–	0	0
	통학	1	1	–	2
학업	기숙사	–	1	1	2
	자취	0	–	0	0
	통학	0	1	–	1
교통	기숙사	–	1	1	2
	자취		–	1	1
	통학	0	0	–	0

표 4-7 평가기준기반 쌍비교분석법 – 쌍비교행렬표

[표 4-6]의 결과를 바탕으로 최선의 아이디어를 선정할 수도 있으나 평가기준기반 아이디어 평가법과 같이 평가기준의 중요도에 따라 가중치를 부여하고 이를 고려하여 점수를 조정할 수 있다. 기본 원리는 평가기준기반 아이디어 평가법에서의 가중치 부여 방식과 동일하다. [표 4-8]은 평가기준별 가중치를 사용한 평가표의 예를 보인 것이다. 평가기준별 가중치의 총합이 1이 되도록 가중

치를 부여하고 기존 점수와 가중치를 곱하여 변환 점수를 만든다. 최종적으로 변환 점수의 합계를 이용해 순위를 구한다.

평가 항목	가중치	기숙사		자취		통학	
	(A)	점수(B)	A×B	점수(C)	A×C	점수(D)	A×D
비용	0.3	1	0.3	0	0	2	0.6
자유도	0.2	1	0.2	2	0.4	0	0
고생	0.1	1	0.1	0	0	2	0.2
학업	0.3	2	0.6	0	0	1	0.3
교통	0.1	2	0.2	1	0.1	0	0
합계			1.4		0.5		1.1
순위			1		3		2

표 4-8 평가기준기반 쌍비교분석법 – 평가기준별 가중치를 사용한 평가표의 예

6 실행을 위한 준비

최선의 아이디어가 도출되었다면 이를 실행에 옮길 준비가 완료된 것이다. 그렇다고 무턱대고 실행에 옮기다 보면 예기치 못한 곤란한 상황에 빠질 수 있다. 특히 실행 결과를 되돌릴 없는 경우라면 실행에 옮기기 전에 다음과 같은 사항을 다시 한 번 점검하고 실행을 위한 마음가짐을 가지는 것이 좋다.

첫 번째, 최종 아이디어를 다시 한번 음미하라. 완전한 아이디어란 존재하지 않는다. 단지 최선의 아이디어일 뿐이다. 따라서 최종 아이디어를 다시 한 번 면밀히 분석하고 실행 시 발생할 수 있는 문제점을 찾아 이에 대한 대처 방안을 미리 마련하는 것이 좋다.

두 번째, 실행을 위한 계획을 수립하라. 최선의 아이디어가 도출되었다고 모든 준비가 완료된 것은 아니다. 아이디어를 실행하기 전에 아이디어를 어떻게

수행할지가 논의되고 검토되어야 한다. 아이디어를 실행에 옮기기 위한 상세한 설계가 뒤따라야 할 수도 있고, 필요한 자원도 구비되어야 한다. 실행을 위해 많은 시간이 소요될 경우에는 시간 계획까지 점검할 필요가 있다.

세 번째, 믿음과 용기를 갖고 임하되 유연하게 대처하라. 최선의 아이디어를 도출하기 위해 최선을 다했다면 믿음을 갖고 아이디어를 실행해 옮기도록 한다. 실행 중 발생할 수 있는 작은 문제들에 일희일비하지 않고 문제가 해결될 때까지 밀고 나가는 끈기를 발휘해야 한다. 다만 완전한 아이디어란 존재하지 않는다는 사실을 명심하고 예상치 못한 문제가 발생했을 때 필요하다면 즉시 아이디어를 수정함으로써 이에 대처할 수 있어야 한다. 문제에 대처할 수 있는 능력 또한 믿음과 용기를 발휘하는 것이다.

네 번째, 실패를 두려워하지 마라. 완전한 아이디어는 존재하지 않기 때문에 모든 아이디어는 실패의 가능성을 내포하고 있다. 창의적인 아이디어일수록 더 그러하다. 발명가는 수많은 실패 속에서 큰 성공을 거두곤 한다. 성공만을 추구하다 보면 창의적인 사고를 저해할 수 있다. 특히 학생 때는 창의적인 사고를 바탕으로 도전을 즐길 필요가 있으며, 문제가 발생했을 때 이를 해결해 나감으로써 문제 발생 시 대처 능력도 함양할 수 있다. 고의적인 실패의 경험은 불필요하지만 최소한 실패를 두려워하거나 실패했다고 해서 좌절할 필요는 없다. 실패는 또 다른 형태의 배움의 기회이다. 실패의 원인을 파악하고 이를 개선함으로써 더 큰 성공을 맞이할 수 있다.

연 습 문 제

1. 3장의 연습문제 13번으로부터 도출된 아이디어들을 평가하고자 한다. 쌍비교분석법과 평가기준기반 아이디어 평가법을 각각 사용해 아이디어들을 평가하라. 단, 아이디어 평가법을 적용하기 전에 아이디어들의 장단점을 비교하여 대상 아이디어의 개수를 5개 이하로 줄이도록 하라.

2. 3장의 연습문제 14번으로부터 도출된 아이디어들을 평가하고자 한다. 평가기준기반 아이디어 평가법과 평가기준기반 쌍비교분석법을 각각 사용해 아이디어들을 평가하라. 단, 아이디어 평가법을 적용하기 전에 아이디어들의 장단점을 비교해 대상 아이디어의 개수를 5개 이하로 줄이도록 하라.

3. A4 용지 3장을 이용하여 가장 무거운 무게를 버틸 수 있는 구조를 만들고자 한다. 종이를 자르거나 접을 수 있으나 주어진 A4 용지 이외의 재료를 사용할 수는 없다. 물건은 최소한 지면으로부터 5cm 이상의 높이에 놓일 수 있어야 한다. 먼저 브레인스토밍을 통해 아이디어 5가지를 도출하라. 그리고 쌍비교분석법을 통해 어떤 아이디어가 가장 좋을지 판단하라. 단, 아이디어별 장단점은 미리 파악해 놓도록 하라. 마지막으로 최종 아이디어에 따라 구조물을 만들고 테스트하라. 예상대로 되지 않았다면 무엇이 문제인지 분석하라.

4. TV 1대를 사고자 한다. 현재 판매되고 있는 TV 모델 4가지를 선정하고 자신의 현재 사정에 따라 최선의 모델을 선정해보라. 이때 이 장에서 배운 아이디어 분석법, 쌍비교분석법, 평가기준기반 아이디어 평가법, 평가기준기반 쌍비교분석법을 모두 적용하고 결과를 서로 비교하라.

Chapter 05

프로젝트 관리

이 장은 개발에 일반적으로 사용되는 방식인 프로젝트의 정의와 특징을 살펴보고, 성공적인 프로젝트 수행에 필수적인 계획, 팀워크, 회의, 일정관리 등에 대해 학습한다.

1 프로젝트란?

문제해결을 위한 설계 및 개발은 대부분 프로젝트 형태로 진행된다. 프로젝트는 누구나 사용하고 있는 단어이지만, 그 의미를 깊게 생각해본 적은 별로 없을 것이다. 이번에는 프로젝트의 정확한 의미에 대해 생각해보자. 특정 단위 조직은 본연의 업무나 프로젝트 형태의 업무를 수행한다. 은행에 있어 본연의 업무의 예는 예금, 대출 및 상환 업무가 있다. 프로젝트 형태의 업무의 예는 새로운 대출 상품을 개발하는 것을 생각해볼 수 있다. 이 두 가지 업무는 다음과 같은 공통적인 특징을 갖는다.

- 모두 사람에 의해 수행된다.
- 인력, 시간, 예산과 같은 자원의 제약을 받는다.
- 계획되고 수행되고 관리되어야 한다.

본연의 업무는 조직이 존재하는 동안 계속되지만 프로젝트는 일시적으로 진행된다는 차이점을 가지고 있다. 따라서 프로젝트는 "특별한 제품이나 서비스를 만들기 위한 일시적 노력"이라고 정의할 수 있다. '특별한' 의 의미는 기존의 유사한 업무와는 차이점이 있다는 것을 의미하고, 일시적이라는 의미는 시작과 끝이 있다는 것이다.

2 프로젝트의 특징

프로젝트는 항상 인력, 예산, 시간과 같은 자원의 제약을 크게 받는다. 불행하게도 많은 연구들이 일반적으로 프로젝트들이 계획대로 성공하지는 않는다는 결과를 보여주고 있다. 성공적인 프로젝트의 진행을 위해 프로젝트 관리에 대한 수준 높은 교육과 경험이 필요하다. [그림 5-1]은 프로젝트 관리에 대한 가장 기본적인 단계 및 연결 관계를 보여준다.

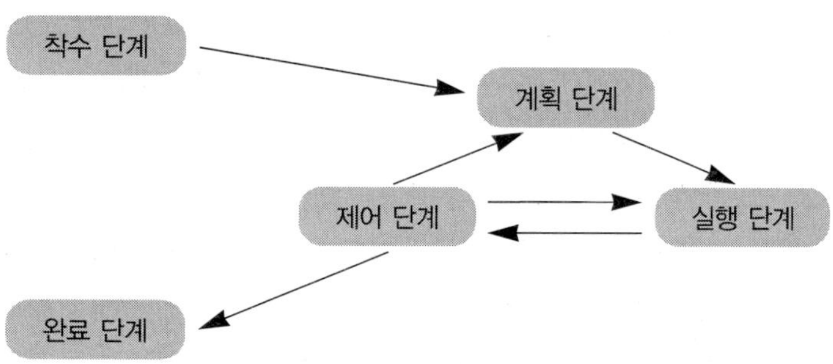

그림 5-1 프로젝트 수행의 각 단계별 연관도

프로젝트 관리는 다음과 같은 5개의 단계로 구성된다.

- 착수 단계 : 프로젝트의 수행에 대한 당위성이 확립된 후 공식적으로 프로젝트가 시작된다.
- 계획 단계 : 프로젝트가 사업상의 목표를 만족시키기 위해 필요한 달성 방법을 정의한다.
- 실행 단계 : 계획 단계에 명시된 대로 인력과 자원을 투입해 프로젝트를 실행한다.
- 제어 단계 : 프로젝트 실행 진도를 점검하고 필요시 계획을 수정해 프로젝트 목적을 만족시킬 수 있도록 관리한다.
- 완료 단계 : 프로젝트가 목적을 완성하였음을 공식적으로 확인하고 종료시킨다.

3 팀워크

문제 해결을 위한 프로젝트를 진행할 때 주로 팀을 구성하므로 팀워크가 성패를 좌우한다. 여러 명이 협동 작업을 하게 되므로 의견 조율을 위한 회의도 필요하다. 원만한 프로젝트의 진행을 위해 결과물 도출을 위한 체계적인 관리와 적절한 예산 집행이 수반되어야 한다.

대부분의 프로젝트는 여러 사람들의 공동작업을 통해 수행된다. "백지장도 맞들면 낫다"라는 속담이 있다. 혼자 작업하는 것보다 여러 명이 협력해 작업하는 것이 수월하다는 뜻이다. 공동작업의 효과를 극명하게 보여주는 예가 바로 란체스터의 법칙이다. 영국의 란체스터Frederick William Lanchester는 제1차 세계대전 당시에 공중전에서의 전투기 손실과 생존율을 연구하던 중에 '총 전력=(투입 병력)^2' 이라는 사실을 발견했다. 이를 프로젝트에 적용하면, 인력이 많이 투입될수록 그 효과가 제곱에 비례한다는 의미이다. 란체스터의 법칙은 우리가 통상적으로 생각할 수 있는 공동작업의 여러 가지 비효율과 부작용에도 불구하고 공동작업을 해야 한다는 당위성을 보여주고 있다.

공동의 문제를 해결하기 위해 여러 명이 팀을 구성해 협력 작업하는 것을 팀워크teamwork라고 한다. 공동작업은 뛰어난 효율성을 가지고 있으나 의견 충돌, 중복작업, 책임회피와 같은 많은 문제점도 가지고 있다. 따라서 프로젝트 진행을 위해 팀워크는 매우 중요하며 팀을 이끄는 팀장의 리더십도 뒷받침되어야 한다. 또한 팀워크를 효율적으로 발휘하려면 역할과 책임Role and Responsibility이 매우 중요하다. 이는 모든 실생활과 모든 조직에도 적용이 된다. 예를 들어 가족의 경우 수입을 담당하는 아버지, 가사를 담당하는 어머니 그리고 미래를 준비하는 자녀가 있다. 또한 국가의 경우에도 법을 제정하는 국회, 법에 따라 국가를 운영하는 행정부 그리고 법에 대한 적합성 여부를 판단하는 법원이 있다.

팀에는 각자 살아온 환경과 생각이 다른 여러 명이 모여 있다는 것을 항시 염두에 두고 팀 구성원 간의 배려를 통해 친밀한 관계를 유지하는 것이 중요하다. 자신이 원하는 것을 다른 구성원의 기분이 상하지 않는 범위에서 솔직히 말하는 자세가 필요하고, 다른 구성원과 의견이 다를 때는 타협하기 위해 노력하는 자세도 필요하다. 팀 구성원 간의 갈등은 항상 있게 마련이므로 막연히 피하려고만 하지 말고 이를 해결해 나가는 과정이 필요하다. 갈등을 없애기 위해 자신이 항상 희생한다고 생각하는 피해 의식이 더욱 위험하고 나중에 발생할 수 있는 문제의 화근을 키워가는 것이므로 바람직하지 않다. 갈등에 대해 당사자와 솔직한 대화를 통해 서로를 이해해 나가면서 갈등의 원인을 해결하는 과정이 필수적이다.

팀장은 팀원들을 배려하면서도 공동의 목표를 완수하기 위해 노력해야 한다. 팀원들만을 배려해 실적이 나쁘면 상부로부터 평가가 낮아져 결국에는 팀원들에게 손해가 돌아갈 수 있다. 그렇다고 목표의 완수를 위해 팀원들을 너무 힘들게 한다면 불만이 높아지고 팀워크가 나빠지면 오히려 팀 자체의 와해가 발생할 수 있다. 팀장은 원만하게 팀원들의 화목을 다지면서도 목표 완수를 위해 프로젝트 진행을 철저히 관리하는 리더십을 발휘해야 한다. 리더는 단순히 억압적으로 일을 시키는 보스와는 다르다. 모범이 되는 적극적이고 우수한 업무 처리로 팀원들에게 존경을 받는 리더가 될 수 있도록 노력해야 한다.

팀워크는 회식, 워크숍, 야유회, 등반 대회, 운동회, 팀워크의 날 행사 등을 계기로 크게 향상될 수 있으므로 참석하는 것이 좋다. 기분 나쁘지 않을 정도의 별명도 친밀감을 높이기 위해 도움이 된다. 프로젝트 진행을 위해 팀장은 존경받을 리더십을 발휘하고 팀원들이 협동해 즐겁게 함께 작업할 수 있는 팀워크가 형성되면 프로젝트 진행 과정은 순탄할 것이며 결과 또한 우수할 것이다.

4 회의

긴 회의가 많은 회사는 미래가 불투명하다란 말이 있다. 직장 생활을 하다보면 하루 종일 각종 회의에 참석하느라 정작 업무에 집중할 시간이 없는 사람들도 볼 수 있다. 그렇지만 회의야 말로 공동작업의 효과를 극대화 할 수 있는 가장 중요한 도구이다. 다만 회의를 통한 공동작업에 대한 문화가 부족한 국내의 실정에서 많은 부작용이 있을 뿐이다. 프로젝트 진행을 위해 의사 결정을 내려야 할 때는 회의가 필요하다. 우리가 실생활에 접하는 필기구, 전자제품, 가공 식품과 같은 수많은 물건들은 무수한 회의를 거쳐 탄생한 제품이다. 이번에는 효율성을 높일 수 있는 회의 방법에 대해 살펴보자.

회의는 서로 다른 생각을 가지고 있는 사람들이 만나 토론을 통해 이견을 좁혀가면서 공통의 의견을 도출하기 위한 노력이다. 회의를 하다보면 논쟁이 발생되고 이견을 좁히지 못해 회의가 문제를 해결하기보다는 오히려 문제를 발생시키는 경우가 많이 발생한다. 이를 해결하기 위해 구동존이求同存異의 자세가 필요하다. 구동존이라는 말은 '구대동존소이求大同存小異' 의 줄임말로 중국의 저우언라이周恩來가 1955년 아시아 – 아프리카 회의에서 연설하는 도중 천명한 원칙이다. 이는 문제해결을 위한 큰 전략을 공유하고 사소한 이견에 대해서는 서로를 존중해주거나 남겨 놓는 것이 바람직하다는 의미이다. 통상적으로 사소한 이견은 추후 자연스럽게 해결되는 경우가 매우 많음을 알게 될 것이다.

회의에서 협의한 후에도 여전히 이견을 가지고 있는 경우가 많으므로 반드시 회의록을 작성하고 확인하는 과정이 필요하다. 간혹 지난 회의에서 결정된 안건에 대해 다시 논의하는 경우가 있는데 꼭 필요한 경우를 제외하고는 결정된 사안을 다시 논의하거나 번복하지 않도록 주의해야 한다. 매번 되풀이되는 똑같은 안건에 대한 회의는 참석자들의 의욕을 저하시킬 뿐만 아니라 프로젝트 진행의 다음 단계로 나아가지 못하게 막는 걸림돌이 된다.

바람직한 회의를 위해 회의 전에 지난 회의록과 이번 회의의 안건을 미리 참석자에게 보내 참석자들이 충분히 이해하고 회의에 참석하면 안건에 집중된 회의가 가능하고 시간도 줄일 수 있다. 회의 중에는 감정적이지 않고 논리적인 사고가 가능하도록 노력하고 다른 사람의 의견을 경청해 이해하려는 자세가 필요하다.

회의에 가장 중요한 것은 회의에 대한 준비와 회의 결과에 대한 정리이다. 회의에 대한 준비는 회의의 범위를 정확하게 정하는 것이며, 결과는 회의의 목적을 의미한다. 이로서 불필요하게 시간의 낭비와 갈등의 발생을 방지할 수 있다. 회의록을 작성해 논의된 내용, 결정된 사항, 결정된 업무를 책임질 담당자, 결정된 업무 처리 기한 등을 구체적으로 명시하도록 한다.

반드시 성사되어야 하는 안건에 대한 회의는 점심식사 후에 개최하는 것이 공복인 상태에 개최하는 것보다 성공 확률이 높다. 공복인 상태에서는 공격적이 된다고 하는데 이를 피하기 위함이다. 다른 기관 간의 회의일 경우에는 회의실에 원탁을 사용하거나 자리를 섞어 앉으면 의견 대치를 줄일 수 있다. 무엇보다 상대방을 배려하면서도 타당한 의견을 제시하고 감정에 치우치는 일 없이 논리적으로 논쟁해 모두가 공감할 수 있는 결론을 도출하기 위해 노력하는 것이 중요하다.

5 계획 수립

계획의 중요성은 언급할 필요가 없을 정도로 중요하다. 그러나 프로젝트 환경이 계속적으로 변화하기 때문에 완벽한 계획을 설정하는 것은 거의 불가능에 가까운 것이 현실이다. 그러나 반드시 계획은 수립되어야 하며, 수립된 계획은 외부 환경 변화에 따라 적합하게 갱신되어야 한다. 계획에는 과제에 필요한 인적, 물적, 시간적 자원을 기술해야 한다. 통상적으로 완벽한 계획을 수립하기가 어렵기 때문에 초기에는 주로 추정에 의거해 수립된다.

프로젝트에는 위기가 발생되는 경우가 매우 많다. 따라서 위기관리가 매우 중요하지만 통상적으로 계획에 반영되지 않아 프로젝트가 실패하는 경우가 매우 많다. 따라서 계획서에는 위기를 찾아내고, 분석해야 하고, 위기가 발생하는가를 점검하고 이에 대한 대처 계획을 수립해야 한다. 현업에서는 이러한 위기관리 이외에도 식별되지 않는 위기에 대처하기 위해 프로젝트의 종료를 예정된 일정보다 앞당겨 수립을 한다.

6 일정관리 도구

6.1 간트 차트

타임라인timeline은 시간 축에 따라 이벤트를 표시한 형태를 말한다. 타임라인은 동영상 편집 툴, 음악 제작을 위한 시퀀서, 플래시 저작 툴 등에 사용된다. 시간이 진행함에 따라 어떤 음향이 재생되고, 화면은 어떻게 전환될지 등의 이벤트를 배치하는 직관적인 방식으로 사용하기에 편리하고 보기에도 일목요연하다. 프로젝트의 일정 관리에는 이와 유사한 간트 차트Gantt Chart를 이용한다.

간트 차트는 시간 축에 프로젝트의 전체 기간을 표시하고 최종 결과물을 도출하기 위한 중간 결과물들의 일정을 막대로 표시한다. 필요에 따라서는 계획과 실적을 함께 표시한다. [그림 5-2]는 프로젝트 일정 관리에 사용하는 간트 차트의 예제를 보여준다. 자료 조사, 제안서 작성 등과 같은 중간 결과물에 대해 위에 있는 파란색 막대는 계획을 의미하고 아래에 있는 빨간색 막대는 실적을 의미한다.

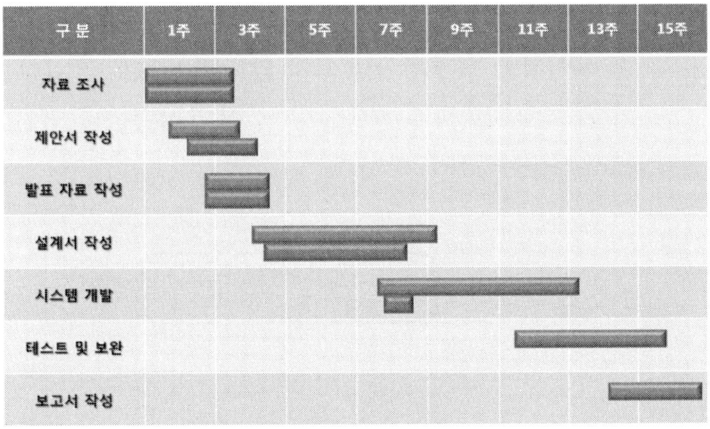

그림 5-2 간트 차트

간트 차트에는 중간 결과물의 담당자 리스트, 예산, 산출 문서 등을 적어 놓기도 한다. 그리고 중간 결과물 간의 관계를 화살표로 연결해 그리기도 한다. 간트 차트를 단순히 문서로 관리하는 경우도 있고, 어느 정도 규모가 있는 기업에서는 그룹웨어에서 관리해 팀원들이 공유하는 경우도 있다. 간트 차트를 사용하면 현재 프로젝트의 전체 진행 상황을 한눈에 알 수 있어서 일정 준수에 대한 책임감이 증대되고 프로젝트 진행 스케줄의 수정 등의 원만한 진행을 위한 의사 결정에도 도움을 준다.

6.2 구글 캘린더

회의 일시, 문서 제출 기한 등과 같은 일정 관리를 위해서는 주로 아웃룩, 휴대폰이나 모바일 기기의 캘린더 응용 프로그램, 그룹웨어의 스케줄 관리 프로그램 등을 사용한다. 구글에서는 [그림 5-3]과 같이 웹 환경에서 아웃룩과 연동할 수 있고 다른 사람과 일정을 공유할 수 있는 구글 캘린더를 제공한다. 구글 캘린더를 사용해 프로젝트에 대한 캘린더를 만들면서 팀원을 추가하면 협업 일정 관리가 가능하다. 또한 다른 사람들의 캘린더를 추가해 놓으면 누가 언제 시간이 비는지 쉽게 확인할 수 있어 회의 시간을 잡을 때나 일정을 정할 때 편리하다.

화면에 캘린더별로 보이기와 숨기기를 지정할 수 있어 업무 일정을 확인할 때와 개인 일정을 확인할 때 너무 복잡하지 않게 표시할 수 있다. 물론 자신만의 개인적인 일정은 공유되지 않도록 별도로 캘린더를 만들어 관리하는 것도 가능하다. 프로젝트 진행을 위해 매우 유용하니 팀원들과 캘린더를 공유해 반드시 사용하기를 권장한다.

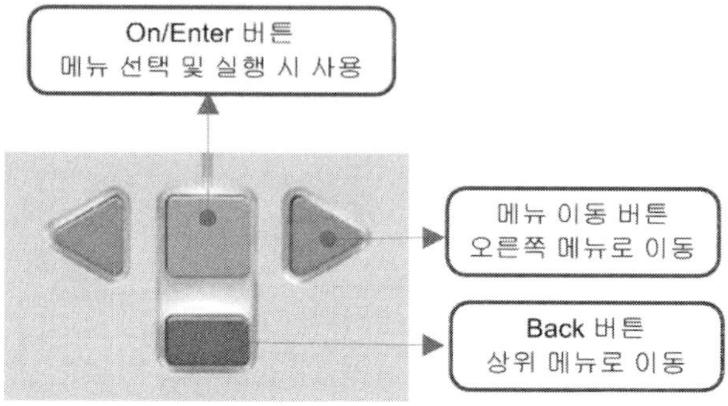

그림 5-3 구글 캘린더

7 예산 집행

7.1 예산 편성 기준에 따른 비목과 세목

프로젝트를 수행하기 위해서는 비용이 필요하므로 미리 예산을 산정하고 프로젝트를 진행하면서 예산대로 집행해야 한다. 예산을 세울 때는 필요한 만큼 무한정 잡을 수는 없고 정해진 금액 안에서 예산 편성 기준에 따라 잡아야 한다. 예산은 인건비, 기자재 구입비, 기자재 임차료, 재료비, 출장비, 운영비, 간접비 등의 비목으로 구성된다.

각 비목에 대한 비율이 예산 편성 기준에 명시되어 있는 경우에는 초과로 편성할 수 없다. 예를 들어, 인건비가 전체 과제비용의 30%로 제한되어 있다면 10억 원짜리 과제는 과제에 참여하는 모든 인원에 대한 인건비의 합이 3억 원 이하로 편성해야 한다. 비목은 다시 세부 항목인 세목으로 나뉜다. 예를 들면, 출장비는 국내 출장비와 국외 출장비로 나누고, 운영비는 회의비, 워크숍 개최비, 석식 지원비 등으로 나눌 수 있다. 비목과 세목도 예산 편성 기준에 따라야 한다.

7.2 간접비

간접비는 직접적으로 과제를 진행하는데 사용되지는 않지만 사업지원팀의 과제 지원, 기관 내부 과제 처리 비용 등을 위해 간접적으로 사용되는 금액으로 보통 전체 금액의 10% 내외이고 기관마다 정해진 규정에 따라 편성한다. 예를 들어, 과제비가 10억 원이고 간접비가 전체 과제비의 10%라면 1억 원이 간접비가 되어 실제 과제에 사용할 수 있는 비용은 9억 원이 된다. 간접비는 규정에 따라 전체 과제비의 몇 %라고 정해지기도 하고 인건비의 몇 %로 정해지기도 한다.

7.3 협약 예산과 실행 예산

예산 편성 기준이 계약을 체결한 갑이 제시한 기준과 과제를 진행하면서 예산을 집행하는 기관인 을의 내부 규약이 다를 경우에는 협약 예산과 실행 예산이 다른 경우도 있다. 협약 예산은 갑의 기준에 따른 예산 편성이고, 실행 예산은 을의 기준에 따른 예산 편성이다. 실행 예산은 협약 예산의 규정을 벗어나지 않는 한도 내로 편성된다. 예를 들어, 야근할 경우에 지원되는 석식 지원비가 협약 예산에서는 2만원으로 100회 잡혀 있어 2백만 원이라면, 실행 예산은 내부 규정에 따라 1만원으로 200회를 편성할 수 있다. 실제로 과제를 진행하면서 집행할 때는 실행 예산에 따라 집행한다.

7.4 계정 및 예산 통제

예산 집행을 위해서는 계정이 필요한데 개인이 은행에 개설하는 구좌의 계정과 같은 개념이다. 기관에 따라 과제 번호를 계정으로 사용하는 경우도 있고 계정 번호를 별도로 만들어 사용하는 경우도 있다. 개인의 계정은 전체 예치금을 자유롭게 사용할 수 있지만, 과제를 위한 계정은 비목별로 나뉘어 있다. 예산을 집행할 때 비목에 대한 사용 여부를 사업지원팀 등에 확인 받는 절차를 예산 통제라고 한다. 예산 통제는 예산 집행 규정에 맞게 예산이 집행되는지 확인하는 절차이다.

전체 과제를 진행하는데 크게 두 팀으로 나눠서 부분 과제를 진행하는 경우에는 계정을 두 개로 분리해 팀에 할당된 한 계정만을 사용한다. 이때 부분 계정에 할당된 예산의 비목별 합은 전체 예산에 해당하는 비목 금액과 같아야 한다. 예를 들어, 전체 과제를 A팀과 B팀이 나누어 수행하는 경우 A팀을 위한 계정의 인건비와 B팀을 위한 계정의 인건비의 합은 전체 과제의 인건비와 같아야 한다.

7.5 예산 변경

계정이 비목별로 나뉘어 있어 다른 비목에 돈이 남아 있더라도 사용하려는 목적에 맞는 비목에 돈이 없다면 집행할 수 없다. 예를 들어, 기자재 구입비에 돈이 남아 있고 재료비에는 돈이 없을 때 추가로 재료비를 집행하기 위해 기자재 구입비에 있는 돈을 가져다 쓸 수 없다. 만약 반드시 재료비가 필요해 기자재 구입비를 줄여 재료비 비목으로 옮겨야 한다면 예산 변경 절차를 거쳐야 한다. 예산 변경 절차는 갑에 해당하는 상위 기관에 기안해 승인을 받아야 할 수도 있고 단순히 변경한다고 통보만 하는 경우도 있다. 이는 예산 편성 기준과 예산 변경 지침에 명시되어 있다.

7.6 예산 정산

과제가 종료되면 전체 예산에 대해 과제 기간에 집행한 내역과 증빙자료를 모두 제출하는 정산 과정을 거쳐야 한다. 집행 내역에 대해 회계사를 통해 검증받기도 한다. 모든 내역은 예산 집행 규정에 따라 집행되어야 하고 부정 집행되었거나 증빙자료가 누락되었다면 반납하게 된다. 과제비에 대한 은행 이자가 발생했다면 이자도 정산해야 한다. 예산의 집행은 계획 대비 최소 90% 이상은 집행하는 것이 좋다. 예산을 절약한다고 적게 사용하면 다음 예산 산정에 불이익을 받을 수도 있는 것이 현실이다.

8 ISO9000 인증

ISO는 International Organization for Standardization의 약자로 국제표준화기구이다. ISO는 각종 산업 표준을 제정하고 있다. 그중에 ISO 9000 시리즈는 품질경영시스템에 대한 표준이다. ISO9000은 제품 생산 공정이나 고객에 대한 서비스 규정이 존재하고 규정대로 생산 또는 서비스되고 있으며 문제가 발생할 때 이를 인식하고 해결할 수 있도록 지속적인 품질 개선 체계를 갖추고 있음을 인증기관에서 평가해 인증해주는 제도이다.

ISO9000 인증은 제품이 우수하다는 인증이 아니며 절차 또는 체계system에 대한 인증이다. 즉, 제품을 생산함에 있어 규정화된 절차대로 생산하고 있다는 인증이다. ISO9000 인증은 서비스 분야에도 적용할 수 있다. 예를 들어, 목욕탕이라면 손님이 들어오면 웃는 얼굴로 "어서오세요"라고 인사하며 표를 받고 키를 건네주는 절차로 시작한다면 이에 대한 인증을 받은 업체는 항상 동일한 서비스를 제공해야 하고 이를 모니터링해 문제가 발생하면 개선할 수 있는 체계를 갖추어야 한다.

소속한 기관이 ISO9000 인증을 받았다면 기관의 규정에 따라 프로젝트를 진행하면 되고, 소속 기관이 ISO9000 인증을 받지 않은 경우라도 ISO9000의 품질경영시스템과 유사한 형태의 체계대로 프로젝트를 진행하는 것이 바람직하다. ISO9000 인증을 받지 않은 기관은 다음과 같은 절차를 규정하고 적용하는 것을 고려해볼 수 있다.

① 설계 방법론을 선정하고 준수한다.

② 지속적인 품질 개선 체계를 갖추고 문제를 개선한다.

- 문제를 인식할 수 있는 모니터링 체계 구축

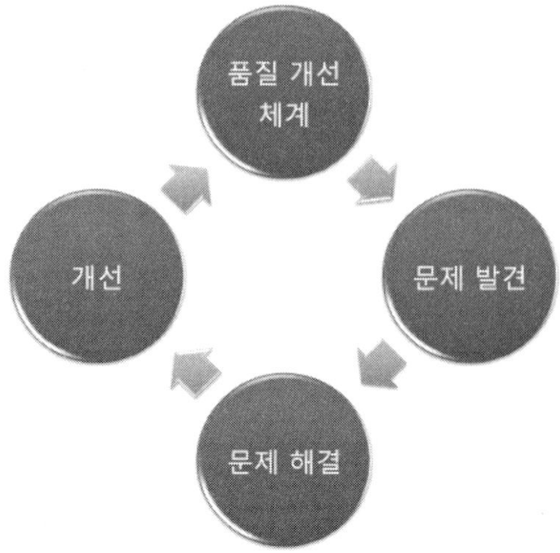

그림 5-4 지속적인 품질 개선 체계

- 인식된 문제를 해결하기 위한 프로세스 구축 (문제 번호 부여, 문제 해결을 위한 회의 진행, 문제 해결 회의록 작성 및 개선 등)

연 | 습 | 문 | 제

1. 3장의 연습문제 1번으로부터 도출된 아이디어들을 평가하고자 한다. 쌍비교분석법과 평가기준기반 아이디어 평가법을 각각 사용해 아이디어들을 평가하라. 단, 아이디어 평가법을 적용하기 전에 아이디어들의 장단점을 비교하여 대상 아이디어의 개수를 5개 이하로 줄이도록 하라.

2. 학교 업무에서 본연의 업무와 프로젝트 형태의 업무들의 예를 각각 3개씩 나열하라.

3. [그림 5-1]에서 5개의 화살표의 의미를 설명하라.

4. 공동작업에서 발생되는 문제점의 예 3가지를 나열하라.

5. A국의 전투기 2대와 B국의 전투기가 4대가 전투를 한다. 각 전투기와 조종사는 동일한 능력을 갖고, 한 나라의 전투기들이 완전히 격추될 때까지 전투를 한다고 가정하자. 전투 후에는 당연히 A국의 전투기들이 모두 격추가 될 것이다. 그렇다면 B국의 전투기는 몇 대가 격추될 것인가? 란체스터의 법칙에 의해 계산하라.

6. 파레토의 법칙을 검색해 설명하라.

7. 란체스터의 법칙은 강자가 약자를 이길 수밖에 없음을 보여준다고 할 수 있다. 이 법칙을 약자가 강자를 이기는데 적용할 수 있는가?

8. 소프트웨어 개발의 예를 생각해보고, 소프트웨어 공동 개발을 위해 어떤 역할들이 필요한가를 나열하라.

9. 인터넷에서 자신의 관심 분야의 파워포인트 발표 자료를 다운로드 받고, 발표 자료의 장점과 단점을 각각 3가지로 정리하라.

Chapter **06**

설계의 표현

설계(設計)는 문제를 해결하기 위해 전략이나 계획을 세우는 것이다. 설계는 머리에서 생각하는 것으로 끝나는 것이 아니라 이를 표현하는 과정이 필요하다. 설계의 표현은 간단히 글로 적을 수도 있고 표나 그림으로 표현할 수도 있다. 설계의 표현도 창의적인 영역이므로 일반적으로 어떤 방법이 좋다는 정답은 없지만 다른 사람이 표현한 설계를 보고 문제 해결을 위한 전략이나 계획을 정확히 이해할 수 있다면 일반적으로 좋은 설계의 표현이라고 볼 수 있다. 이 장에서는 설계의 표현에 대해 살펴본다.

1 논술

머릿속에 있는 생각을 다른 사람에게 전달하고 자신이 옳다고 주장하려면 논리적으로 말해야 한다. 논술論述은 자신의 생각을 논리적으로 상대방에게 표현해 상대방이 납득할 수 있도록 만드는 것이다. 설계를 표현할 때에도 논리적인 흐름에 따라 타당성 있게 서술하는 것이 필요하다.

1.1 논리적인 흐름

유행하는 게임 중에서 지뢰 찾기, 네모네모 로직, 스도쿠 게임과 같은 퍼즐 게임은 논리적인 사고의 흐름을 요구한다. 바람직한 논리적인 흐름은 생각이 처음부터 끝까지 틀린 부분 없이 일관성 있고 자연스럽게 이어지는 것이다. 삼단논법은 전통적인 논리 흐름에 따른 논술 방법이다.

원하는 것이 있을 때 논리적인 흐름에 따라 말하고 글을 적는다면 상대방이 납득하게 되어 목적을 이룰 확률이 높아진다. 논리적인 흐름에 따라 의견을 주장한다면 반대 의견이 없어야 할 것 같지만 간혹 의견 충돌이 발생하기도 한다. 이는 논리적인 흐름을 위해 사용한 가정이 실제로는 참이 아니거나 근거가 없을 수도 있기 때문이다. 또는 논리적인 흐름인 것처럼 말하지만 실제는 비약이 있을 경우에도 문제가 발생할 수 있다. 최대한 남들이 참이라고 납득할 수 있는 가정을 기반으로 비약 없이 논리적인 흐름에 따라 의견을 전개해 나가야 자신의 뜻을 관철시킬 수 있다. 또한 자신의 입장보다는 상대방의 입장에서 생각하면서 상대방이 공감할 수 있는 논리 전개가 바람직하다.

[그림 6-1]에서는 공학 문제 해결을 위한 논리 흐름의 예제를 보여준다. 물론 반드시 이런 절차를 거치는 방법만 있는 것은 아니다. 어떻게 논리적으로 상대방을 설득시킬지 절차에 대한 창의적인 아이디어도 필요하다.

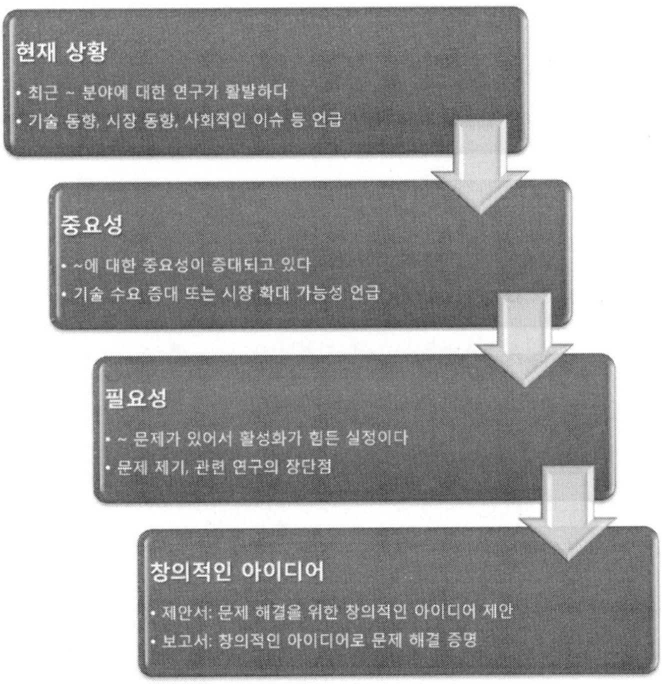

그림 6-1 공학 문제에 대한 논리적인 흐름

시작은 누구나 공감할 수 있는 최근 상황을 언급한다. 사회적으로 이슈가 되고 있는 주제도 좋다. 그에 이어서 기술 동향 및 시장 동향에 대해 근거가 확실하고 객관적인 데이터를 제시해 신빙성을 높이는 것이 좋다. 기술 개발과 관련된 문제라면 선진국에서 수행되는 연구나 국내에서 활발히 연구되고 있는 증거를 제시하는 것이 좋다.

현재 상황이 어떤지 폭넓은 분야에 대해 제시했다면 그 이후에는 조금은 좁은 분야로 범위를 줄여 해당 분야가 특히 중요함을 강조한다. 앞서 언급한 기술 동향 및 시장 동향에서 해당 분야가 차지하고 있는 비중이 큰 것을 강조하는 것이 좋다.

그런 중요한 분야에 해결해야 할 문제점이 있어 기술 발전이나 시장 확대에 걸림돌이 되고 있다는 필요성을 부각시킨다. 문제를 정의할 때는 문제점을 하나로 언급해도 되고 여러 개로 언급해도 된다. 다만 문제는 뒤에 연결되는 아이디어와 1:1로 매칭되도록 제기하는 것이 좋다. 그 문제를 해결하기 위해 기존에는 어떤 연구가 수행되었는지 구체적으로 언급하고 기존 연구에 대한 장단점을 언급한다. 주로 기존 연구의 단점을 언급하고 극복하는 방향으로 기술한다.

문제를 정의한 뒤에 제안서에서는 창의적인 아이디어로 어떻게 문제를 해결하겠다고 주장한다. 보고서에서는 창의적인 아이디어를 가지고 어떻게 문제를 해결했는지 방법을 구체적으로 설명하고 정의했던 문제가 해결되었음을 증명해야 한다.

1.2 제안서

제1장에서 설명한 바와 같이 계약을 통해 돈을 벌기 위해서는 RFP(제안 요청서)에 따라 제안서를 작성해야 한다. 경우에 따라서는 RFP가 공고되지 않은 분야에 대한 아이디어라도 사업성이 있다고 판단되면 제안서를 먼저 작성해 사업 수행을 위한 계약을 맺을 대상 기관을 찾아다니기도 한다. 두 경우 모두 자신의 생각을 논리적으로 전달해 상대방을 납득시켜 계약을 성사시키고 돈을 벌기 위한 과정이다.

아무리 아이디어가 창의적이고 우수하더라도 제안서를 논리적으로 작성하지 못해 상대방을 납득시키지 못한다면 시간만 낭비하는 작업이 될 것이다. 제안서를 평가하는 위원들에게 좋은 점수를 얻기 위해서는 위원들을 납득시켜야 하고 이를 위해서는 제안서를 작성할 때 논리적인 흐름에 따라 서술해야 한다. [그림 6-2]는 제안서 작성 순서의 예제를 보여준다.

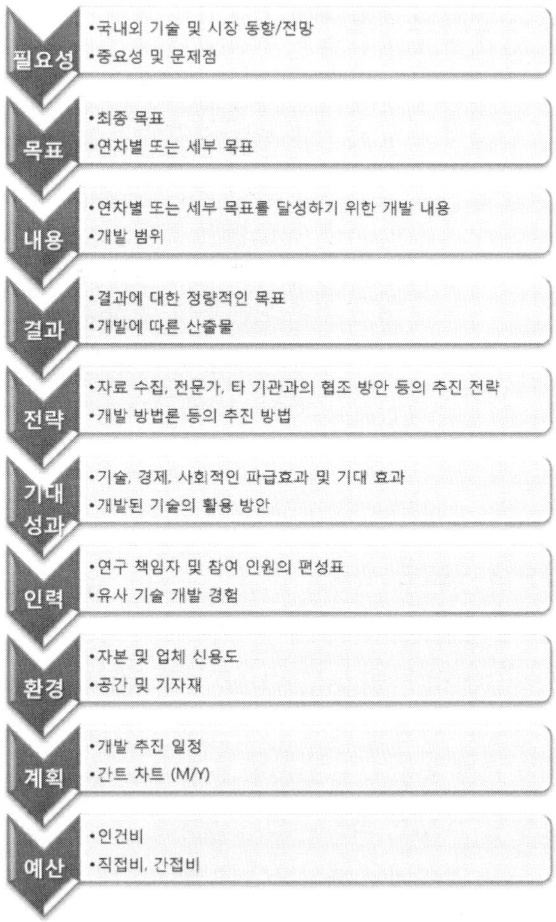

그림 6-2 제안서 작성 순서

앞 절에서 살펴본 필요성 부분에 제안서에서는 문제를 해결하기 위한 창의적인 아이디어를 설명한다. "본 연구에서는 그 문제를 해결하기 위해 ~ 방법을 제안한다"라고 기술하고 제안하는 아이디어를 소개한다.

목표 부분에는 제안하려는 최종 목표를 최대한 측정 가능하도록 정량적으로 정의한다. 그리고 최종 목표를 달성하기 위해 2개 이상의 세부 목표를 정의한다. 제안하는 아이디어를 개발하기 위해 시간이 1년 이상 걸린다면 연차별로 목표도 정의한다. 내용 부분에는 [그림 6-3]과 같이 세부 목표를 달성하기 위해서 각 세부 목표별로 2~5개 부분으로 개발 내용을 나누어 구조적으로 구성도를 그리고 설명하는 것이 좋다.

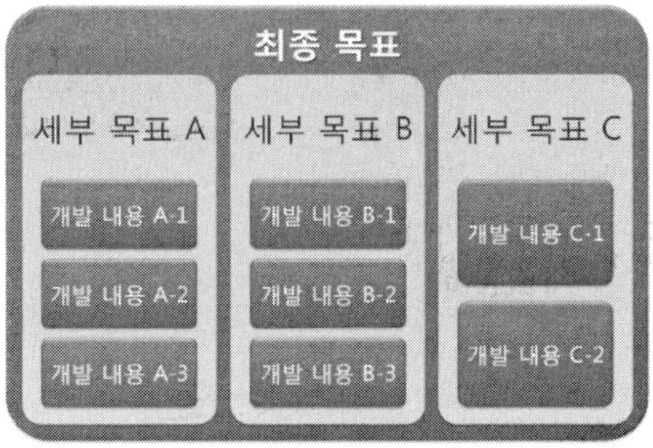

그림 6-3 세부 목표별 구성도

구성도에서 그려 놓은 세부 목표 및 개발 내용의 개수와 이름을 제안서의 처음부터 끝까지 정확히 맞춰주는 것이 좋다. 예를 들면, 개발 내용의 이름이 'Data Manager' 라면 제안서의 처음부터 끝까지 같은 이름을 사용하는 것이 좋으며 '데이터 매니저', 'DM', 'Data Mgr', 'Data Manager Module' 'Data Manager Development' 등과 같이 유사하지만 구성도에 있는 개발 내용 이름과 서로 다른 표현을 사용하면 해당 개발 내용의 이름을 언급한 것인지 아닌지 혼동을 줄 수 있어 피하는 것이 좋다.

결과 부분에는 제안하는 과제를 통해 해결하려고 하는 문제의 최종 결과가 어느 수준인지에 대해 정량적인 목표치를 제시하고, 과제를 통해 만들어질 산출물들을 열거한다.

전략 부분에서는 제안한 과제를 성공적으로 완수하기 위해 어떤 방법을 사용할지에 대한 방법을 설명한다. 예를 들면, 자료 수집을 위해 특정 연령대를 대상으로 설문조사를 하겠다든지, 해당 과제의 국내외 전문가는 어떤 사람들이 있는데 그 분들에게 자문을 구하겠다든지, 이미 개발에 성공한 업체와 제휴하는 등의 목표 달성에 대한 구체적이고 타당한 방법을 제시한다. 시스템 개발을 위해 어떤 개발 방법론을 사용할지에 대한 내용도 언급하는 것이 좋다.

기대 성과 부분에서는 목표를 달성했을 때 얻을 수 있는 기대 효과에 대해 기술적, 경제적, 사회적인 분야로 나누어 설명하고, 어떻게 활용할 수 있는지에 대한 방안을 설명한다. 그리고 향후 더욱 발전시킬 수 있는 방향은 어떤 것이 있는지 제시한다.

기대 성과 이후의 부분은 창의적인 아이디어를 평가하기보다는 과제를 진행할 수 있는 자격이 있는지를 평가하기 위한 내용으로 구성된다. 인력 부분은 과제를 수행할 연구 책임자와 참여 인원이 적절하다는 것을 설명해야 한다. 관련 유사 분야에 대한 과제 수행 경험이 있다는 것을 제시하면 좋다.

환경 부분은 과제를 수행하기에 충분한 공간 및 기자재를 갖추고 있고 회사의 경제적인 기반이 확고해 과제를 수행하던 도중 파산해 차질이 발생할 확률이 매우 낮음을 강조해야 한다.

계획 부분은 개발 추진 일정을 제시하며 제2장에서 설명한 간트 차트를 주로 사용한다. 간트 차트에는 일정뿐만 아니라 참여 인력이 얼마나 투입되는지도 기술하는데 이때 M/Y를 주로 사용한다. M/Y Man per Year는 1년간 과제에 참여한 인력을 의미하며 계산식은 다음과 같다. 참여 인력에 대해 1명당 참여율과 1년 동안의 참여 기간을 모두 합산한 값이다.

$$M/Y = \Sigma(1명당\ 참여율 \times 참여\ 기간\ /\ 1년)$$

참여율은 개인의 업무 중에서 과제에 참여하는 비율이다. 예를 들어, 맡은 업무가 해당 과제밖에 없다면 참여율은 100%가 되고, 두 과제에 참여하고 있는데 한 과제에 주로 참여하고 나머지 한 과제는 간혹 문제가 있을 때만 도움을 준다면 각각 80%, 20% 정도로 정할 수 있다. 참여 기간은 주로 개월 단위를 사용하며 1년인 12개월로 나눠 계산한다. 예를 들면, 한 사람이 한 과제만을 맡아 1년 동안 참여하면 1 M/Y가 되고, 두 사람이 한 과제에 50%씩 참여해 1년 동안 참여해도 1 M/Y가 되며, 두 사람이 한 과제에 100%씩 참여해 6개월 동안 일해도 1 M/Y가 된다. 같은 개념으로 1달간 과제에 참여한 인력은 M/M Man per Month 라고 한다.

예산 부분은 제2장에서 설명한 바와 같이 인건비, 직접비, 간접비로 구분해 과제비를 산정한다. 인건비를 책정할 때는 참여인원이 회사에서 받는 실제 월급 기준으로 산정하는 것이 아니라 갑에 해당하는 기관에서 제시한 인건비 산정 기준 및 직급 기준에 따라 산정해야 한다. 직접비는 기자재 구입비, 국내외 여비, 회의비, 전문가 활용비 등과 같이 실제 과제 수행에 필요한 금액을 산정한다. 간접비는 직접적으로 과제를 진행하는데 사용되지는 않지만 사업지원팀의 과제 지원, 기관 내부 과제 처리 비용 등을 위해 간접적으로 사용되는 금액이다. 보통 전체 금액의 10% 내외이고 기관마다 정해진 규정에 따라 편성한다.

제1장에서 설명한 바와 같이 국내의 전문 SI System Integration 기업에서는 프레젠테이션 자료를 만드는 소프트웨어를 사용해 수백 페이지에 달하는 현란한 제안서를 컬러로 제출하는 경우가 많다. 이처럼 제안서는 논리적인 흐름에 따라 작성하는 것도 중요하지만 외적인 면에도 정성을 기울여야 한다.

1.3 보고서

보고서는 [그림 6-1]의 필요성에서 제시한 문제 정의에 따라 창의적인 아이디어를 가지고 문제를 해결한 방법을 논리적이고 구체적으로 설명해야 한다. 제안서에서 제안했던 구성도의 구조대로 각 개발 내용에 대해 상세히 설명해야 한다. 예를 들어, 제안서에서 [그림 6-2]와 같은 구성도를 제안했다면 보고서에서는 [그림 6-4]와 같은 목차로 설명한다.

보고서에서는 정의했던 문제가 해결되었음을 증명해야 한다. 증명을 위해 수학에서 사용하는 연역법이나 귀납법을 사용할 수도 있고, 제안서 작성 시에 최종 목표를 측정 가능하도록 정량적으로 정의해 두었다면 과제가 종료한 후에 측정을 통해 목표가 달성되었음을 증명할 수 있다. 예를 들어, 컴퓨터 소프트웨어 개발 과제에서 최종 목표에 대한 평가 항목 중의 하나를 데이터 전송 시간 3초 이내로 제안했다면, 개발된 시스템에 대한 성능 평가를 통해 데이터 전송에

3. 개발 결과
- 3.1 세부 목표 A
  - 3.1.1 개발 내용 A-1
  - 3.1.2 개발 내용 A-2
  - 3.1.3 개발 내용 A-3
- 3.2 세부 목표 B
  - 3.2.1 개발 내용 B-1
  - 3.2.2 개발 내용 B-2
  - 3.2.3 개발 내용 B-3
- 3.3 세부 목표 C
  - 3.3.1 개발 내용 C-1
  - 3.3.2 개발 내용 C-2

그림 6-4 보고서 목차 예제

소요되는 시간을 수회 측정하고 평균이 1.8초였다면 해당 평가 항목은 달성할 것으로 평가할 수 있다. 같은 방법으로 모든 평가 항목을 달성하면 최종 목표를 달성한 것으로 증명할 수 있다.

2 프레젠테이션

회사의 경영진이나 간부들과 대화를 하다보면 신입 직원들이 자신의 생각을 글로 표현하거나 발표하는 능력이 부족하다고 입을 모아 말한다. 사회적인 성공을 위해 1절에서 설명한 논리적인 서술과 발표 능력 향상이 필요하다.

2.1 발표 자료 작성

발표 자료를 작성하는 것도 창의적인 영역이어서 정답은 없겠지만 일반적으로 다음과 같은 사항에 유의해 작성하는 것이 바람직하다.

1) 상대방의 입장에서 작성

발표 자료는 자신의 지식 또는 주장하려는 생각을 상대방에게 이해시키기 위해 사용하는 자료이다. 그러므로 상대방의 입장에서 납득할 수 있도록 작성되어야 한다. 발표를 듣게 될 청중의 수준을 파악한 후에 거기에 맞춰 발표 자료를 작성해야 한다. 예를 들어, 사장님이나 부장님에게 발표할 자료에서는 전체적인 개요와 경제적인 측면 위주로 작성하고, 팀에서 발표할 자료에서는 세부적인 기술 내용과 현실적인 문제점에 대해 작성한다. 물론, 사장님이나 부장님이 기술적인 가능성을 검토하기 위해 발표하라고 했는데도 경제적인 측면 위주에서 발표한다면 앞날은 순탄치 않을 것으로 예상된다.

글을 쓰는 방법에는 서술식과 개조식이 있다. 서술식은 충분히 길게 문장을 서술해 마침표로 끝마치는 방법이고, 개조식은 중요한 단어만을 요약해 간결하게 쓰는 방법이다. 일반적으로 개조식의 문장은 명사로 끝나며 마침표를 붙이지 않는다. 예를 들면, 소설의 문장은 서술식이고, 신문의 기사 제목은 개조식이다.

발표 자료를 작성할 때는 주로 개조식을 사용한다. 내용을 설명할 경우에도 개조식을 사용하는 경우가 많으며 최대 2줄 이내로 문장을 작성하는 것이 바람직하다. 간혹 3줄 이상의 서술식 문장을 그대로 옮겨 놓은 발표 자료를 볼 때가 있는데 긴 문장을 읽기란 쉽지 않다.

2) 구조적으로 작성

1절의 제안서에서 설명한 구성도를 보여주는 [그림 6-3]은 최종 목표가 세부 목표 A, 세부 목표 B, 세부 목표 C로 구성되어 있고 각각의 세부 목표는 개발 내용들로 구성되어 있는 구조적인 예제를 보여준다. 단순히 개발 내용들을 동일한 레벨에 나열하는 것보다 훨씬 이해하기 쉽다.

발표 자료를 작성할 때는 구조적으로 들여쓰기를 사용하는 것이 좋다. 윗줄과 비교해 윗줄과 동일한 주제에 대한 내용이라면 들여쓰기하지 않고, 윗줄의 내용에 속한 내용이라면 들여쓰기 한다. [그림 6-4]에서 세부 목표 A와 세부 목표 B는 동일한 주제인 개발 결과에 대한 내용이므로 들여쓰기하지 않고 같은 레벨에 있으며, 개발 내용 A-1을 보면 윗줄에 있는 세부 목표 A에 속한 내용이므로 레벨이 증가해 오른쪽으로 들여쓰기한다.

발표 자료 작성을 위해 많이 사용되는 마이크로소프트의 파워포인트에서는 줄의 맨 앞에서 탭 키를 누르면 레벨이 증가해 오른쪽으로 밀려서 들여쓰기 되고 시프트 키를 누른 상태에서 탭 키를 누르면 반대로 레벨이 감소해 왼쪽으로 오게 된다. 블록을 지정한 상태에서도 동작한다.

3) 논리적인 흐름에 맞도록 발표 자료 작성

발표를 잘하는 사람은 한꺼번에 많은 것을 전달하려고 하지 않는다. 중요한 한 가지 주제 또는 두 가지 정도의 내용에 대해서만 체계적으로 발표할 수 있도록 논리적인 흐름에 신경 쓰면서 발표 자료를 준비해야 한다.

발표 자료를 준비하다 보면 간혹 모르는 내용이 있을 때도 있다. 주로 수업이나 기술 세미나를 할 때 발생하는데 모르는 내용을 발표 자료에 넣어놓고 외워서 발표하려 하거나 보조 자료를 손에 들고 발표하려고 하면 자신감이 상실되어 전체 발표를 망칠 수 있다. 모르는 내용이 전체의 논리적인 흐름에서 그리 중요하지 않다면 과감하게 삭제하는 것도 하나의 방법이다.

발표 자료는 발표에 사용하기 위한 것이므로 대략적으로 작성한 후 발표 연습을 하면서 슬라이드의 구성 및 내용을 개선해야 한다. 마치 물이 위에서 아래로 흐르듯이 논리정연하게 작성되어야 한다. 이를 위해 각 슬라이드마다 내용을 축약시킨 하나의 메시지를 슬라이드 상단에 작성한다. 각 메시지들만 읽어도 전체 내용을 이해할 수 있도록 슬라이드의 순서를 재구성한다. 각 슬라이드의 내용을 해당 슬라이드의 메시지의 근거를 제시하는 내용 위주로 개선한다.

4) 그림과 차트 활용

동일한 내용이라도 글로 적어놓는 것보다 그림이나 도표를 활용해 표현하면 알기 쉬운 경우가 많다. 너무 복잡한 그림을 그리는 것보다는 깔끔한 클립아트를 사용해 의미를 명확하게 전달하는 것이 바람직하다. 도표나 그림을 그릴 때는 마이크로소프트의 Visio를 많이 사용한다.

많은 양의 수치를 표현해야 한다면 복잡한 수치를 담고 있는 표보다는 한눈에 의미를 파악할 수 있는 차트가 발표 자료에는 적합하다. 물론 정확한 수치가 필요한 경우에는 표를 작성해야 한다.

5) SWOT 분석

현황을 분석해 전략을 수립하기 위해 발표 자료에 SWOT 분석이 많이 포함된다. SWOT은 내부적 요인의 강점strength과 약점weakness, 외부적 요인의 기회opportunity와 위협threat의 앞 글자를 따서 만든 단어이다. [그림 6-5]와 같이 각 칸에 해당하는 현황을 적고 이를 분석한다. SWOT 분석을 기반으로 1) 강점으로 기회를 잡는 SO 전략, 2) 위협을 강점으로 극복하는 ST 전략, 3) 기회를 잡기 위해 약점을 극복하는 WO 전략, 4) 약점을 극복해 위협을 피하는 WT 전략을 수립한다.

그림 6-5 SWOT 분석

6) 멀티미디어 콘텐츠 활용

최근에는 동영상, 플래시 등의 멀티미디어 콘텐츠를 발표 중간에 삽입해 청중의 호기심을 유발하고 분위기를 환기시키는 방법도 사용된다. 다소 주제가 가볍거나 집중력이 낮은 어린이 대상 발표에서 주로 활용한다.

7) 불필요한 시각적 요소 제거

무조건 화려한 발표 자료라고 반드시 좋지만은 않다. 너무 다양한 색을 사용하면 오히려 내용이 소외될 수 있다. 발표 내용과 아무 관련이 없고 발표 화면에서 쉴 새 없이 움직이는 애니메이션은 오히려 주의를 산만하게 하므로 피해야 한다.

2.2 발표

발표 자료의 작성이 완료되면 청중 앞에서 발표해야 한다. 발표가 시작되면 발표에 익숙하지 않은 사람이라면 앉아 있는 청중의 수만으로도 압도되는 경우가 있다. 또는 지위가 높은 사람이 청중으로 있다면 긴장감은 더해지기 마련이다. 발표에 앞서 심호흡을 하고 날씨나 사회적인 이슈 등과 같이 비교적 가벼운 말로 시작하는 것이 긴장감을 없애는데 도움이 된다. 일부러 다소 큰소리로 발표하거나 근육을 사용해 움직이면서 발표를 하는 것도 긴장감을 없애는데 도움이 된다.

레이저 포인터를 사용할 때 특히 처음 발표를 시작한 상황에서는 긴장감에 의해 손이 조금 떨리는 것이 레이저 포인터로는 크게 요동치는 것으로 보여 긴장을 부추길 수 있다. 이럴 때는 팔을 뻗어 가리키지 말고 옆구리에 대고 손목을 움직이면서 가리키는 것이 안정적이어서 좋다.

논리적인 흐름을 생각하며 정교하게 발표 자료를 작성했더라도 발표하는 도중에 청중의 반응을 살펴 유연히 대처해야 한다. 청중이 이해를 못하고 있다고 생각되면 예제를 많이 들고 어려운 내용은 간단히 설명하고 넘어간다. 반대로 청중이 모두 알고 있는 내용이라면 과감히 건너뛰고 대신 발표 자료에 없는 조금 수준 높은 내용이나 경험에서 나온 예제를 말로 설명한다.

발표를 위해 연습을 해본 상황에서 실제 발표를 하다보면 다음 슬라이드로 넘어간 뒤에 연습할 때는 앞장에서 설명했던 내용을 빼먹고 넘어간 것이 생각날 때가 있다. 이럴 때 설명을 멈추고 다시 앞의 슬라이드로 돌아가거나 앞뒤로 여러 슬라이드를 스크롤하게 되면 보는 입장에서는 매우 산만하게 생각되므로 피해야 한다. 아주 중요한 내용이 아니라면 빨리 잊고 발표를 계속하는 것이 좋다. 아주 중요한 내용이라면 뒤에 또 관련 내용이 나오게 마련이니 그때 설명하는 것이 낫다.

3 문서

3.1 문서와 기록

보통 문서와 기록을 혼용해 사용하긴 하지만 분리를 해보면 문서는 변할 수 있는 내용이고 기록은 한번 작성하면 변할 수 없는 내용을 저장하고 있다. 설계는 한번 완성했다고 끝나는 것이 아니며 개발이나 구현에 따라 변할 수 있다. 그러므로 설계의 내용을 저장하고 있는 것은 문서이기에 설계 문서라고 표현한다. 설계를 구현한 소스 코드도 변할 수 있으므로 구현 문서라고 표현한다.

반면 회의가 끝난 뒤에 작성하는 회의록은 내용이 바뀔 수 없으므로 기록에 해당한다. 공문, 지시서 등도 기록에 해당한다.

3.2 형상 관리

제품이 변경되는 것을 관리하기 위해 주로 숫자로 구성된 버전version을 사용한다. 버전은 점차 증가하는 숫자를 주로 사용한다. '.' 으로 구분해 2~3자리 숫자를 사용하는 방법이 일반적으로 사용된다. 예를 들면, ver.0.8, v1.0.7 등의 표현을 사용한다. 간혹 '.' 으로 구분된 숫자 뒤에 알파벳을 붙이는 경우도 있다.

버전의 앞에 있는 숫자일수록 변화가 큰 것을 의미하고 뒤에 있는 숫자일수록 사소한 변화를 나타낸다. 예를 들어, 기존의 버전이 ver.1.0.0이라고 하면 업무 규정의 변화로 응용 프로그램의 알고리즘이 거의 대부분 변경되었다면 ver.2.0.0으로 변경할 수 있고, 알고리즘은 동일하지만 사용자 인터페이스가 변경되었다면 ver.1.5.0 정도로 변경할 수 있으며, 몇몇 버그를 수정했다면 ver.1.0.3으로 변경할 수 있다. 버전을 부여할 때 절대적인 규칙이 있는 것은 아니며 자체 규칙을 정해 일관성 있게 부여하면 된다. 버전은 완성된 후에만 변경하는 것이 아니라 개발 중에도 변경할 수 있다.

과제를 수행함에 따라 설계는 변하기 마련이다. 사용자 요구의 변경, 사회적인 여건 변화, 부품 단가의 변화, 설계 개선 등의 이유로 설계는 수시로 변경될 수 있다. 즉, 설계서는 변화가 가능한 문서(기록과 대비되는 의미)이다. 그러므로 설계서의 변경에 따라 구현도 변경되어야 한다. 구현도 변경되므로 문서로 관리해야 한다. 이때 설계서와 구현 문서의 버전을 매칭시켜주기 위해서는 형상 관리Configuration Management: CM가 필요하다. CM은 시스템의 일관성consistency을 관리하기 위한 방법이다. 예를 들어, 데이터베이스에 직원들의 연봉 데이터가 들어 있어 특정 부서의 연봉을 조회할 때 어떤 직원은 2005년 연봉이 조회되고 어떤 직원은 2009년 연봉이 조회되면 일관성이 없다. CM은 형상 관리라고 번역하는데 의미가 제대로 전달되지 않으므로 권장하지 않는다.

설계를 변경하지 않고 구현이 잘못된 경우나 구현을 개선할 때는 구현 부분의 버전만 증가시키면 된다. 만약 설계가 변경되었다면 구현도 그에 따라 변경되어야 하므로 CM이 필요하다. [그림 6-6]은 간단한 CM의 예제를 보여준다.

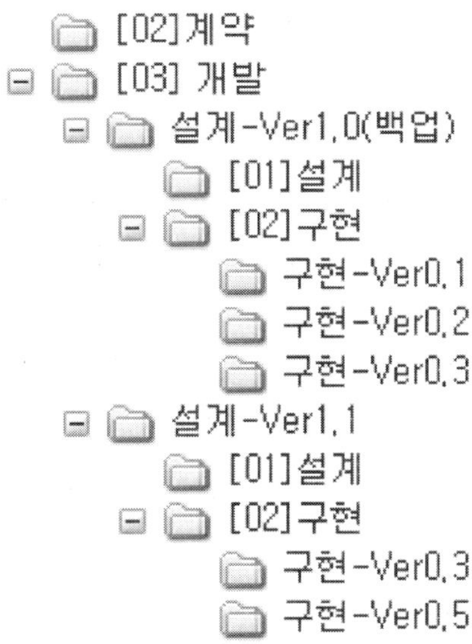

그림 6-6 디렉토리의 구조

[그림 6-6]에서는 설계 Ver1.0에 따라 구현을 Ver0.3까지 진행한 상황에서 설계를 수정할 필요가 있어 설계가 Ver1.1로 변경되었다면 디렉토리를 복사해 설계-Ver1.1을 만들고 기존 설계-Ver1.0은 백업 디렉토리로 변경한다. 설계가 변경된 이후의 구현은 설계-Ver1.1 디렉토리 밑에서 작업해 설계와 구현을 매칭시킬 수 있게 된다.

참여 인원이 많은 경우에는 더욱 복잡한 제어가 필요하다. CM의 개념을 소프트웨어 개발에 적용한 SCMSoftware Configuration Management도 있다.

3.3 이름 부여 규칙

디지털 강국인 우리나라이지만 아직 이름을 매우 중요하게 생각해 아기가 태어나면 사주와 어울리는 이름을 짓기 위해 작명소를 찾는 부모를 쉽게 볼 수 있다. 비단 사람의 이름뿐만 아니라 회사의 이름이나 상품의 이름을 짓기 위해서도 많은 공을 들인다. 요즘처럼 글로벌 시대에는 이름을 지을 때도 다른 언어에서 어떤 의미로 인식되는지 살펴봐야만 한다. 예를 들어, 믿을 信자의 뜻은 좋지만 영어의 sin은 원죄의 의미를 갖게 되어 문화적인 차이에 기인한 문제가 발생할 수도 있다.

설계를 진행하다보면 이름을 지어야 할 경우가 많다. 제품의 이름처럼 매우 중요한 이름도 있고 컴퓨터에서 저장하는 파일 이름, 프로그래밍에서 변수 이름 등과 같이 사소해 보이는 이름도 있다. 여러 명의 참여 인원이 공동으로 과제를 수행하기 위해서는 이름 부여 규칙Naming Convention을 과제 초기에 협의해 미리 정해두고 작업하는 것이 바람직하다. 예를 들어, 컴퓨터 파일명을 위한 Naming Convention을 내용, 날짜, 순번, 작성자를 표기하도록 협의했다면 '설계서(2009-12-01)-3홍길동.hwp' 과 같은 이름이 가능하다.

컴퓨터 소프트웨어 작성의 예를 들면, "항상 함수 이름은 동사로 시작하고 첫 글자는 대문자를 사용하고 변수 이름은 명사로 시작하고 지역 변수라면 첫 글자를 소문자로 하고 전역 변수라면 첫 글자를 대문자로 한다"라는 Naming Convention을 정해놓을 수 있다. Naming Convention을 협의해 정해놓았다면 이를 준수해야 한다.

연 | 습 | 문 | 제

1. 자신이 마인드스톰 NXT를 사용해 만들고 싶은 주제에 대해 제안서를 작성하라.
2. 자신의 집이나 방에 있는 물건들을 구조적으로 구성해 구성도를 그려보라.
3. 자신이 좋아하는 연예인을 SWOT 분석하라.
4. 자신에 대해 SWOT 분석하고 취업 또는 진학 전략을 수립하라.
5. 출생에서부터 현재까지 자신의 일생에 대한 발표 자료를 작성하라.

Chapter 07

공학적 시스템 개발 방법론

이 장에서는 프로젝트를 진행하는 효율적인 설계 순서와 각 단계에서 사용되는 방법에 대해 학습한다. 먼저 효율적인 프로젝트의 진행을 위해 시스템 개발 방법론의 필요성을 이해한다. 이를 적용하기 위해 가장 기본적인 방법론인 폭포수 모델에 대해 공부한다. 또한 우리가 흔히 간과하기 쉬운 계획의 중요성을 살펴본다. 분석과 설계의 차이점을 이해하고, 고품질의 결과물을 얻기 위해 검증 및 테스트가 개발과정에 어떻게 융합되어 있는가를 살펴본다. 비록 기초적인 내용이지만, 앞으로 학습할 프로젝트 진행 방법에 대한 모든 고급 주제들은 이 장의 내용 이해가 필수적이며, 실제 적용 가능한 최소한의 설계 능력을 얻게 된다.

1 필요성

1.1 시스템의 정의

우리가 공학을 통해 개발하려고 하는 대상은 대부분 시스템의 형태를 갖는다. 그렇기 때문에 시스템이 무엇인가에 대해 먼저 알아야 한다. 시스템이란 “특정 목적을 달성하기 위해 하나 이상의 구성요소들이 상호 관련된 유기적인 결합체”를 말한다. 시스템은 이름, 목적, 구성요소를 갖는다. 예를 들어 ‘자동차’라는 이름을 갖는 시스템은 사람이나 물건을 이동시키려는 목적을 갖고 있다. 자동차는 엔진, 범퍼, 핸들, 바퀴 등의 구성 요소가 유기적으로 결합되어 있다. 이런 방식으로 생각하면 선박, 주택, 컴퓨터, 학교 등 거의 모든 것들이 시스템임을 알 수 있다. 앞으로 시스템의 구성요소를 요소 또는 유닛이라고 부른다.

시스템의 개발은 프로젝트 형태로 진행된다. 프로젝트란 특정한 일을 하기 위해 시작과 종료가 있는 일의 단위이다. 예를 들어 신차 개발은 시작과 끝이 있으므로 프로젝트가 된다. 도서관의 도서 대출은 도서관이 존속하는 한 계속되므로 프로젝트라고 볼 수 없다.

[그림 7-1]은 시스템이 어떻게 구성되고 있는가를 보여준다. 시스템은 여러 개의 요소를 포함한다. 요소들의 수가 너무 많아질 수 있으므로 편의상 이를 서브 시스템으로 모아서 관리한다. 따라서 시스템은 여러 개의 서브 시스템들을 가질 수 있다. [그림 7-1]의 시스템은 3개의 서브 시스템을 포함한다. 서브 시스템 3에서와 같이 서브 시스템도 시스템의 일종이므로 다른 서브 시스템을 포함할 수 있다. 시스템과 서브 시스템은 요소들을 포함하게 된다. 그림에서 서브 시스템 1은 요소 1-1 과 요소 1-2를 포함한다. 서브 시스템 3은 서브 시스템 3-1과 요소를 동시에 포함하고 있다.

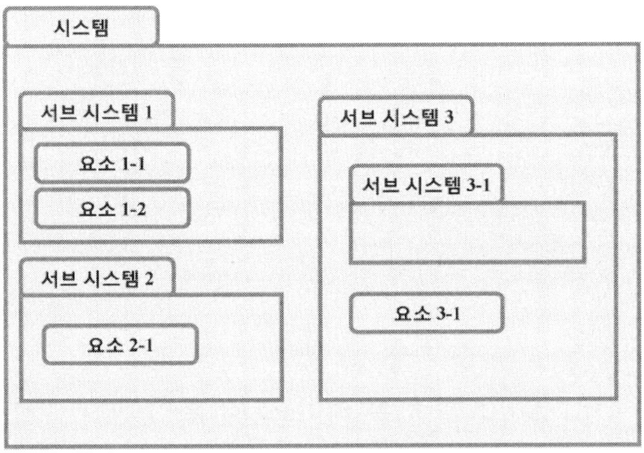

그림 7-1 시스템의 구성

1.2 공학적 개발 방법의 필요성

특히 최근의 시스템들은 점점 더 복잡해지고 있다. 예를 들어 자동차도 엔진과 관련된 기계적 요소들로만 구성되다가 전장 요소가 추가되고, 심지어는 2개의 다른 종류의 엔진을 갖는 하이브리드 자동차까지 발전했다. 복잡성뿐만 아니라 그 규모도 더욱 증가하게 되었다. 따라서 이러한 시스템에 참여하는 엔지니어들의 숫자와 분야도 더욱 확대되고 있다. 이러한 시스템의 특징은 시스템 개발을 더욱 어렵게 만드는 원인이 되고 있다.

프로젝트는 성공하기 위해 진행하는 것이다. 그러나 실제 프로젝트 중 성공적인 프로젝트는 그다지 많지 않은 것이 현실이다. 그렇다면 프로젝트의 성공에 가장 영향을 미치는 요소는 무엇일까? 가장 중요한 것은 프로젝트를 진행하는 사람들의 능력이다. 우리는 2002년 히딩크의 월드컵 프로젝트에서도 이 사실을 알 수 있다. 이는 예술가가 작품을 만드는 것과 비슷하다. 능력이 있는 예술가는 훌륭한 작품을 만든다. 능력이 없는 예술가의 작품은 문제가 있을 가능성이 높다. 더구나 훌륭한 예술가라도 항상 성공적인 작품을 만드는 것은 아니다. 현대사회에서 이러한 불확실성은 프로젝트를 추진하는 주체나 프로젝트를 참여자들이 받아들이기 힘들며, 반드시 극복해야 할 문제다. 따라서 우리는 공학적 프로젝트 개발 방법론을 적용하는 것이다.

많은 사람들이 프로젝트 개발 프로세스의 공학적 접근 방법을 고안하고 적용하고 개선해왔다. 예를 들어 요리를 생각해보자. 훌륭한 요리사가 요리를 만드는 조리법을 작성해 놓으면, 초보자라도 비교적 훌륭한 요리를 할 수 있다. 문제는 프로젝트의 진행이 요리를 만드는 것처럼 간단하지 않다는 것이다. 따라서 여러분들은 프로젝트의 공학적 접근 방법의 원리를 이해하고, 적용하고 새롭게 개선하는 과정을 거쳐야 한다.

1.3 시스템 개발 라이프사이클 System Development Life Cycle

시스템 개발은 시작과 끝이 있는 프로젝트 형태로 진행된다. 프로젝트는 생명체와 같이 태어나서 성장하고 소멸하는 라이프사이클을 갖고 있다. [그림 7-2]는 가장 기본적인 개발 프로세스 라이프사이클과 단계들을 보여준다. 모양이 폭포수와 비슷하다고 해 폭포수 모델이라고 한다. 폭포수 모델에도 여러 가지 문제가 있어 보다 발전된 형태의 다양한 라이프사이클들이 존재하지만 이것들도 모두 폭포수 모델을 기본으로 문제를 개선한 것이다. 폭포수 모델의 각 단계의 이름과 내용이 조금씩 다르기는 하지만 기본적인 개념은 동일하다. 먼저 전체적으로 설명하면 다음과 같다.

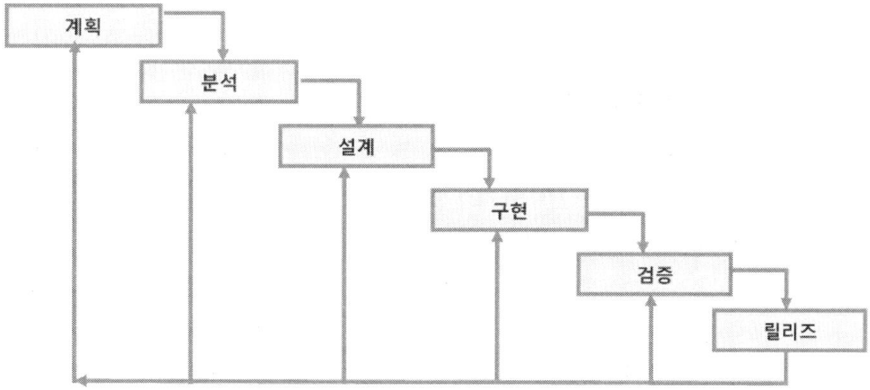

그림 7-2 기본적인 개발 프로세스

- 계획Planning 단계는 단순한 프로젝트를 위한 일정, 비용 및 담당자를 포함한다. 이 단계에서 가장 중요한 작업은 시스템 개발에 대한 타당성을 확인하는 것이다. 예를 들어 저렴한 비용에 기존 제품을 구입할 수도 있는데 불필요하게 시스템을 만든다면 낭비가 될 것이다.
- 분석Analysis 단계는 사용자가 원하는 시스템의 기능을 확정하는 단계이다. 이때는 어떻게 이것을 개발할 것인가는 포함되지 않고 단지 사용자가 달성하기 원하는 목적에 부합하는 기능, 즉 요구사항What을 도출하는 단계이다.
- 설계Design 단계는 분석 단계에서 도출된 요구사항을 어떻게How 제공할 것인가에 대한 전략을 찾아내는 작업을 수행한다.
- 구현Construction 단계는 실제 작업이 일어나는 단계이다. 건축 프로젝트이면 집을 짓는 것이고, 자동차를 개발하면 시제품 차량을 만드는 것이고, 소프트웨어인 경우에는 프로그램을 작성하는 작업이 이루어진다.
- 검증Verification 단계는 개발된 시스템이 분석에서 도출된 요구사항을 만족하는가를 확인하는 과정이다. 만족하지 못하는 경우에는 당연히 재작업이 필요하다.
- 릴리즈Release 단계는 개발팀 외부에서 개발 결과물을 전달하는 단계이다.

건축이면 집주인에게 인도될 것이고, 자동차 시제품 개발의 경우에는 양산팀으로 인도될 것이다.

> **여러분이 졸업하면 어떤 업무를 하게 되는가?**
>
> 공대를 졸업하고 회사에 입사하게 되면 여러분들은 사원 → 과장 → 부장 등의 순서대로 진급을 하게 된다. 그러나 이는 직급을 나타낸다. 실제 담당하는 업무는 시스템 개발 라이프사이클과 일치하게 된다. 즉 예를 들어 처음 입사 시에는 사원으로서 구축 업무를 담당하는 개발자의 일을 하게 되고, 몇 년 후에는 과장이 되어 설계 업무를 맡는다. 또 몇 년이 지나면 부장이 되어 분석 업무를 맡는다. 이는 공학뿐만 아니라 경영이나 기타 직종도 유사하다. 대부분의 회사 업무는 프로젝트 기반으로 진행되며, 따라서 담당 업무도 프로젝트 생명 주기를 따른다.

실제로 개발하는 시스템의 성격에 따라 여러 가지 변형이 존재할 수 있지만 거의 모든 시스템 개발에는 이러한 기본 프로세스가 적용되고 있다. 다음 절 부터는 각 단계별 프로세스를 더 상세하게 알아보자.

1.4 시스템의 예

전체적인 단계의 이해를 돕기 위해 [표 7-1]에서는 하이브리드 자동차의 개발 단계를 보여주고 있다.

단 계	작 업
계 획	• 타당성 검토 – 하이브리드 자동차 개발을 고려중이다. 수소전지 자동차로 곧바로 넘어갈 것인가? 아니면 개발할 것인가? → 하이브리드는 수소전지 자동차에 필요한 기술을 포함하고 있으므로 개발을 결정했다.

분 석	• 요구사항 분석 단계 – 누구를 위한 차량인가? → 30대 – 용도는? → 출퇴근용 – 차량의 예상 판매가는? → 기존 차량 대비 130% – 목표 연비 → 40Km/L 이를 위해서는 현재 엔진의 성능을 20% 향상시키더라도 공기저항 지수가 0.25 이하, 차량 무게가 1.0t을 넘어서는 안 된다.
설 계	• 설계 단계 – 공기 저항지수 0.25를 만족시키기 위해 쐐기형으로 할 것인가 유선형으로 할 것인가 결정 – 차량의 무게를 줄이기 위해, 부품의 재질을 어떤 것을 선택할 것인가? 혹시 부품 수를 감소시키는 방법이 유효할 것인가? 등등 – 차량의 전체적인 구조는 어떻게 할 것인가? 배터리를 어디에 위치시킬 것인가? – 세부적인 설계는 어떻게 할 것인가? 등등
구 현	• 시제품 구현 – 클레이 모델 개발 후 디자인 확정 – 각종 부품 제작
검 증	• 검증 단계 – 분석의 요구사항이 모두 만족하는가를 테스트
릴리즈	• 양산팀으로 업무 이관

표 7-1 하이브리드 자동차의 개발 단계

2 계획 단계

일반적으로 계획에 당연히 포함되어야 할 내용으로 일정이 가장 중요할 것이라 생각하지만, 그것보다 더 중요한 것은 과연 이것을 우리가 수행해야 할 타당성이 있는가에 대한 검토이다. 계획 단계에서는 "무엇을 할 것인가?", "이것이 과연 진행할 만한 가치가 있는 것인가?", "그렇다면 우리가 갖고 있는 자원과 능력으로 이를 수행할 수 있을 것인가?"에 대한 질문에 답을 해야 한다. 이러한 작업을 타당성 검토라고 한다. 일정은 단지 이러한 타당성을 확인하고 실현하기 위한 도구일 뿐이다.

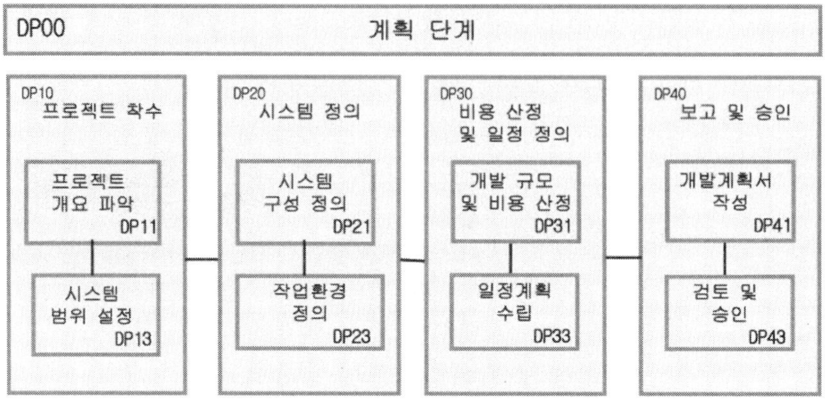

그림 7-3 정보시스템 개발 방법론의 계획 단계

개발 방법론은 분야에 따라, 개발 제품의 특성에 따라, 회사의 업무 스타일에 따라 매우 다양한 형태를 갖는다. 다만 원리와 원칙은 모두 유사하다. 이러한 원리를 학습하기 위해 이 장에서는 전자통신연구소에서 개발한 국가 표준 정보시스템 개발 방법론인 마르미를 예로서 학습할 것이다.

다른 방법론과 같이 마르미도 단계Phase, 활동Activity 그리고 작업Task으로 구성되어 있다. 프로젝트는 단계들로 구성되며, 단계는 활동들로 구성되고, 활동은 작업들로 구성된다. [그림 7-3]에서는 계획단계를 보여주고 있다. 계획 단계는 프로젝트 착수 활동, 시스템 정의 활동, 개발 규모 및 일정 정의 활동과 보고 및 승인 활동으로 구성되어 있고, 프로젝트 착수 활동은 프로젝트 개요 파악 작업과 시스템 범위 설정 작업으로 구성되어 있다.

일반적으로 하나의 작업이 완료되면 해당하는 하나의 산출물이 완성이 되어야 한다. 방법론에 나열된 모든 작업을 반드시 수행할 필요는 없다. 프로젝트의 성격에 따라 필요한 작업만을 수행하는 것이 일반적이고 바람직하다. 산출물은 필요한 작업에 대한 결과물이므로 수행된 작업들에 대해서만 작성되어져야 한다. 산출물의 형태는 작업의 성격에 따라 다양한 형태를 갖는다. 주로 문서인 경우가 많으나 프로그램을 작성하는 작업이 완료되면 프로그램 코드가 산출물이 될 수 있고, 자동차를 설계하는 경우에는 시제품 자체가 산출물이 될 수 있다. 산출물을 작성하는 것은 여러분의 숙제가 아니라 프로젝트 진행을 도와주는 중요한 도구이다.

이 그림에서 살펴볼 수 있는 계획 단계에 포함되어져야 할 주요 작업은 다음과 같다.

- **프로젝트의 개요 파악** 프로젝트의 비전과 목표에 대해 전체적으로 파악해야 한다. 이 부분에서는 과제의 일반적인 내용을 전체적으로 요약을 해야 하며, 특히 과제의 타당성, 즉 수행 이유에 대한 명확한 정리가 필요하다.
- **범위 설정** 여러 가지 전제 조건에 의해 프로젝트의 범위가 변경될 수 있으므로 범위를 결정하는 것은 의외로 어려운 작업이다. 특히 범위에 따라 소요 자원과 일정이 영향을 받게 되므로 중요한 작업이다.
- **개발 규모 및 비용의 산정** 정확한 비용은 실제 프로젝트가 진행되면서 여러 가지 요소에 의해 변경될 수 있기 때문에 전체적인 비용 위주로 산정한다. 프로젝트가 진행되면서 프로젝트의 범위를 조정하거나, 예산을 변경하는 것이 일반적이다.
- **개발 계획서** 일반적으로 계획에 위험과 이에 대한 대응 전략이 포함되지 않는 경향이 있다. 세상에 완벽한 계획을 수립할 수 있는 과제는 별로 없다. 그렇기 때문에 반드시 예측되는 위험 요소와 이에 대한 대응 전략이 포함되어야 한다. 계획이라는 것은 상황에 따라 변경될 수밖에 없다. 따라서 변화되는 상황에 따라 계획이 최적화되어야 한다.

산출물이란?

산출물이란 프로젝트의 결과로 생산되는 최종 제품만이 아니라 프로젝트 각 단계별로 생산되는 모든 산출물을 포함한다. 우리는 왜 산출물을 작성해야 하는가?

1. 산출물로 프로젝트를 수행하는 방법론(프로세스)이 정의된다.

   예를 들어, 분석 작업의 결과가 산출물이 된다. 반대로 얘기하면 산출물을 작성하기 위해 분석 작업을 수행하게 되는 것이다. 이를 산출물 중심의 방법론이라 하는데 대부분의 방법론은 산출물 중심이다. 즉 산출물을 잘 작성하면 프로젝트를 올바르게 수행하게 된다.

2. 커뮤니케이션을 위해

갈수록 프로젝트에 참여하는 사람들의 종류와 수가 증가하게 된다. 만약 8명의 사람이 프로젝트에 참여한다면 몇 가지의 커뮤니케이션이 존재하게 되는가? [그림 4-4]의 좌측을 보면 7+6+5+4+3+2+1 즉 28개가 필요하다. 만약 100명이 참여하게 되면 얼마나 많은 수의 커뮤니케이션이 존재해야 하는가를 생각해보라. 우측은 산출물 중심의 커뮤니케이션을 보여주고 있다. 가운데에 산출물이 존재하고 이를 통해 커뮤니케이션이 수행된다. 8명의 사람이 참여하면 8개, 100명이 참여하게 되면 100개의 커뮤니케이션만 존재하면 된다.

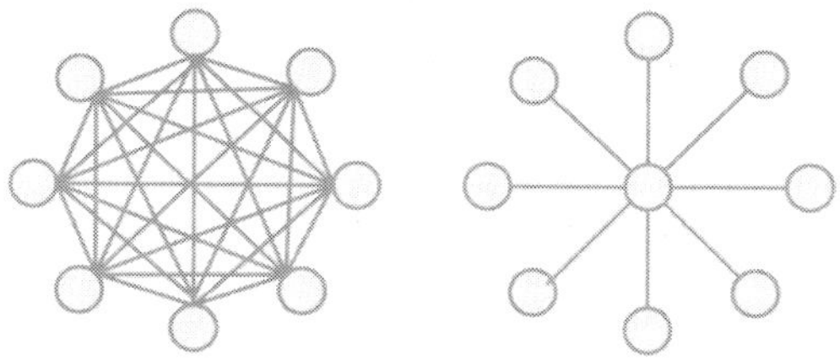

그림 7-4 커뮤니케이션의 복잡도와 산출물 중심

3. 개발오류의 최소화

각 작업 결과인 산출물에 대해 작성을 하고 이를 확인 받는 것은 앞으로 발생될 오류를 최소화하기 위한 활동이 된다.

4. 이력 관리

프로젝트를 진행하면서 지속적으로 변화하는 요구와 내용, 산출물에 대한 이력을 남김으로써 문제가 생겼거나 확인이 필요할 경우 추적할 수 있도록 하는 기능을 수행한다.

5. 재사용

일반적으로 산출물은 작성하는데 시간이 많이 걸리고 어려울 수 있다. 그러나 한번 작성하고 다음에 재사용해, 단순히 산출물 작성 시간을 절약할 뿐만 아니라 각 단계별 작업까지도 재사용된다.

3 분석 단계

분석이란 사용자의 관점에서 시스템에 대한 요구사항들을 수집하고 분석하는 단계이다. 요구사항은 우리가 무엇을 만들 것인가를 결정한 결과물이다. 따라서 분석 단계에서는 사용자가 반드시 참여해야 성공할 수 있다. 많은 프로젝트의 실패는 사용자가 참여하지 않음으로써 발생된다. 또한 프로젝트를 수행하는 분석자, 설계자, 개발자 등의 모든 구성원들이 반드시 사용자의 입장에서 작업에 참여해야 한다. 즉 이 단계에서는 모든 것이 사용자 관점에서 이루어져야 한다. 이것은 가장 중요하면서도 가장 지키기 어려운 원칙이다.

사용자의 관점에서 올바르게 분석이 이루어지지 않은 경우를 가정해보자. 만약 잘못된 요구사항으로 설계와 구현을 했는데 사용자의 검증 과정에서 이 요구 사항이 잘못된 것을 발견하게 되면 분석, 설계, 구현을 처음부터 다시 수행해야 한다. 따라서 사용자 중심의 요구 분석은 프로젝트에서 가장 중요할 수밖에 없다.

사용자 중심의 요구 분석은 지키기가 매우 어렵다. 그 이유는 사용자는 사용자 나름대로 바쁘기 때문에 참석시키기 어렵고 참석한다고 해도 기술을 잘 모르기 때문에 의사소통에 많은 문제가 발생될 수 있다. 또한 엔지니어들이 분석에 주축으로 참여하게 되면 요구사항 자체보다는 이를 해결할 수 있는 방법을 찾는데 더욱 집중하게 된다. 이것의 결과는 엔지니어가 적용 분야를 이해할 수 있는 기회가 없어지게 되며, 올바른 사용자 요구사항을 도출할 수 없게 되고, 설계 단계에서 선택될 해결방안의 선택에 제한을 갖게 된다.

카퍼 존스Caper Jones의 조사에 따르면 실패한 소프트웨어 개발 프로젝트의 80%는 고객의 요구사항을 정확히 이해하지 못해 소프트웨어 개발의 하위 단계에서 고비용의 재작업을 발생시키는 요구사항 오류Requirement failure에서 비롯된다. 따라서 분석 단계는 프로젝트의 성공과 실패에 가장 중요한 영향을 미친다.

사용자가 중심이 되므로 요구사항 명세서는 프로젝트에 관련된 모든 사람이 읽고 이해하기 쉬도록 작성한다. 요구사항 명세서는 고객과 개발회사 간의 계약서라고 할 수 있다.

[그림 7-5]는 마르미에서의 분석 단계를 보여주고 있다. 분석은 사용자를 대

상으로 하기 때문에 누가 사용자인지가 중요하다. 이 시스템의 사용자는 일반 사용자와 시스템 운영자로 정의될 수 있다. 기술적인 내용이 많으므로 설명을 대략적으로 살펴보기 바란다.

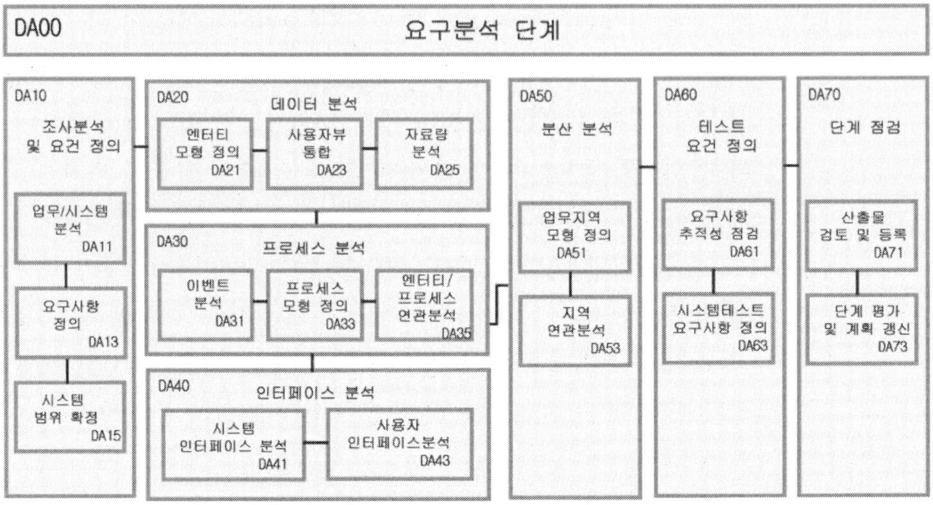

그림 7-5 정보시스템 개발 방법론의 분석단계

분석 단계에는 분석 분야와 용도에 따라 다양한 가치사슬 분석, SWAT 분석, AS-IS TO-BE 등 여러 분석 방법들이 존재한다. 참고로 마르미는 [그림 7-5]에서 보는 바와 같이 AS-IS TO-BE 방법을 사용하고 있다. 이러한 분석 방법들은 매우 깊이 있고 난이도가 높은 방법이므로 이 책의 내용에서 제외하고 단순하고 효율적인 방법으로서 그라디R. Grady가 정의한 FURPS+ 모델을 소개하겠다. 이 모델은 단순한 체크리스트 형태로 분석 결과가 필요한 요소들의 대부분을 포함하고 있는가를 점검하는데 사용된다. FURPS는 주요 점검 항목의 이니셜을 표현하며, +는 기타 부수적인 점검 항목을 의미한다. [그림 7-6]과 [표 7-2]는 FURPS+모델에 대한 설명을 보여준다.

- Functional
- Usability
- Reliability
- Performance
- Supportability

\+

- Implementation
- Interface
- Operations
- Packaging
- Legal

그림 7-6 FURPS+ 모델

분 류	관련 품질
Functionality(기능성)	• 시스템 전반에 걸친 기능에 관련된 요구사항
Usability(사용성)	• Accessibility : 시스템 사용자의 편리성 • Aesthetics : 미학, 아름다운 디자인 • Consistency : 최소의 학습으로 사용할 수 있는 일관성
Reliability(신뢰성)	• Accuracy : 기능의 정확한 수행 • Availability : 가용성, 필요할 때 항상 사용 가능 • Recoverability : 장애복구, 사소한 문제가 발생되어도 사용 가능
Performance(성능)	• Throughput : 단위 시간당 높은 처리량 • Recovery Time : 짧은 장애복구 시간 • Response Time : 짧은 응답 속도 • Startup Time : 짧은 초기 구동 시간
Supportability(지원성)	• Adaptability : 변경이 용이하여 쉽게 적용 가능 • Compatibility : 유사한 다른 환경에서도 동작 가능 호환성 • Configurability : 구성을 용이하게 변경 가능 • Installability : 설치의 용이성 • Maintainability : 용이한 유지 보수 • Scalability : 필요시 용이하게 확장 가능 • Testability : 시험 용이성
+	
Implementation	• 자원의 제약, 개발언어와 도구, 하드웨어, …
Interface	• 외부 서브 시스템과 연계를 위한 제약
Operations	• 운영환경 하에서의 관리
Packaging	• 포장 방법
	• 법적 문제, 특허 및 저작권 등

표 7-2 FURPS+ 모델

4 설계 단계

설계에 대해 많은 사람들이 잘못 이해하고 있는 경우가 매우 많다. 예를 들어 설계방법론을 시스템을 개발하는 전 과정을 의미하는 경우로 잘못 이해하고 있다. 정확하게 말하면 설계는 분석 결과 도출된 요구사항을 어떻게 제공할 것인가에 대한 개념적인 해결 전략을 마련하는 단계로 정의된다.

이제 요구사항이 도출되었으므로 이러한 요구사항을 어떻게 해결할 것인가에 대한 전략을 수립해야 한다. 분석 단계에서 가장 중요한 참여자는 사용자였다. 설계 단계에서 가장 중요한 참여자는 설계자와 개발자가 된다. 분석의 경우에는 적용하려는 분야에 대한 지식이 중요하지만, 설계 단계 이후부터는 일반 사용자의 지식보다는 적용하려는 기술 분야의 지식과 경력이 많은 엔지니어의 능력이 더욱 중요한 단계이다. 따라서 설계의 경우 적용하려는 기술의 종류에 따라 설계 과정이 매우 달라진다. 그러나 대개의 경우 설계 단계는 요구사항을 만족시킬 수 있는 몇 가지 기술적 해결 방안들을 도출하고 이를 평가해 적합한 해결방안을 선택한다. 해결 방안이 선택된 이후에는 전체 설계와 상세 설계 단계로 나누어진다.

[그림 7-7]은 정보시스템의 설계 단계의 예를 보여주고 있다. 분산 아키텍처 설계가 전체 설계 부분에 해당된다. 전체 설계가 완료되어야 상세 설계 부분인 프로그램 설계, 인터페이스 설계, 그리고 물리데이터 설계가 진행됨을 알 수 있다.

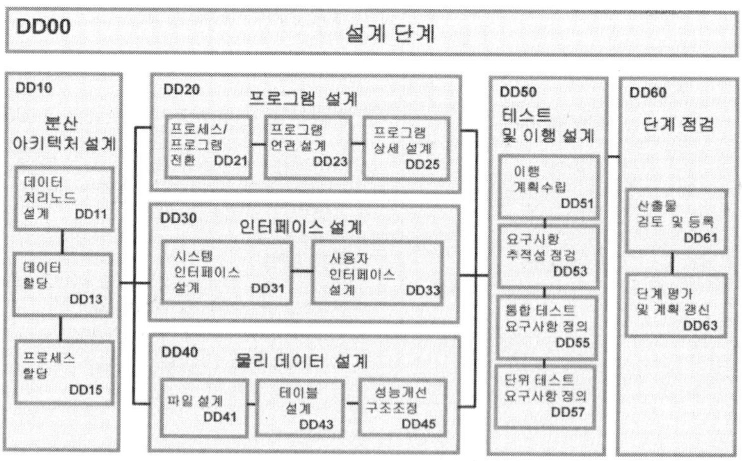

그림 7-7 정보시스템 개발 방법론의 설계 단계

5 구현

일반적으로 개발이라고 하면 구현 부분을 의미하는 것으로 오해하는 경우가 많으나, 분석과 설계에 비하면 구현은 매우 단순한 작업이다. 설계 단계가 완료되면 설계서가 준비된다. 설계서는 구축 단계를 위한 작업지시서의 역할을 수행하게 된다. 전체 개발 과정 중에서 구현 비용은 30% 정도이다. 50% 정도의 비용이 요구사항 분석과 설계비용이다.

단순하게 생각하면 구축 단계는 창의성이나 상당한 수준의 기술력이 필요한 업무가 아닐 수 있다. 그러나 일반적으로 구축 단계에서 복잡성과 발생되는 문제점은 대부분 분석/설계가 잘못되어 있는 경우가 많다. 따라서 구현하는 엔지니어는 이러한 문제점들을 찾아내고 대안을 제시하기 위해 분석/설계에 대한 기본적인 이해를 요구한다.

[그림 7-8]은 정보시스템의 구축 단계를 보여준다. 마르미에서는 구현 단계를 구축 단계라고 표현한다. 이와 같이 같은 개념이라도 다른 용어를 사용하는 경우가 매우 많다. 그러나 개념을 이해하면 상이한 용어를 사용하는 것이 큰 문제가 되지는 않는다. 일반적으로 구축 단계에서 수행하는 작업은 개발환경의 구축, 실제 구현 작업, 사용자/운영자 지침서 작성 등이 있다.

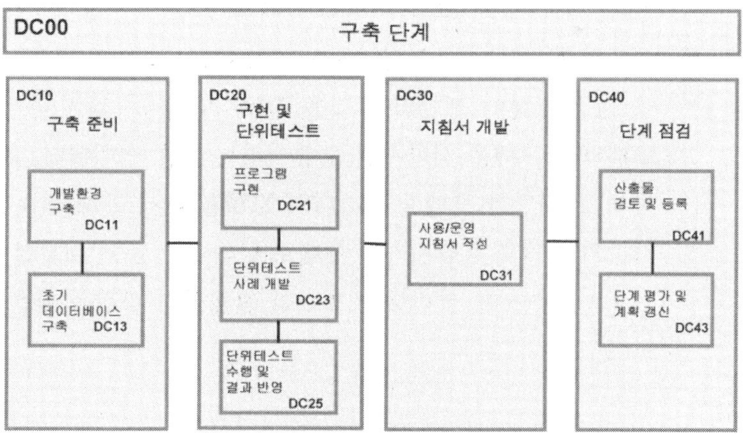

그림 7-8 정보시스템 개발 방법론의 구축 단계

6 검증

[그림 7-2]와 같이 폭포수 모델에서의 검증은 개발 단계 이후의 단순한 점검 정도로 시작했다. 역사적으로 검증이 아주 단순한 작업으로 시작했기 때문에 많은 사람들이 검증은 단순하며 보잘 것 없는 단계라는 많은 오해를 가지고 있다. 그러나 최근에 품질의 중요성이 급격하게 부각되어 검증만큼 중요한 단계는 분석밖에 없게 되었다.

예를 들어 의료시스템에 문제가 발생된다고 가정해보자. 이는 인간의 생명과 직결되는 사태가 발생되게 된다. 금융시스템에서 계정시스템 오류가 크게 발생되면 은행을 더 이상 유지시킬 수 없게 될 수도 있다. 원자력발전시스템의 문제는 지역적 재앙을 가져오게 된다. 대륙간탄도미사일 제어시스템의 문제는 전 인류에게 재앙이 될 수도 있다.

따라서 검증은 중요한 시스템의 오류를 발견하고 수정하는 작업으로 분석, 설계, 구현 등의 모든 과정에 대한 점검을 포함한다. 이를 위해 개발자, 검증전문가 및 최종 사용자 등 거의 모든 참여자가 검증을 수행한다. 또한 회의, 검토 및 검증 전문도구를 사용하다.

따라서 최근에는 검증 방법론의 중요성이 부각되며 그 방법론도 크게 진화하고 있다. [그림 7-2]에 나타나는 프로세스를 일반적으로 폭포수 모델이라고 한다. 최근에는 [그림 7-9]와 같은 폭포수 모델에 검증의 개념을 결합시켜 V자 형태의 모델을 사용한다. 예를 들어 마르미의 각 단계를 살펴보면 단계 끝부분에 검증 부분이 포함되는 것을 볼 수 있다. 이것은 마르미가 전통적인 폭포수 모델과 V 모델을 결합시킨 모델이라는 것을 의미한다. 여러분들이 향후에 공부하게 될 다양한 모델들도 하나의 모델을 버리고 새로운 모델을 정의하기보다는 기존의 모델과 결합시키는 형태로 나타나는 것이 대부분이다.

[그림 7-9]를 살펴보면 개발의 전체적인 과정을 다음과 같이 순서대로 정리할 수 있다.

1. 사용자 분석 단계에서는 사용자들의 기능적 요구사항들이 도출된다.
2. 기술적 요구 분석 단계에서는 시스템이 보유해야 할 품질 속성, 즉 성능

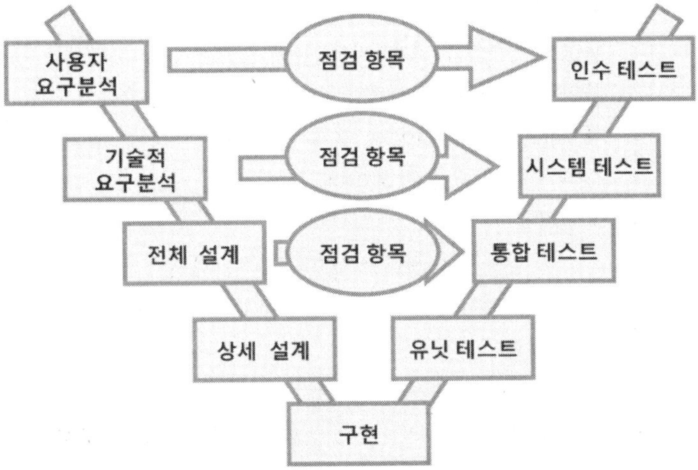

그림 7-9 V 모델

안정성 등의 요구사항이 도출된다.

3. 전체 설계를 하게 되면 이 시스템이 어떤 서브 시스템들로 구성이 되어 있는가를 결정한 전체 구조가 도출된다.
4. 상세 설계는 각 서브 시스템이 어떤 유닛Unit들로 구성이 되어 있는가를 정리한 상세 설계가 도출된다. 유닛은 시스템이나 서브 시스템의 구성요소를 의미한다.
5. 개발 단계에서는 상세 설계에서 기술된 유닛들을 개발한다.
6. 각 유닛의 개발이 완료되면 해당 유닛이 올바르게 개발되어졌는가를 검증한다.
7. 한 서브 시스템의 모든 유닛들의 개발이 완료되면 하나의 서브 시스템으로 통합하고 이를 검증한다.
8. 모든 서브 시스템의 개발과 검증이 완료되면 하나의 시스템으로 통합되게 된다. 이때 단계 2에서 도출된 시스템의 품질 속성을 검증한다.
9. 최종 사용자는 단계 1에서 도출된 기능적 요구사항을 검증한다.

점검verification과 확인validation

다양한 검증 분류 방법이 있지만 가장 기본적이고 중요한 방법이 점검과 확인이다. 이는 소프트웨어가 명세서specification와 고객의 요구 사항을 만족하는지를 검사하는 과정에 대한 용어다.

- 점검
  - 생산물을 올바르게 만들고 있는가?
  - 소프트웨어가 명세서를 만족하는지를 체크
- 확인
  - 올바른 생산물을 만들고 있는가?
  - 구현한 프로그램이 소프트웨어 고객의 요구사항을 만족하는지를 검사

이 용어들은 분석과 설계의 개념과 밀접하게 관련되어 있음을 알 수 있다. 분석은 무엇을 해야 하는가에 대한 답변이다. 따라서 올바른 분석이 이루어졌는가를 검증하는 것이 확인이며 분석 결과가 올바르게 수행되고 있는가? 즉 설계에 대한 검증이 점검이다.

7 인수

인수 단계는 경우에 따라 단순히 결과물에 대해 사인을 받는 정도의 단순한 작업을 넘어선 소규모 프로젝트 수준의 복잡한 작업이 될 수도 있다. 이는 사용자가 이 시스템을 사용할 때 필요한 모든 것을 전달해주어야 한다. 예를 들어 시스템의 설치, 최적화, 사용자 교육 등을 포함한다. 특히 IT시스템의 경우 기존에 있는 데이터베이스의 자료를 새 시스템으로 이전하는 것은 매우 복잡하고 시간이 소요되는 경우가 많다.

[그림 7-10]은 마르미의 인수 단계를 보여준다. 마르미에서는 검증 단계의 일부인 인수 테스트와 인수 단계인 이행 단계를 하나의 단계로 정리했다. 이와 같이 각 방법론에 따라 단계의 이름이나 내용에 있어 차이점이 있을 수는 있으

나 전체적인 흐름과 원리는 동일하다. 우리가 원리를 학습하는 이유는 원리를 알게 되면 여러 가지 변형에 대해 쉽게 이해하고 활용할 수 있기 때문이다.

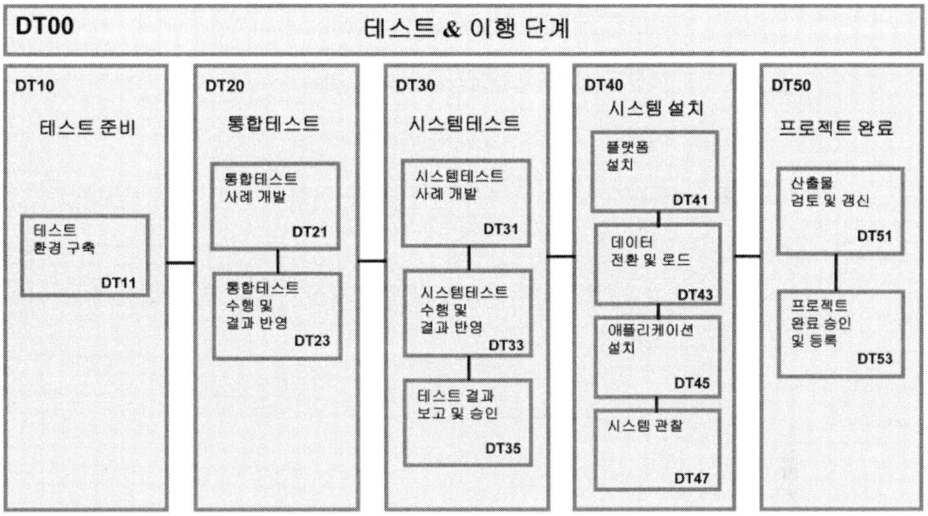

그림 7-10 정보시스템 개발 방법론의 인수 단계

연 습 문 제

1. 우리 주변에서 시스템을 하나 선택해 시스템의 이름, 목적을 설명하라.

2. 우리 주변에서 시스템을 하나 선택해 시스템이 어떤 서브 시스템들로 구성이 되었는가를 설명하라.

3. 2번 질문에서 하나의 서브 시스템을 선택하고 어떤 요소들로 이루어져 있는가를 설명하라.

4. 우리 주변에서 시스템을 하나 선택해 선택한 시스템의 개발 시 요구사항을 상상해 작성하라.

5. 4번 항목에서 나열한 요구사항을 해결하기 위해 어떤 설계를 했는지 작성하라.

6. 요구사항에 대한 검증 방법을 작성하라.

7. 우리 주변에서 시스템을 하나 선택해 그 시스템을 개발하기 위한 표준 개발 방법론의 단계와 산출물을 정리하라.

8. 분석과 설계의 차이점을 설명하라.

9. 설계와 구현의 차이점을 설명하라.

10. 폭포수 모델의 여러 단계들 중 어떤 단계가 가장 중요한가? 그 이유는 무엇인가?

11. [표 7-1]과 같이 전원주택을 건축하기 위한 각 단계별 주요 이슈를 작성하라.

PART 02

설계 활동

Part 01에서 학습한 설계 이론을 적용할 수 있는 문제는 다양하다. 간단한 물추진 로켓의 개발에서부터 복잡한 자동차 제작에 이르기까지 다양하게 적용할 수 있다. Part 02에서는 비교적 쉽게 설계 이론을 적용할 수 있도록 로봇 개발 및 제어에 대한 이론을 살펴본다.

로봇에 대한 개발 및 제어는 누구나 흥미를 느끼며 손쉽게 접근할 수 있으면서도 창의성의 신장에 큰 도움을 줄 수 있다. 기계 및 전자공학에 대한 지식이 없어도 로봇을 제작할 수 있도록 LEGO 마인드스톰 NXT를 사용해 설계 방법을 복습하도록 한다.

Part 02에서는 우선 마인드스톰 NXT의 개요에 대해 설명한다. 마인드스톰 NXT의 구성품 및 사양과 로봇을 제작하는 방법을 살펴본다. 완성된 로봇은 아직 움직일 수 없으므로 로봇을 동작하고 제어할 수 있는 프로그래밍 과정이 필요하다.

이를 위해 NXT-G 프로그램 개발 과정을 살펴보고 로봇 제작과 제어를 종합적으로 적용할 수 있는 4개의 실습 예제를 제시한다. 마지막으로 팀을 구성해 다소 복잡한 로봇을 제작해 봄으로써 설계 이론을 완전히 이해할 수 있도록 6개의 창의 설계 문제를 제시한다.

Chapter

08 LEGO 마인드스톰 NXT 소개

이 장에서는 LEGO 마인드스톰 NXT LEGO Mindstorms NXT의 사양을 소개하고 NXT 컨트롤러의 메뉴 사용 방법 및 각종 센서의 기본적인 사용 방법을 설명한다. 또한 NXT-G, RobotC, NXJ 등 마인드스톰 NXT 응용 프로그램 개발 환경을 소개하고 각각에 대한 기본적인 설치 및 사용 방법을 설명한다. 특히 NXT-G의 경우 간단한 프로그램 작성부터 프로그램 다운로드 및 실행에 이르기까지 일련의 과정을 연습함으로써 다음 장부터 배우게 될 NXT-G 프로그래밍 방법을 원활히 습득할 수 있도록 한다. 마지막으로 마인드스톰 NXT 로봇 설계를 위한 설계 도구인 Lego Digital Designer의 사용 방법에 대해 설명하고 향후 실습을 위해 필요한 테스트용 자동차의 조립 순서를 제시한다.

1 LEGO 소개

'LEGO'는 "잘 놀다"라는 의미의 덴마크어 단어 2개인 "leg godt"의 약자로 덴마크 가족기업인 LEGO그룹의 회사명이다. LEGO그룹은 1932년 설립 당시 한 목수의 작업실에서 시작되었으며 70년의 긴 역사를 이어 현재는 전세계 130여 국가에 제품을 판매하는 매출 규모 세계 6위의 글로벌 완구 기업이 되었다.

LEGO라는 용어는 오늘날 LEGO그룹에서 만든 다양한 부품들로 이루어진 놀이 블록들을 지칭하는 대명사로 자리 잡고 있다. 누구나 한 번쯤은 어렸을 때 혹은 성인이 되어 아이들과 함께 [그림 8-1]과 같은 LEGO 블록을 가지고 놀

았을 것이다. LEGO를 통한 자연스러운 블록 조립 놀이를 통해 상상력과 창의력이 길러지고 공간 지각력뿐만 아니라 과학적 문제 해결 능력까지 향상되는 것으로 알려져 있다.

그림 8-1 LEGO Creative Building (6164)

1998년에 LEGO그룹은 MIT 미디어랩과 함께 마인드스톰Mindstorms이라는 혁식적인 지능형 로봇 블록 장난감을 개발해 출시했다. 마인드스톰은 모터와 센서, LEGO 블록들로 구성되는데 모터와 센서의 동작을 프로그램을 통해 제어가 가능하도록 함으로써 사용자가 원하는 로봇을 손쉽게 구현할 수 있도록 만들었다. 현재도 그렇지만 그 당시까지도 일반인에게 로봇이라고 하면 장난감 로봇이나 청소 로봇만을 의미할 뿐 그 이상의 로봇은 첨단 전시관에서나 볼 수 있는 아직 먼 미래의 이야기로 인식되고 있었다.

그러나 마인드스톰이 출시되면서 제한적이나마 누구나 지능적인 로봇을 손쉽게 만들고 구동시킬 수 있는 경험을 할 수 있게 되었다. 마인드스톰 제품의 박스에는 'Age 10+' 라고 되어 있을 정도로 연령에 관계없이 사용하기 편하게 되어 있다. 필자가 처음 마인드스톰을 접했을 때 어느 정도의 어려움을 느낀 바 있기 때문에 이 문구가 사실인지 다소 의구심이 들기도 하고 부끄러움을 느낄 정도였지만, 실제로 초등학교부터 대학에 이르기까지 다양한 연령과 분야에서 폭넓게 사용되고 있는 게 사실이다.

마인드스톰의 첫 번째 버전은 1998년 RISRobotics Invention System라는 이름으로 출시되었으며, 이 버전의 컨트롤러 역할을 하는 핵심 부품은 RCX로 불린다. 2006년에는 RIS의 후속작이라 할 수 있는 NXT가 출시되었는데 CPU, 메모리 등 하드웨어가 업그레이드됨과 동시에 외관상으로도 iPod와 유사하게 만들어 사용의 편의성을 증대시켰다.

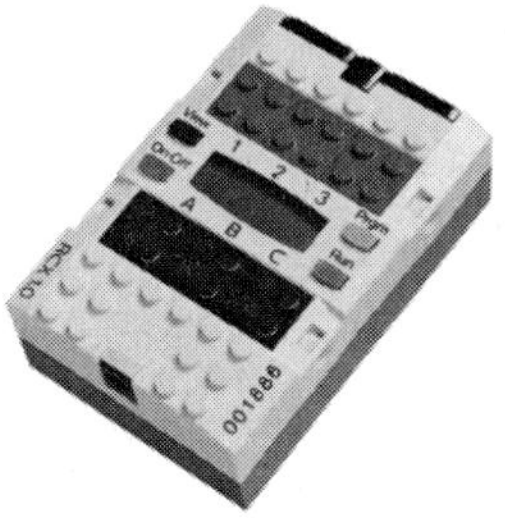

(a) RCX

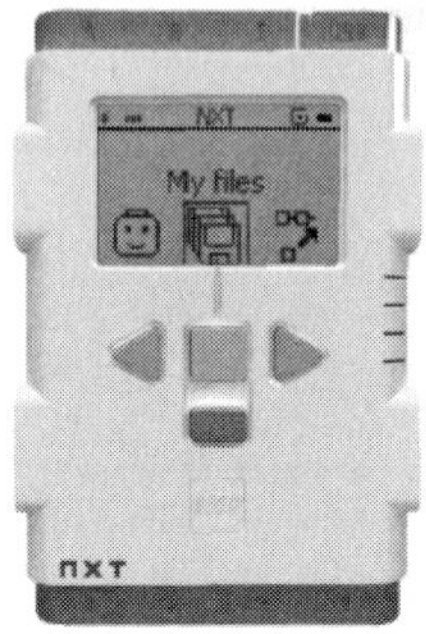

(b) NXT brick

그림 8-2 RCX vs. NXT

한 가지 재미있는 사실은 마인드스톰이 지금과 같이 많은 사람들이 사용할 수 있게 된 데는 일부 해커들의 공이 컸다는 것이다. 마인드스톰 RIS가 처음 출시되었을 때 해커들은 RCX를 분석해 Java 기반의 프로그래밍 환경을 사용하기 시작했다. 회사는 소송까지 고려했지만 결국 고객의 요구를 반영한다는 관점에서 이를 용인하였으며 나아가 하드웨어 스펙과 개발 키트까지 제공하면서 소비자들의 적극적인 참여를 유도했다. 그 결과 다양한 개발 환경이 구축되어 왔으며 이로 인해 다양한 분야로의 활용이 가능하게 되었다.

이 책에서는 창의력 개발 도구로서 마인드스톰을 제안하고 있지만 앞에서도 기술한 바와 같이 창의력이라는 것은 반드시 좋은 도구가 있어야 개발되는 것은 아니다. 종이 한 장, 젓가락 하나로도 무한한 상상력과 창의력은 발휘될 수 있다. 그럼에도 불구하고 마인드스톰을 제안하는 것은 보다 다양한 상상력을 실제로 실현할 수 있는 최선의 도구로 판단했기 때문이다. 마인드스톰에 포함되어 있는 프로그램이 가능한 컨트롤러와 센서는 지능적인 요소를 구현할 수 있는 최상의 도구를 제공할 것이며, 다양한 블록들은 필요한 제품을 디자인하기 위한 최상의 빌딩 블록 역할을 할 수 있다.

2 LEGO 마인드스톰 NXT 개요

현재 판매되고 있는 마인드스톰 NXT는 2가지 버전이 있다. 하나는 소매용retail version으로서 일반 상점을 통해 구매가 가능하며, 다른 하나는 교육용education base set으로서 일반적으로는 LEGO 공인 판매처를 통해 학교 등 교육기관에서 구매가 가능하나 원한다면 누구든지 구매가 가능하다. 최근 2009년 6월에는 소매용의 새로운 버전인 마인드스톰 NXT 2.0이 출시되어 판매되고 있다.

소매용과 교육용의 차이는 단지 구성의 차이일 뿐이며 컨트롤러NXT 브릭나 센서는 동일한 부품을 사용한다. [표 8-1]은 소매용과 교육용의 구성 및 사양을 나타낸 것이다. [표 8-1]에서 보는 바와 같이 터치 센서의 개수, 배터리의 유무, NXT-G 프로그램 CD 포함 여부 등에서 차이가 날뿐 하드웨어 자체는 동일하다. 더군다나 각각의 부품은 별도로 구매가 가능하기 때문에 필요한 부품만 추가로 구매할 수 있으며, 여기에 포함되지 않은 다양한 센서들콤파스 센서, RFID 센서 등까지 별도로 판매하고 있다.

이 책에서는 마인드스톰 NXT 소매용을 기준으로 로봇 조립 및 프로그래밍 방법을 설명한다. 그런데 버전마다 블록의 종류 및 개수에 차이가 있으므로 다른 버전을 사용하는 경우 블록이 부족한 현상이 발생할 수 있으므로 주의하기 바란다.

구성 항목	소매용	소매용 2.0	교육용
모델 번호	8527	8547	9797
컨트롤러	1개	1개	1개
모터	3개	3개	3개
터치 센서	1개	2개	2개
빛 센서	1개	0개	1개
초음파 센서	1개	1개	1개
사운드 센서	1개	0개	1개
컬러 센서	0개	1개	0개
충전식 배터리	0개	0개	1개
블록 개수	519개	612개	431개
NXT-G 프로그램 CD	1개	1개	0개
기타	-	-	주로 리소스셋(9648)과 함께 구매

표 8-1 마인드스톰 NXT 하드웨어 구성

그러면 지금부터 주요 구성 부품들에 대한 간단한 사용 방법 및 테스트 방법을 살펴보자.

2.1 NXT 컨트롤러

컨트롤러는 로봇의 뇌 역할을 담당하는 것으로 일종의 작은 컴퓨터라 할 수 있다. NXT 컨트롤러에는 32bit ARM7 프로세서가 탑재되어 있고 256K 플래시 메모리와 64K 램을 가지고 있다. 입력 센서를 연결하는 입력포트 4개가 있고 모터를 연결하는 출력포트 3개가 있다. 또한 USB와 Bluetooth를 통해 프로그램 다운로드 및 통신이 가능하고, 가로 100픽셀, 세로 64픽셀의 LCD 모니터를 지원하며 스피커가 내장되어 있다.

기본적으로 NXT 컨트롤러에는 운영체제라 할 수 있는 표준 펌웨어가 설치되어 있다. 물론 NXT 개발 환경에 따라서는 표준 펌웨어가 아닌 새로운 펌웨어를 설치해야만 할 수도 있다. 이에 대해서는 4-2절에서 간단히 설명한다. 그러나 이 책에서 주로 사용하는 개발 도구인 NXT-G는 표준 펌웨어를 필요로 하므로 별도로 다른 펌웨어를 설치할 필요는 없다.

펌웨어를 통해 사용자가 만든 프로그램을 실행할 수도 있으며 기본적으로 설치되어 있는 다양한 프로그램들을 실행할 수도 있다. 표준 펌웨어를 기준으로 NXT 컨트롤러의 기본적인 사용 방법을 알아보자.

NXT 컨트롤러의 최상위 메뉴의 종류 및 기능은 [표 8-2]와 같다.

메 뉴	기 능
My Files	사용자 프로그램 파일을 저장한다.
NXT Program	일반적으로 사용자 프로그램은 PC에서 작성해 다운로드하지만, 본 메뉴를 통해 컨트롤러만으로 간단한 프로그램을 작성할 수 있다.
View	각종 센서의 입력값을 점검할 수 있다.
Bluetooth	블루투스 통신을 위한 기능 켜기, 블루투스 장치 찾기, 연결 등의 메뉴들이 준비되어 있다.
Settings	NXT 정보 보기, 볼륨 조절 등의 기능을 수행할 수 있다.
Try Me	각종 센서에 대한 테스트용 프로그램이 저장되어 있다.

표 8-2 NXT 컨트롤러 메뉴

메뉴들 간의 이동을 위해 버튼을 사용하면 된다. 각 버튼의 역할은 [그림 8-3]과 같다.

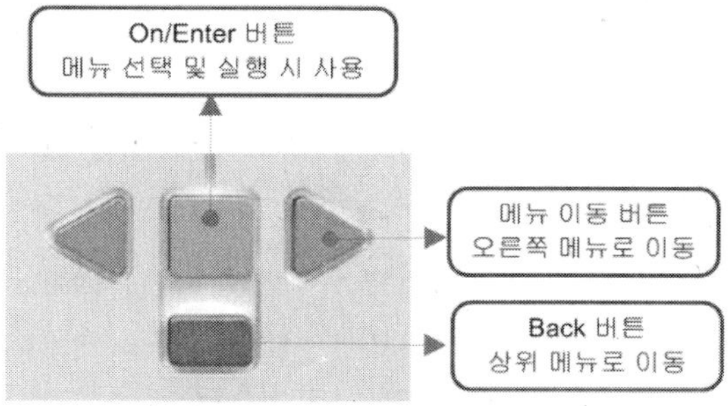

그림 8-3 버튼의 기능

2.2 터치 센서

터치 센서는 앞쪽의 버튼이 눌려졌는지를 감지하는 센서이다. 벽에 부딪치면 이를 감지하고 방향을 전환하는 범퍼카를 설계한다고 가정하자. 이때 터치 센서가 유용하게 사용될 수 있다. 터치 센서를 테스트하기 위해 다음과 같은 과정을 차례대로 수행하라.

① 터치 센서를 1번 입력 포트에 연결한다.

② 메뉴 [Try Me], [Try-Touch], [Try-Touch Run]을 차례로 선택한다.

③ 잠시 후 LCD 화면에 얼굴 모양이 나오면 터치 센서를 클릭한다. 터치 센서가 눌러진 상태에서 얼굴 모양이 변하면서 소리가 나는 것을 확인할 수 있다.

2.3 빛 센서

빛 센서는 빛의 밝기를 측정할 수 있는 센서이다. 빛 센서에는 LED 조명이 장착되어 있는데 LED가 켜져 있느냐, 꺼져 있느냐에 따라 두 가지 모드로 사용될 수 있다.

① Active 모드 : LED가 켜져 있는 모드로서 주로 대상 물체의 밝기를 측정하는 데 사용되며 흰색에서 검정색까지 그레이 스케일의 색을 구별할 수

있다. 라인 트레이서 제작을 위해 많이 사용된다.

② Passive 모드 : LED가 꺼져 있는 모드로서 주로 주변 환경의 밝기를 측정하는 데 많이 사용된다. 예를 들어 전등을 켜면 자동으로 잠에서 깨어나는 로봇을 생각해보라.

빛 센서를 테스트하기 위해 다음과 같은 과정을 차례대로 수행하라.

① 빛 센서를 3번 입력 포트에 연결한다.

② 메뉴 [Try Me], [Try－Light], [Try－Light Run]을 차례로 선택한다.

③ 잠시 후 소리가 나기 시작한다. 이때부터 빛 센서가 인식한 색의 밝기에 따라 소리가 달라짐을 확인할 수 있다.

2.4 초음파 센서

초음파 센서는 앞에 있는 물체의 거리를 측정하는 데 사용된다. 초음파 센서는 한 쌍의 눈을 가지고 있는데 실제로는 사운드 센서의 원리가 사용된다. 한쪽 눈으로 초음파를 보낸 후 앞에 있는 물체에 부딪혀 돌아온 초음파를 다른 한쪽 눈으로 받아 돌아오는 데 걸린 시간을 기반으로 거리를 측정한다. 대략 233cm 전방에 있는 물체의 거리까지 측정할 수 있다. 장애물을 피해 다니는 로봇을 만들고자 하는 경우 초음파 센서를 활용할 수 있다. 초음파 센서를 테스트하기 위해 다음과 같은 과정을 차례대로 수행하라.

① 초음파 센서를 4번 입력 포트에 연결한다.

② 메뉴 [Try Me], [Try－Ultrasonic], [Try－Ultrasonic Run]을 차례로 선택한다.

③ 초음파 센서의 전방에 나타난 장애물의 거리에 따라 소리가 달라짐을 확인할 수 있다.

2.5 사운드 센서

사운드 센서는 주변 소리의 세기를 측정하는 데 사용된다. 소리의 크기에 따라

90dB까지 측정이 가능하다. 소리의 크기에 따라 춤을 추는 로봇을 상상해보라. 사운드 센서를 테스트하기 위해 다음과 같은 과정을 차례대로 수행하라.

① 사운드 센서를 2번 입력 포트에 연결한다.

② 모터를 출력 포트 C에 연결한다.

③ 메뉴 [Try Me], [Try－Sound], [Try－Sound Run]을 차례로 선택한다.

④ 사운드 센서에 입력되는 소리의 세기에 따라 모터의 속도가 달라짐을 확인할 수 있다.

2.6 모터

모터는 주로 출력을 위해 사용된다. 3초 동안 회전 또는 360도 회전 등은 전형적인 모터 출력의 예이다. 그러나 모터는 입력 센서로서의 역할도 담당하고 있다. 예를 들면 모터의 현재 상태를 0으로 리셋한 후 모터가 회전함에 따라 그때까지 회전한 각도값을 읽을 수 있다. 모터를 테스트하기 위해 다음과 같은 과정을 차례대로 수행하라.

① 모터를 출력 포트 A에 연결한다.

② 메뉴 [Try Me], [Try－Motor], [Try－Motor Run]을 차례로 선택한다.

③ 모터를 수동으로 회전시킴에 따라 소리가 달라짐을 확인할 수 있다.

3 마인드스톰 NXT 개발 환경

일반적인 임베디드 시스템 개발과 마찬가지로 일종의 임베디드 시스템이라 할 수 있는 마인드스톰 NXT 역시 [그림 8－4]와 같은 개발 환경을 통해 최종 응용 프로그램이 개발될 수 있다.

먼저 NXT 컨트롤러에는 컨트롤러를 구동할 수 있는 일종의 운영체제인 펌웨어가 설치되어 있으며 펌웨어의 역할은 크게 다음 3가지와 같다.

① **사용자 버튼 입력에 해당하는 프로그램 수행** 2절에서 설명한 바와 같이 기

본적으로 설치되어 있는 프로그램들을 버튼 입력에 따라 수행시킨다.

② **응용프로그램 실행 파일 수행** 마인드스톰 NXT 사용자는 컨트롤러에 설치되어 있는 기본 프로그램 외에 개인용 컴퓨터를 통해 새로운 응용프로그램을 작성할 수 있으며 이에 대한 실행 파일을 USB 또는 Bluetooth를 통해 컨트롤러로 전달할 수 있다. 그런 후에는 2절에서 설명한 것과 동일한 방식으로 해당 파일을 실행할 수 있다.

③ **개인용 컴퓨터에서의 직접 수행** 때로는 NXT 컨트롤러에서 수행 가능한 실행 파일을 생성하지 않고 개인용 컴퓨터에서 펌웨어로 직접 명령을 전달할 수도 있다.

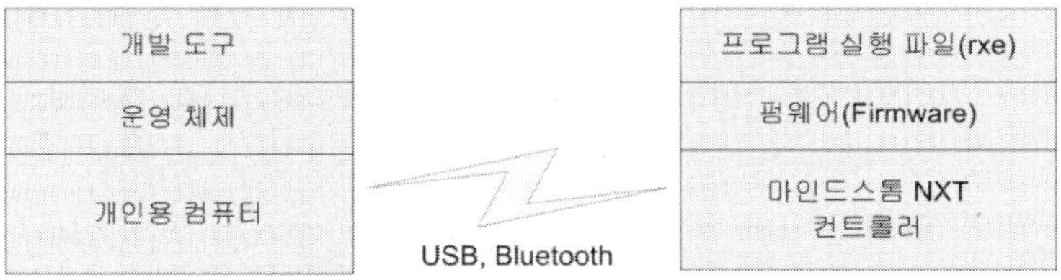

그림 8-4 프로그램 개발 및 실행 환경

여기서 마인드스톰 NXT의 사용자에게 가장 중요한 역할을 하는 것은 NXT 프로그램 개발 도구이다. 응용프로그램 실행 파일을 만들고자 하는 경우뿐만 아니라 개인용 컴퓨터를 통해 직접 명령을 전달하고자 하는 경우에도 NXT 프로그램 개발 도구를 사용해야만 한다. 그런데 앞서 언급한 바와 같이 마인드스톰 NXT는 하드웨어 스펙과 개발 키트가 공개되어 있기 때문에 이를 바탕으로 한 다양한 개발 도구들이 구축되어 있다.

개발 도구들의 특성을 분류해보면 첫 번째는 실행 파일 생성/직접 수행에 따른 분류, 두 번째는 그래픽 기반/텍스트 기반에 따른 분류, 세 번째는 펌웨어의 종류로서 LEGO에서 탑재한 표준 펌웨어 사용/자체 펌웨어 사용에 따른 분류, 네 번째는 기반 언어에 따른 분류로서 두 번째 분류에서 텍스트 기반인 도구들의 경우 대부분 기존 프로그래밍 언어의 문법을 그대로 따르는 경우가 대부분이며, 마지막으로 상용/무료에 따른 분류가 있다. 현재 사용 가능한 개발 도구는 총 20여 가지에 달한다. 이 중에서 가장 많이 사용되고 있는 주요 개발 도구로는 NXT-G, Robolab, RobotC, NXC, LeJOS NXJ, MindSqualls, Ander's Library가 있으며 각 개발 도구의 특성을 분류하면 [표 8-3]과 같다.

개발 도구	실행 파일/직접 수행	그래픽/텍스트	펌웨어	기반 프로그래밍 언어	상용/무료	홈페이지
NXT-G	실행 파일	그래픽	표준	해당사항 없음	상용	mindstorms.lego.com
Robolab	실행 파일	그래픽	자체	해당사항 없음	상용	www.legoengineering.com
RobotC	실행 파일	텍스트	자체	C	상용	www.robotc.net
NXC	실행 파일	텍스트	표준	C	무료	bricxcc.sourceforge.net/nbc
LeJOS NXJ	실행 파일	텍스트	자체	Java	무료	lejos.sourceforge.net
MindSqualls	직접 수행	텍스트	표준	C#	무료	www.mindsqualls.net
Ander's Library	직접 수행	텍스트	표준	C++	무료	www.norgesgade14.dk

표 8-3 마인드스톰 NXT 프로그램 개발 도구

개발 도구들마다 장단점이 존재하며 저마다 기존의 익숙한 언어에 따라 선호하는 개발 도구가 다를 수 있다. 이 책의 경우 NXT-G를 사용하는 방법에 대해 설명하고 있다. NXT-G는 그래픽 기반으로서 마치 순서도를 그리듯이 프로그램을 작성하면 되기 때문에 기존의 프로그래밍 언어에 익숙하지 않다 하더라도 쉽게 접근이 가능하다. 게다가 마인드스톰 NXT 소매용을 구매하는 경우 무료로 제공되므로 별도로 구매할 필요가 없다.

따라서 이 책의 목표에 따른 최선의 개발 도구는 NXT-G라 할 수 있다. 그러나 모든 경우에 있어서 NXT-G가 최선의 선택은 아니다. 텍스트 기반에 비해 세밀한 작업이 어렵기 때문에 복잡한 프로그램을 작성하고자 할 경우에는 텍스트 기반의 개발 도구가 더 적합할 수 있으며, 본인이 C나 Java와 같은 기존 프로그래밍 언어에 이미 익숙한 경우에는 관련 도구를 사용하는 것이 훨씬 쉬울 수 있다. 그리고 개인용 컴퓨터의 성능을 활용하기 위한 응용프로그램을 작성하기 위해서는 불가피하게 직접 수행 방식을 선택해야 하는 경우도 있을 것이다.

지금부터는 [표 8-3]의 개발 도구들 중 RobotC, LeJOS, Ander's Library에

대한 사용 방법을 간단하게 설명한다. 만약 C/C++, Java 언어에 익숙하다면 이 설명이 쉽게 이해될 것이지만, 그렇지 않다면 이해하기 힘들 것이다. 사실상 이 내용은 이 책의 범위를 벗어나는 것이므로 바로 4절로 이동해도 무방하다. 단, 지금 당장 또는 추후에 기존 프로그래밍 언어를 이용한 NXT 프로그램 개발을 계획하고 있다면 이 내용이 이를 위한 출발점으로 좋은 길잡이 역할을 할 것으로 기대된다.

3.1 RobotC

카네기멜론대학의 로보틱스 아카데미에서 개발한 RobotC는 현재까지 개발된 텍스트 기반의 마인드스톰 NXT 개발 환경들 중 가장 사용하기 편한 통합 개발 환경을 제공한다. 코딩, 컴파일, 디버깅에 이르기까지 거의 완벽한 개발 환경을 갖추고 있다. 개발 언어로는 C 언어를 사용하고 있으므로 RobotC를 제대로 활용하기 위해서는 C 언어를 알고 있어야 한다. 그러나 상용이기 때문에 별도로 구매를 해야 한다. 다행히 1개월 간 무료로 사용할 수 있으므로 충분히 테스트를 해볼 수 있다.

먼저 RobotC 홈페이지(www.robotc.net)에서 프로그램을 다운로드하고 설치한다. 혹시 아직까지 마인드스톰 NXT 드라이버를 설치한 적이 없다면 RobotC를 설치하기 전에 RobotC 다운로드 홈페이지로부터 드라이버를 다운로드하여 설치하도록 하라. NXT-G를 설치했다면 이미 드라이버가 설치되어 있을 것이다.

윈도우의 [시작] 메뉴를 통해 RobotC를 실행시켜보자. RobotC의 화면 구성은 메뉴, 도구모음, 코드 템플릿, 작업 영역으로 나뉘어진다. 코드 템플릿은 클릭만으로 해당 코드를 작업 영역에 삽입할 수 있다. 작업 영역은 메모장과 유사하다. 이제 [그림 8-5]와 같이 코드를 작성하도록 하라. 이 프로그램은 터치 센서가 눌려질 때까지 기다리다가 터치 센서가 눌려지면 1초 동안 A와 B 모터를 80%의 힘으로 구동시킨다. 테스트를 위해서는 1번 입력포트에 터치 센서를 연결하고, A와 B 포트에 각 모터를 연결해야 한다.

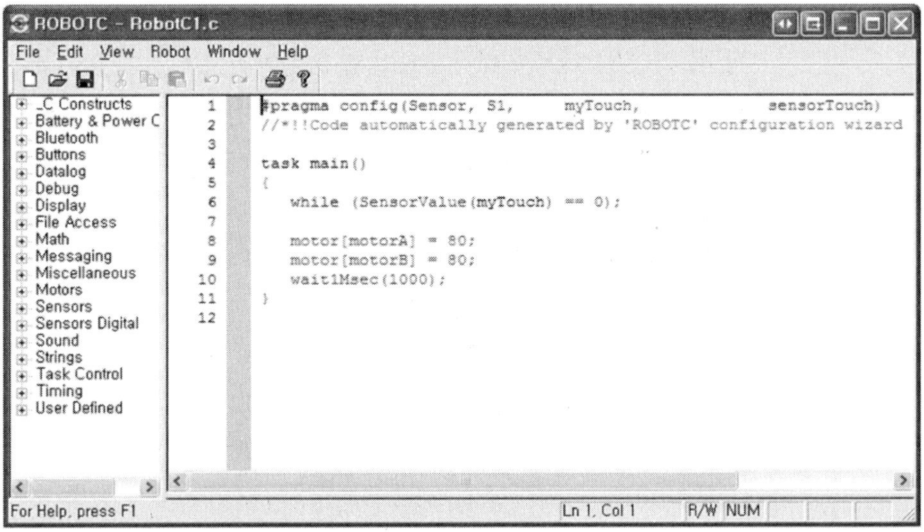

그림 8-5 RobotC 개발 환경 및 테스트 프로그램

코드 입력은 어려운 것이 없다. 단, [그림 8-5]의 첫 번째 줄은 1번 입력포트가 터치 센서로 사용되고 코드 내에서 'myTouch' 라는 이름으로 사용된다는 정보를 나타내는 것인데 이 코드는 프로그래머가 직접 입력한 것이 아니다. 이와 같이 특정 입력포트의 정보를 추가하기 위해서는 메뉴의 [Robot]→[Motors and Sensors Setup]을 실행하면 된다. 그러면 [그림 8-6]과 같은 대화상자가 나타나는데 [Sensors] 탭에서 각 입력포트의 이름과 종류터치 센서, 빛 센서, 초음파 센서, 사운드 센서 등를 입력하고 확인 버튼을 클릭하면 해당 코드가 자동으로 입력된다.

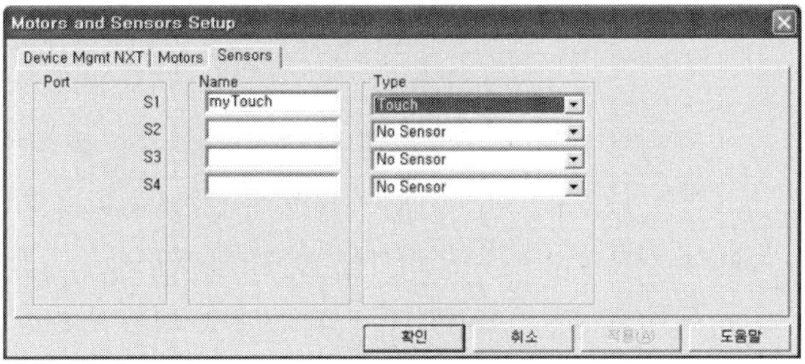

그림 8-6 포트 설정

프로그램 작성이 완료되었다. 저장 메뉴를 통해 파일을 저장하도록 하자. 이제 이 파일을 NXT로 다운로드하고 실행하면 된다. 그런데 그 전에 한 가지 문제가 있다. RobotC는 표준 펌웨어가 아닌 자체 펌웨어를 사용하고 있기 때문에 표준 펌웨어가 설치된 상태에서는 NXT를 인식하지도 못하며 프로그램을 다운로드한다 해도 실행이 되지 않는다. 따라서 먼저 RobotC 펌웨어를 NXT에 설치해야 한다. RobotC 펌웨어를 설치하면 NXT 내에 존재하는 기존 프로그램들은 모두 삭제되니 유의하도록 하라.

RobotC 펌웨어를 설치하려면 NXT를 연결하고 RobotC 프로그램에서 [Robot]→[Download Firmware]를 실행하도록 하라. [그림 8-7]과 같은 대화상자가 나타나면서 현재 연결되어 있는 NXT가 나타날 것이다. 그리고 [F/W Download]를 클릭하면 RobotC 펌웨어 선택 대화상자가 나타나고 펌웨어를 선택한 후 열기를 수행하면 펌웨어 설치가 시작된다. 펌웨어 설치가 완료되면 NXT가 자동으로 재시작된다.

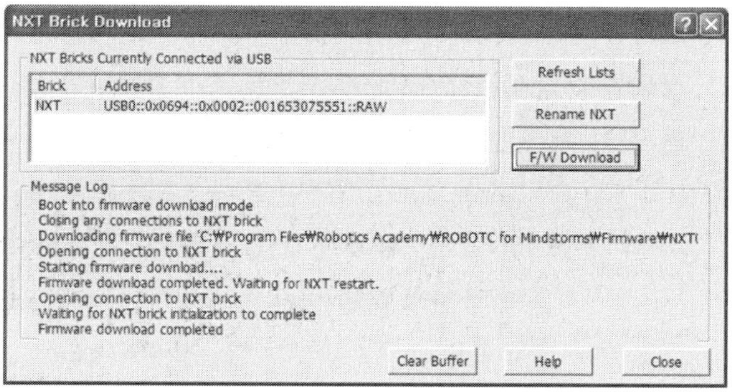

그림 8-7 RobotC 펌웨어 다운로드

드디어 RobotC 프로그래밍 및 실행을 위한 환경이 구축되었다. 작성한 프로그램을 다운로드하자. 메뉴 [Robot]→[Download Program]을 실행하면 된다. NXT 컨트롤러의 실행 버튼을 통해 [My Files]→[Software Files]로 이동하면 방금 다운로드한 프로그램이 보일 것이다. 실행 버튼을 통해 실행해보라. 다시 한 번 말하지만 1번 입력포트에 터치센서가, A와 B 포트에 모터가 연결되어 있어야 한다.

이제부터는 여러분들 스스로 C 언어를 학습하고 RobotC에서 제공하는 함수들에 어떤 것들이 있는지 파악하면 된다. 그리고 여기서 소개한 RobotC의 사용 방법 외에 RobotC에서 제공하는 디버깅 도구 등 유용한 도구들도 사용해보도록 하라.

다시 표준 펌웨어를 설치하고자 한다면 4-2절에서 설명한 바와 같이 NXT-G 프로그램의 [Update NXT Firmware...] 메뉴를 사용하라.

3.2 leJOS NXJ

leJOS는 NXT 컨트롤러에 탑재할 수 있는 자바 가상 기계, 즉 일종의 펌웨어로 볼 수 있으며, leJOS NXJ는 leJOS 상에서 수행되는 자바 프로그램 작성을 위한 프로그래밍 환경으로서 자바 클래스들과 실행 파일 업로드를 위한 도구를 포함하고 있다.

leJOS NXJ는 RobotC와는 달리 통합 개발 환경이 존재하지 않기 때문에 RobotC에 비해 사용하기 까다롭게 느껴질 수도 있다. 그러나 Java에 익숙하고 Java를 사용하여 마인드스톰 NXT 프로그램을 작성하고자 한다면 좋은 선택이 될 것이다.

먼저 RobotC에서와 마찬가지로 아직까지 마인드스톰 NXT 드라이버를 설치한 적이 없다면 NXT 드라이버를 설치하자. NXT 드라이버는 RobotC 다운로드 홈페이지로부터 다운로드할 수 있다. 그 다음에는 Java 개발 키트JDK를 설치해야 한다. leJOS NXJ는 Java 프로그래밍 환경이다. 따라서 JDK의 설치는 필수적이다. JDK는 자바 홈페이지(http://java.sun.com)로부터 다운로드할 수 있다. JDK 설치 후 시스템 환경 변수인 PATH에 JDK bin 폴더를 추가해야만 한다.

이제 leJOS NXJ 홈페이지(http://lejos.sourceforge.net)로부터 leJOS NXJ 설치 파일을 다운로드한다. 설치 자체는 비교적 간단하다. 설치 파일을 실행하면 자동으로 설치가 시작되고 설치가 완료된 후 [그림 8-8]과 같이 leJOS 펌웨어 설치를 위한 대화상자가 나타난다. USB 케이블로 NXT 컨트롤러를 PC에 연결하고 전원을 켠 후 [Start Program]을 실행하면 자동으로 펌웨어가 설치된다. 혹시 차후에 수동으로 설치하고자 한다면 leJOS NXJ 설치 폴더의 bin 폴더에 있는 nxjflashg.bat 파일을 수행하면 된다. leJOS는 표준 펌웨어와는 전혀 다른 사용자 인터페이스를 가지고 있다. 하지만 기본적인 버튼의 의미는 동일하므로 PC에서 작성한 프로그램이 [Files] 폴더에 저장된다는 것만 알면 쉽게 조작이 가능하다.

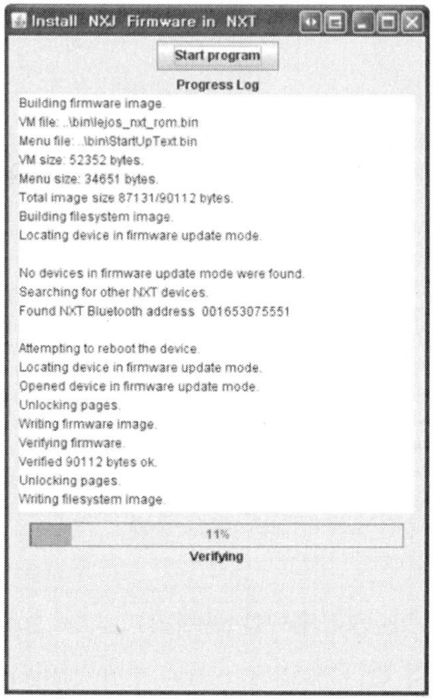

그림 8-8 leJOS NXJ 펌웨어 설치 화면

이제 Java 프로그램만 작성하고 실행 파일을 만들어 NXT 컨트롤러로 전송하기만 하면 된다. 여기서는 leJOS NXJ 테스트를 위한 간단한 Java 프로그램을 예를 들어 설명한다. leJOS NXJ를 제대로 활용하고자 한다면 Java 프로그래밍 및 leJOS NXJ 클래스에 대해 스스로 학습하도록 하라.

[그림 8-9]는 NXT 컨트롤러에 "Hello NXT World"를 출력하고 버튼이 눌려지면 종료되는 프로그램이다. 메모장을 이용해 코딩을 하면 된다. 참고로 Java 소스 파일의 확장자는 java를 사용하며 한 가지 주의할 사항은 파일명과 클래스의 이름이 동일해야 한다는 것이다.

그림 8-9 NXT 소스 파일 작성

소스 코드를 작성했다면 컴파일, 링크, 업로드의 과정을 거쳐야 한다. 컴파일은 소스 코드로부터 Java 바이트 코드를 생성하는 것이고 링크는 Java 바이트 코드로부터 NXT 실행 파일을 만드는 것이다. 마지막으로 NXT 컨트롤러로 업로드하면 된다. 이 과정을 수행하기 위해 도스창을 이용하면 된다. 도스창을 실행한 후 [그림 8-10]과 같이 nxjc컴파일, nxjlink링크, nxjupload업로드 명령어를 실행하도록 하라. 이상이 없다면 HelloNXTWorld.nxj라는 실행파일이 NXT 컨트롤러로 전송될 것이다. 그렇지 않다면 컴파일 중에 에러가 발생하며 이를 참고하여 소스 코드를 수정한 후 컴파일, 링크, 업로드 과정을 재수행하면 된다. 참고로 leJOS NXJ의 실행파일 확장자는 nxj이다.

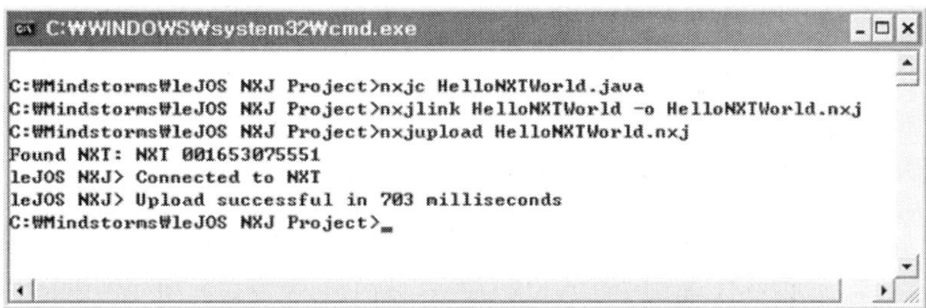

그림 8-10 leJOS NXJ 컴파일, 링크, 업로드 과정

NXT 컨트롤러에서 [Files] 폴더로 이동하면 HelloNXTWorld.nxj 파일이 보일 것이다. 이 파일을 실행하면 화면에 "Hello NXT World!"가 출력되고 아무 버튼이나 누르면 프로그램은 종료된다.

살펴본 바와 같이 통합 개발 환경인 RobotC에 비해서는 다소 사용 방법이

까다로운 것 같다. 이를 보완하기 위해 leJOS NXJ는 범용 통합 개발 환경인 eclipse를 사용할 수 있도록 개발되어 있다. 이를 위해서는 leJOS NXJ 홈페이지(http://lejos.sourceforge.net/nxt/nxj/tutorial/Preliminaries/UsingEclipse.htm)를 참고하라.

3.3 Anders' C++ Communication Library

이번에는 RobotC나 leJOS NXJ와는 다른 방식으로 동작하는 프로그래밍 방법 한 가지를 소개한다. RobotC와 leJOS NXJ에서는 프로그램을 작성한 후에 실행 파일을 NXT 컨트롤러로 다운로드하여 실행한다. 그러나 여기서 소개하는 방식은 PC에서 작성한 프로그램을 PC에서 실행하면서 실시간으로 명령을 NXT 컨트롤러로 전달하게 된다. 이와 같은 방식은 NXT 컨트롤러만으로 수행하기 힘든 복잡한 프로그램을 작성하고자 하는 경우 유용하게 사용될 수 있다. 예를 들어 영상 처리와 같은 경우에는 NXT 컨트롤러에서 직접 처리하기가 어려우므로 PC에서 수행하는 방식으로 처리할 수 있다.

마인드스톰 NXT 개발 환경들 중 PC에서의 직접 수행 방식으로 동작하는 환경들이 많이 존재한다. 여기서는 그중에서 Anders' C++ Communication Library의 사용 방법을 소개한다. 이 라이브러리는 C++로 작성되었으므로 C++ 프로그램을 작성하는 방법만 알고 있다면 쉽게 사용할 수 있다. 여기서는 C++ 컴파일러들 중 Visual C++ 6.0을 사용할 것이다. 그러나 Visual C++ 6.0 이후의 버전 등 다른 C++ 컴파일러에 대해서도 유사하게 사용이 가능하다. 그리고 대부분의 직접 수행 방식들은 블루투스 통신을 사용하므로 미리 블루투스 환경을 통해 PC와 NXT 컨트롤러가 연결되는지 확인해야 한다.

먼저 라이브러리를 홈페이지(www.norgesgade14.dk)로부터 다운로드하고 압축을 풀도록 하자. 라이브러리는 C++ 소스 코드의 집합이다. 그러므로 필요한 프로그램 내에 이를 포함시키고 메인 함수만 적절히 작성해주면 된다. 테스트를 위해 Visual C++ 6.0을 실행하고 라이브러리와 동일한 폴더에 Win32 Console Application 하나를 만들어라. 그리고 라이브러리의 모든 파일을 포함시킨다. 단, 네트워크 연결을 위한 파일인 network.h와 network.cpp는 또 다른 라이브러리 파일을 필요로 하므로 포함시키지 않으며, nxt.h 파일의 #include "network.h" 라인도 삭제한다. 예제에서는 콘솔 응용프로그램을 예로 들었으나 윈도우 프로그램에 있어서도 사용 방법은 동일하다.

이제 라이브러리를 사용하기 위한 예제 메인 함수만 만들면 된다. 소스 파일 하나예, main.cpp를 추가하고 [그림 8-11]과 같이 코드를 입력한다. 주의할 사항은 실제 블루투스 연결 포트 번호에 따라 connection → connect(포트번호)의 포트번호를 입력해야 한다는 것이다. 이 프로그램을 테스트하기 위해서는 1번 입력포트에 터치센서를 연결하고 A 포트에 모터를 연결한다. 프로그램은 일반 PC 프로그램을 수행할 때와 마찬가지로 수행하면 되며 예제의 경우 콘솔 응용 프로그램이므로 도스창이 나타난다. 터치센서가 눌려져 있다면 모터가 동작하며, 눌려져 있지 않다면 모터는 멈춘다.

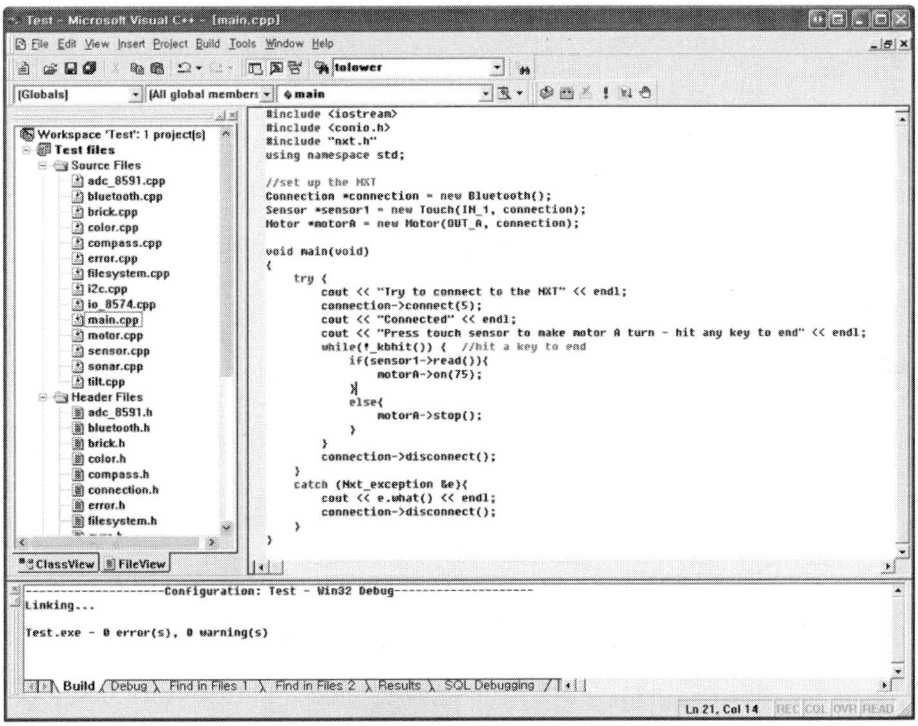

그림 8-11 샘플 예제

이 라이브러리의 홈페이지에는 각종 센서를 활용하기 위한 라이브러리 설명 및 예제 파일을 포함하고 있으며, PC 프로그램과 NXT 프로그램NXC 사이의 통신 방법도 설명되어 있다. 그 외에도 이 라이브러리에 대한 많은 내용들을 포함하고 있으니 필요하다면 이를 활용하도록 하라.

NXC는 C 기반 프로그래밍 언어로서 RobotC 와 유사하다. 이에 대해서는 관련 홈페이지(bricxcc.sourceforge.net/nbc)를 참고하라.

4 NXT-G 맛보기

이 절에서는 NXT-G의 시작 방법과 화면 구성을 알아보고 간단한 프로그램을 직접 작성한 후 NXT 컨트롤러로의 다운로드 및 실행하기까지의 일련의 과정을 학습한다. 그리고 NXT-G에 대한 보다 구체적인 사용 방법에 대해서는 2절에서 배우게 된다.

4.1 NXT-G 설치 및 실행하기

앞서 설명한 바와 같이 마인드스톰 NXT 소매용8527에는 NXT-G 소프트웨어 CD가 포함되어 있다. 교육용9797이라면 별도로 NXT-G를 구입해야 한다. NXT-G는 다른 소프트웨어와 마찬가지로 자동 설치 프로그램에 의해 설치되

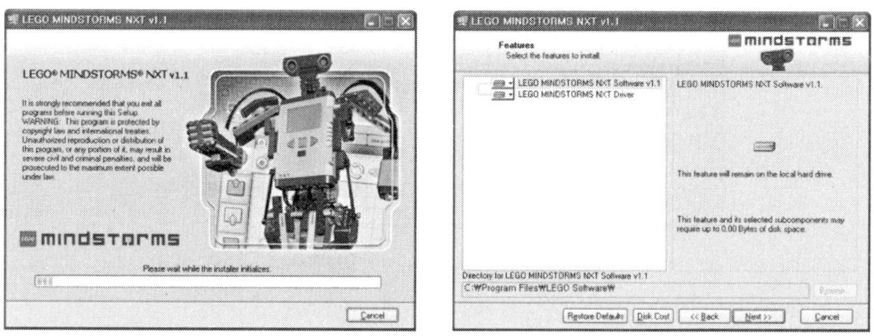

그림 8-12 NXT-G 설치 과정

므로 쉽게 설치가 가능하다. NXT-G와 마인드스톰 NXT Driver를 모두 설치하면 된다.

드디어 NXT-G를 처음으로 만날 시간이 되었다. NXT-G가 제대로 설치되었다면 윈도우즈의 [시작] 프로그램에 [LEGO MINDSTORMS NXT] 그룹이 생성되며 그룹 내에 [LEGO MINDSTORMS NXT] 실행 단축 아이콘이 생성되어 있을 것이다. 아이콘을 클릭하여 NXT-G를 실행시켜보자.

[그림 8-13]과 같은 시작 화면이 나타난다. 하나의 NXT-G 프로그램은 하나의 파일로 만들어진다. 따라서 작성하고자 하는 프로그램 이름을 변경할 수 있는데, "Start New Program"의 "Untitled-1"을 원하는 이름으로 변경한 후 [Go>>] 버튼을 클릭하면 된다. 물론 "Untitled-1" 상태에서 [Go>>] 버튼을 클릭하더라도 추후에 프로그램 이름 및 저장할 폴더를 변경할 수 있으므로 전혀 걱정할 필요는 없다.

만약 최근에 작성하던 프로그램이 있다면 "Open Recent Program"에 나타나므로 원한다면 재작성하고자 하는 프로그램을 선택한 후 해당 [Go>>] 버튼을 클릭하면 된다.

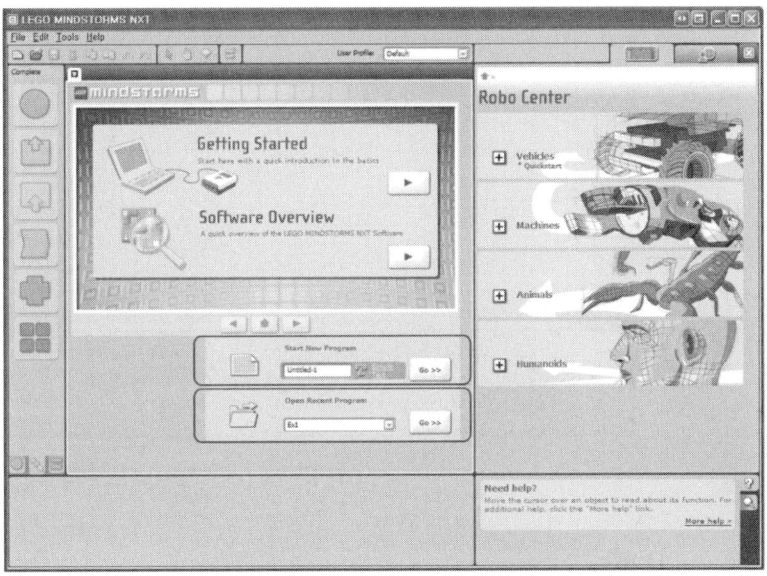

그림 8-13 NXT-G 시작 화면

그러면 "Start New Program"의 이름을 "HelloNXT"로 변경한 후 [Go>>] 버튼을 클릭해보자. NXT-G 프로그램 파일의 확장자는 rbt이므로 "HelloNXT.rbt" 파일이 자동으로 생성된다. 파일이 생성되는 디폴트 폴더는 MyDocument 폴더의 "LEGO Creations\MINDSTORMS Projects\Profiles\Default"이지만 추후 메뉴 [File]→[Save As...] 메뉴를 통해 폴더와 파일명 모두 변경이 가능하다.

4.2 화면 구성

프로그램을 작성하기 전에 화면이 어떻게 구성되어 있는지 살펴보도록 하자. 전체적인 화면 구성은 [그림 8-14]와 같다.

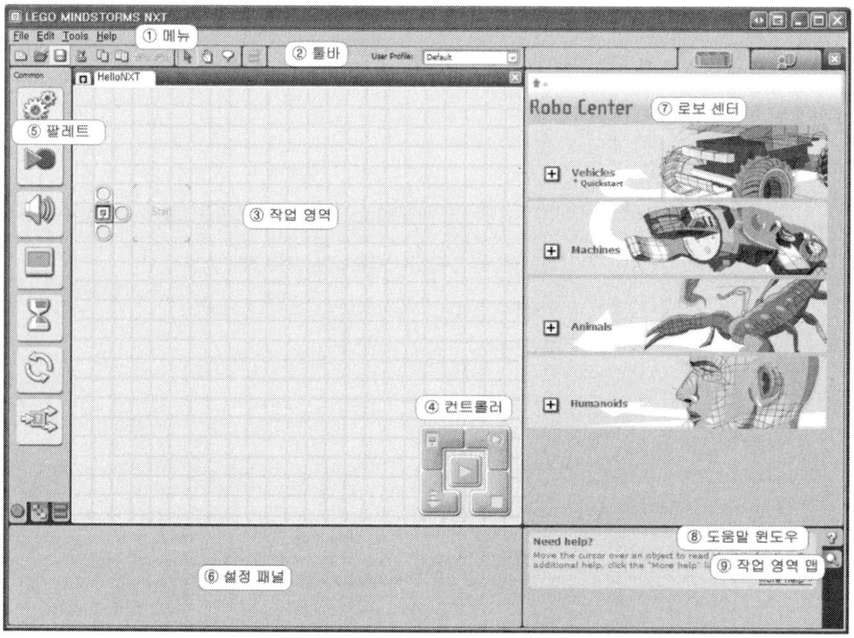

그림 8-14 NXT-G 화면 구성

1) 메뉴

[File] 메뉴에는 새 프로그램(New), 파일 열기(Open), 파일 닫기(Close), 파일 저

장(Save), 다른 이름으로 저장(Save As...), 페이지 설정(Page Setup...), 인쇄(Print...)와 같이 파일 작업을 위한 다양한 메뉴들이 포함되어 있다.

[Edit] 메뉴에는 자르기(Cut), 복사(Copy), 붙이기(Paste) 등 작업 영역에서 작업 시 필요한 기능들을 포함하고 있다.

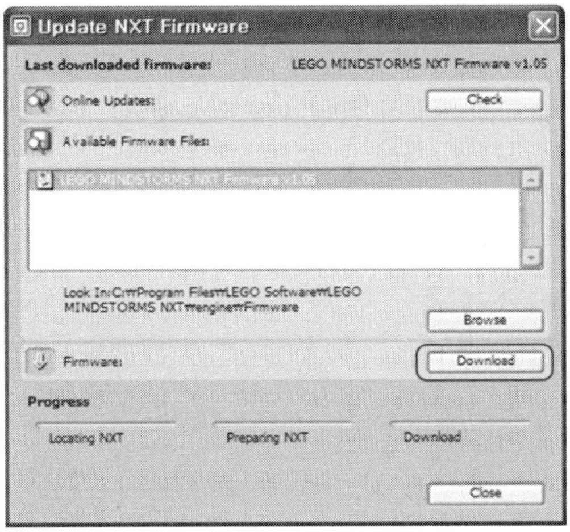

그림 8-15 Update NXT Firmware 메뉴 실행 화면

[Tools] 메뉴에는 몇 가지 도구가 포함되어 있는데 여기서는 가끔씩 사용할 필요가 있는 [Update NXT Firmware...]만 살펴보도록 하자. 앞에서 기술한 바와 같이 마인드스톰 NXT를 위한 다양한 개발 환경이 구축되어 있으며 이에 따라 다양한 펌웨어가 사용될 수 있다. 다른 펌웨어를 사용하다가 표준 펌웨어로 다시 변경하고자 할 경우 [Update NXT Firmware...] 메뉴를 사용하면 된다([그림 8-15] 참조). [Download] 버튼을 클릭하면 자동으로 펌웨어가 설치된다. 물론 마인드스톰 NXT가 USB 케이블을 통해 PC와 연결되어 있어야만 한다.

2) 툴바

툴바는 메뉴 명령어들 중 자주 사용되는 명령어들을 포함한다. 그중에서 [그림 8-16]의 도구들은 프로그램 작성 중에 자주 그리고 유용하게 사용될 수 있다.

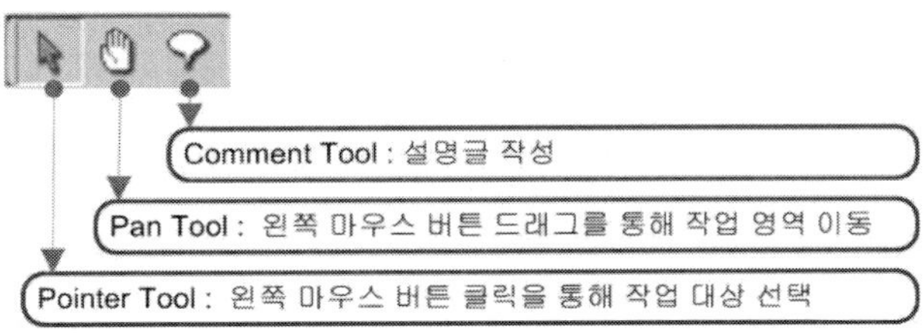

그림 8-16 작업 도구 설명

3) 작업 영역

실질적으로 프로그램을 작성하는 작업 영역이다. NXT－G 프로그램은 마치 순서도를 작성하듯이 필요한 구성 요소를 선택해 작업 영역에 배치하고 구성 요소들 간의 연결 관계를 설정하는 방식으로 작성한다. 이 구성 요소를 블록block이라 부르며 필요한 블록들은 팔레트에서 선택할 수 있다.

4) 컨트롤러

컨트롤러는 프로그램을 작성한 후 그 프로그램을 NXT로 다운로드할 때 사용된다. 총 5개의 버튼으로 구성되어 있는데 각각의 기능은 [그림 8－17]과 같다.

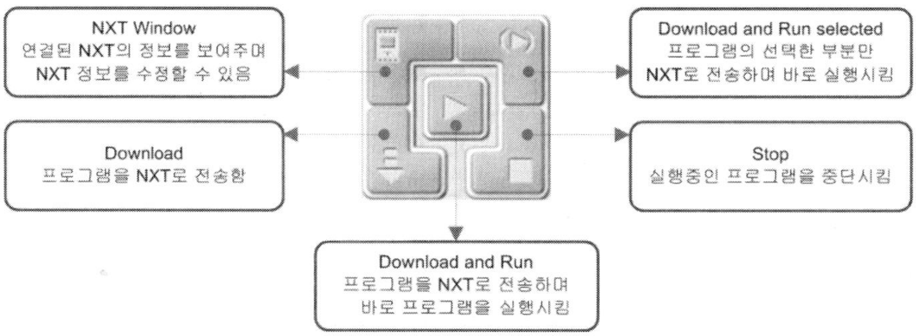

그림 8－17 컨트롤러 버튼의 기능

컨트롤러에 대한 실제 사용 예는 '4) 파일 다운로드'에서 확인하도록 하고 여기서는 "NXT Window" 버튼을 사용해 마인드스톰 NXT와 제대로 연결이 되었는지 확인하자. 먼저 USB 케이블을 이용해 PC와 마인드스톰 NXT를 연결하라. 그리고 컨트롤러의 버튼들 중 [NXT Window]를 클릭하면 [그림 8－18]과 같이 현재 연결된 마인드스톰 NXT의 리스트가 출력된다. 혹시 나타나지 않는다면 [Scan] 버튼을 눌러 연결을 재시도한다. 만약 그래도 NXT 정보가 나타나지 않는다면 NXT 드라이버 등의 프로그램 설치가 제대로 되지 않았을 가능성이 크므로 NXT－G를 다시 설치한 후 실행하라. NXT Data 중 해당 NXT의 이름Name이 나타나는데 바로 이 화면을 통해 이름을 변경할 수 있다. 이름을 변경한 후 오른쪽 버튼을 클릭하면 NXT 디스플레이 화면의 이름이 변경되는 것을 알 수 있다. NXT와 NXT 또는 PC와 NXT 사이의 통신이 필요한 경우 마인드스톰 NXT의 이름을 통해 연결되므로 유용하게 사용될 수 있다.

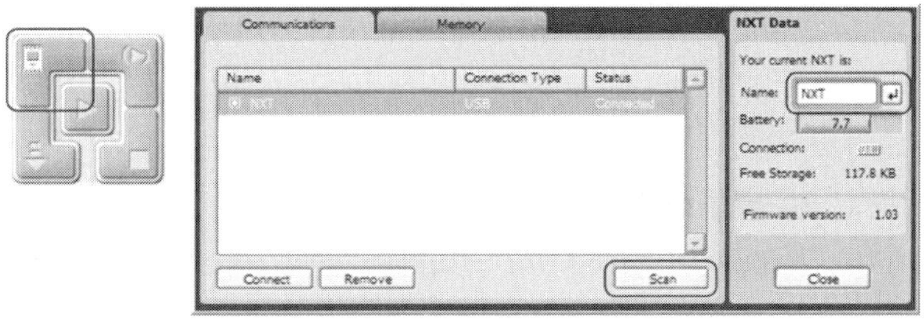

그림 8-18 컨트롤러의 NXT Window 수행 화면

5) 팔레트

NXT-G 프로그래밍에서 가장 중요한 구성 요소들로는 작업 영역, 팔레트, 설정 패널 이렇게 3가지를 꼽을 수 있다.

NXT-G 프로그램은 블록block이라는 것을 작업 영역에 배치하고 그들 간의 관계를 맺어줌으로써 작성된다. 블록은 모터, 사운드 센서, 빛 센서, 화면, 반복 수행 등 프로그램 작성을 위해 필요한 구성 요소들을 의미하며 각각마다 하나의 블록으로 만들어져 있다. 예를 들어 모터를 구동시키고 싶다면 Move 블록을 작업 영역에 배치하고 설정 패널을 통해 해당 블록의 설정값들을 적절하게 설정하면 된다. 블록을 작업 영역에 배치하는 방법은 매우 간단하다. 특정 블록을 클릭하면 해당 블록이 마우스에 붙게 된다. 그리고 원하는 위치로 마우스를 이동한 후 다시 클릭하면 그 위치에 블록이 배치된다. 만약 특정 블록을 클릭한 후 배치를 취소하고 싶다면 Esc 버튼을 클릭하면 된다.

NXT-G 프로그래밍 방법을 배운다는 것은 바로 블록들의 사용 방법을 배운다는 것을 의미한다. 팔레트를 보면 세 개의 탭이 존재하는데 첫 번째 [Common] 탭에는 가장 많이 사용되는 블록들이 배치되어 있고, 두 번째 [Complete] 탭에는 현재 사용 가능한 모든 블록들이 카테고리 별로 배치되어 있다. 마지막으로 [Custom] 탭에는 프로그래머가 직접 만들거나 또 다른 프로그래머가 직접 만든 블록들을 배치할 수 있는데 이것은 새로운 블록들을 만들 수 있다는 것을 의미하며 실제로 많은 새로운 블록들이 개발되어 있다. 이 책에서는 [Common] 탭과 [Complete] 탭을 주로 사용하며 [Custom] 탭은 이 책의 범위를 벗어나는 것으로 별도의 설명은 하지 않는다. 현재 NXT－G에 포함되어 있지 않은 새로운 블록에 대해서는 http://nxtasy.org/repository/nxt-g-blocks를 참조하라.

6) 설정 패널

블록들을 작업 영역에 배치하면 프로그램의 도입부부터 연결 순서에 따라 차례로 해당 블록들이 수행된다. 이때 각 블록마다 설정값들을 설정할 수 있는데 특정 블록을 선택하면 그 블록에 대한 설정값들이 설정 패널에 나타나며 여기서 값들을 변경할 수 있다.

[그림 8－19]는 Display 블록을 선택했을 때 나타나는 설정 패널의 모양이다. Display 블록은 NXT 화면에 정보를 표현하고자 할 때 사용할 수 있다. 표현할 수 있는 정보로는 그림, 문자열, 도형이 있으며 정보가 표시될 화면상의 좌표를 설정할 수도 있다. 그리고 Clear 체크 버튼을 선택하면 해당 정보를 표현하기 전에 화면의 내용을 모두 지운다.

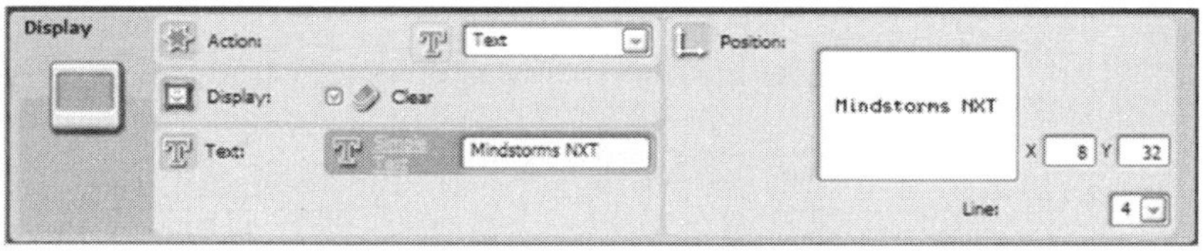

그림 8－19 Display 블록의 설정 패널

7) 로보센터

로보센터에서는 다양한 로봇들에 대한 조립 방법과 프로그래밍 방법을 볼 수 있다. 이 책에서는 별도의 간단한 로봇을 사용해 NXT－G 프로그래밍 방법에 대해 설명할 것이므로 로보센터를 참조하지는 않을 것이다. 기본 사용법을 학습한 후 로보센터에 포함되어 있는 로봇들의 조립 및 프로그래밍에 도전해보도록 하라.

8) 도움말 윈도우

도움말 윈도우를 통해 현재 선택한 개체에 대한 도움말을 확인할 수 있다.

9) 작업 영역 맵

도움말 윈도우 탭의 바로 아래 탭에는 작업 영역 맵이 존재한다. 툴바에서 설명한 바와 같이 작업 영역을 이동하기 위해서는 Pan Tool을 사용하면 되는데 작업 영역 맵을 통해서도 작업 영역을 이동할 수 있다. 작업 영역 맵의 특정 위치를 클릭하면 작업 영역이 이에 따라 이동하는 것을 확인할 수 있다.

4.3 프로그램 작성

NXT 화면에 3초 동안 "Hello NXT World!" 라는 문자열을 출력하는 프로그램을 작성해보도록 하자. 이 문제에 대한 프로그램의 흐름을 기술하면 다음과 같다.

Step 1. 시작

Step 2. 화면에 "Hello NXT World!" 출력

Step 3. 3초 동안 대기

Step 4. 종료

만약 Step 3을 생략하고 바로 종료한다면 화면에 문자열이 출력되자마자 프로그램이 종료된다. 따라서 Step 3과 같이 필요한 시간 동안 대기할 수 있도록 해야 한다. 새 프로그램을 생성하면 프로그램 시작에 해당하는 블록은 기본적으로 존재하게 되며, 프로그램 종료에 해당하는 블록은 특별히 존재하지 않는다. 실행 흐름에 따라 마지막 블록까지 실행되면 바로 종료되기 때문이다. 따라서 우리가 해야 할 일은 Step 2와 Step 3에 해당하는 블록을 차례로 배치하고 각 블록에 대한 설정값을 설정하는 것이다.

먼저 [Common] 팔레트에서 Display 블록을 선택해 작업 영역의 시작 블록에 연결한 후 또 다시 [Common] 팔레트의 Wait 블록들 중 Time 블록을 선택해 Display 블록 뒤에 연결하자. 그리고 Display 블록과 Time 블록의 설정값을

[그림 8-20]과 같이 설정하도록 하라. 목표로 하는 프로그램이 완성되었다.

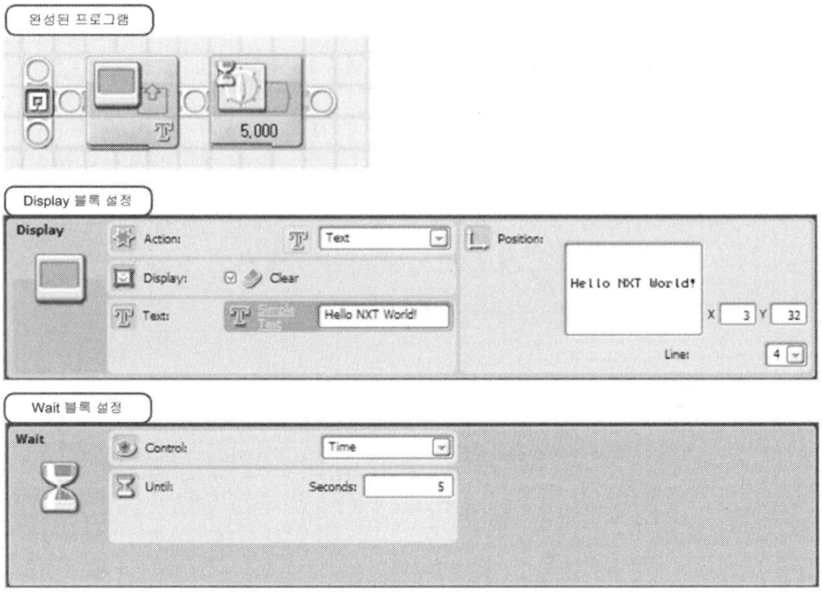

그림 8-20 프로그램 작성 및 블록 설정

4.4 파일 다운로드 및 실행

이제 작성한 프로그램을 NXT로 다운로드하여 실행할 차례이다. USB 케이블로 PC와 연결되어 있는지 그리고 NXT가 켜져 있는지 확인해보자. 파일 다운로드 방법에 대한 설명은 앞서 컨트롤러에 대한 설명으로 충분할 것으로 판단된다. 컨트롤러의 [Download and Run] 버튼을 클릭해보자. 프로그램이 다운로드된 후 바로 실행되는 것을 확인할 수 있을 것이다. 만약 [Download] 버튼을 클릭했다면 파일만 NXT로 다운로드될 뿐 자동으로 프로그램이 수행되지는 않는다. 참고로 NXT-G 프로그램 소스 파일의 확장자는 rbt이고 실행 파일의 확장자는 rxe로서 파일 다운로드 시 자동으로 rxe가 생성된 후 NXT로 다운로드된다. 실행 파일을 NXT로 다운로드했다면 NXT만으로도 실행이 가능하다는 것을 알고 있을 것이다. NXT 컨트롤러의 엔터 버튼을 통해 방금 다운로드한 파일을 찾은 후 실행시켜보자. 동일하게 수행됨을 확인할 수 있을 것이다.

5 LEGO Digital Designer

마인드스톰 NXT를 사용해 무언인가를 조립하기 전에 우리는 설계를 해야 한다. 마인드스톰 NXT는 무한정 제공되는 것이 아니다. 하나의 로봇을 만든 후 새로운 로봇을 만들고자 한다면 기존의 로봇은 해체해야만 한다. 그러나 기존의 로봇을 다시 재조립하고 싶다면 어떻게 해야 할까? 조립 과정을 모두 외운다는 것은 매우 어려운 일이다. 따라서 설계를 통해 최종 완성 결과뿐만 아니라 조립 과정을 상세히 기록해 둠으로써 추후 필요한 경우 재현이 가능하도록 해야만 한다. 또한 부가적으로 설계 과정을 통해 목표로 하고 있는 제품의 문제점을 다시 한 번 파악할 수 있다.

다행히 마인드스톰 NXT의 설계도를 쉽게 그릴 수 있도록 도와주는 일명 LEGO CAD로 불리는 CAD 도구들이 몇 가지 나와 있는데, MLCad, LeoCAD, Google Sketchup, LDD 등이 그것이다. 이 책에서는 LEGO사에서 직접 만들어 배포하고 있는 LDD Lego Digital Designer의 사용 방법을 설명한다. LDD는 LEGO의 LDD 홈페이지(http://ldd.lego.com)에서 다운로드할 수 있으며 설치는 일반 프로그램과 같이 설치 프로그램을 통해 자동으로 진행된다.

5.1 LDD 실행

[시작] → [모든 프로그램] → [LEGO Company] → [LEGO Digital Designer]를 실행하면 [그림 8－21]과 같은 시작 화면이 나타난다.

LDD는 마인드스톰 NXT뿐만 아니라 LEGO에서 판매하고 있는 거의 모든 LEGO 제품들을 조립할 수 있도록 다양한 틀을 제공하고 있다. 그중에서 마인드스톰 NXT의 설계도를 제작하기 위해서는 [mindstorms] 탭을 선택하면 된다. 그리고 우리는 처음부터 설계를 시작할 것이므로 [Choose Free build]를 클릭하면 된다.

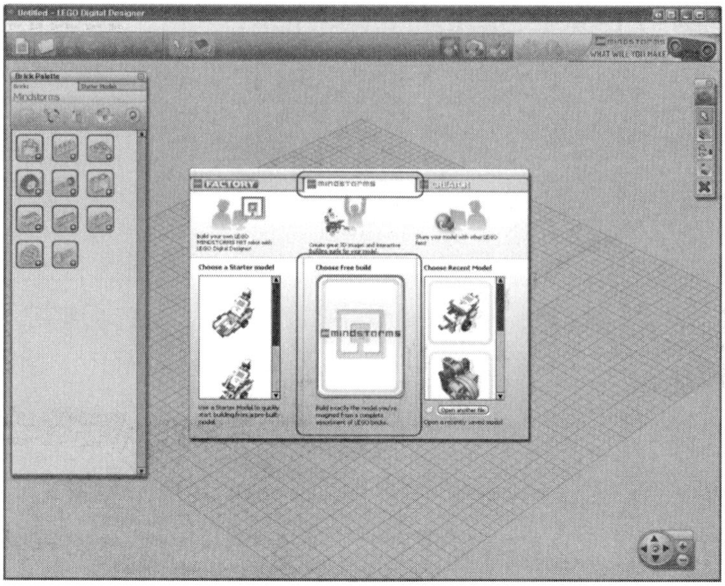

그림 8-21 LDD 시작 화면

5.2 화면 구성

LDD의 전체적인 화면 구성은 [그림 8-22]와 같다.

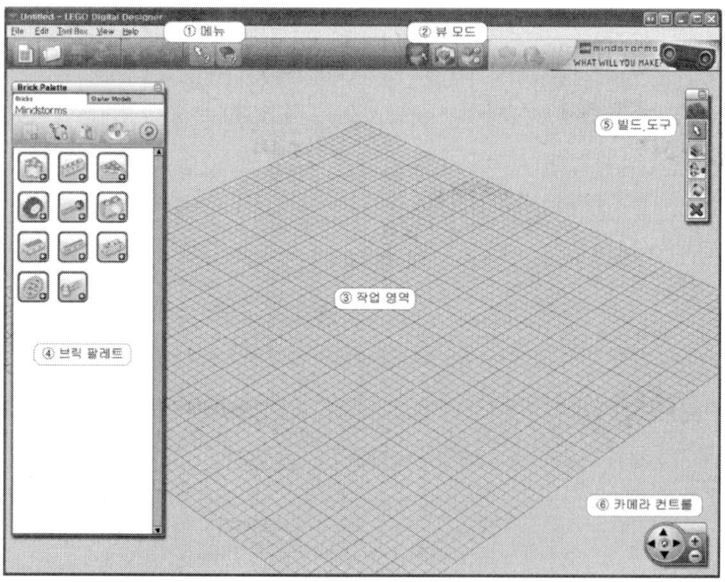

그림 8-22 화면 구성

1) 메뉴

다른 소프트웨어들과 마찬가지로 메뉴를 통해 파일 열기, 저장, 편집 그리고 다른 도구들을 통해 제공되는 모든 명령들을 수행할 수 있다.

2) 보기 모드

보기 모드로는 빌드 모드, 뷰 모드, 빌딩 가이드 모드 이렇게 3가지 모드가 존재한다. 빌드 모드는 일반적인 작업 시의 모드이고 뷰 모드는 그림을 배경으로 최종 결과를 볼 수 있는 모드이며 빌딩 가이드 모드는 완성된 결과물의 조립 순서를 차례로 볼 수 있는 모드이다. 이에 대해서는 간단한 예제 로봇을 조립한 후 사용해보도록 하자.

3) 작업 영역

작업 영역에 여러 가지 브릭들을 배치해 조립 작업을 수행한다.

4) 브릭 팔레트

바로 여기에 로봇 조립 시 필요한 브릭들이 존재하고 있다. 현재 11개의 그룹으로 구분되어 있는데 각 그룹을 클릭하면 그 그룹에 포함되어 있는 브릭들이 나타난다.

5) 빌드 도구

빌드 도구는 보기 모드 중 빌드 모드에서만 사용이 가능한데 주로 작업 영역에 존재하는 브릭에 대한 작업을 수행하고자 할 때 사용된다. [그림 8-23]은 각 도구에 대한 기능을 보여준다. 아마도 이 중에서 선택 도구가 가장 많이 사용될 것이다.

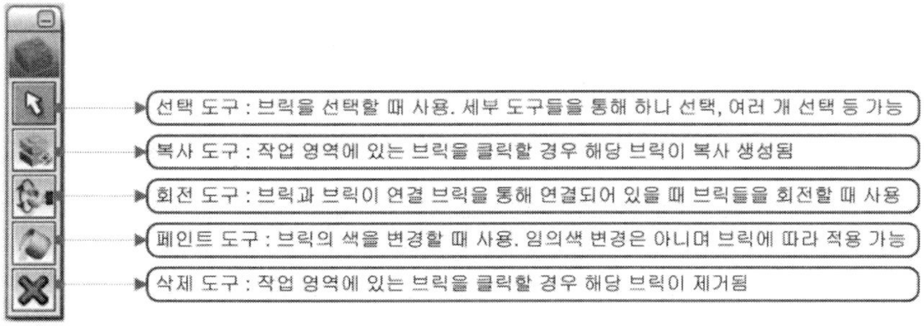

그림 8-23 빌드 도구의 기능

6) 카메라 컨트롤

카메라 컨트롤은 작업 영역 전체를 회전하거나 확대 및 축소할 때 사용된다. [그림 8－24]는 각 버튼의 기능을 요약한 것이다. 이외에도 오른쪽 마우스 버튼 드래그를 이용해 작업 영역 전체를 자유자재로 회전할 수 있다. 카메라 컨트롤에 대해서는 예제 로봇을 조립할 때 테스트해 보도록 하라.

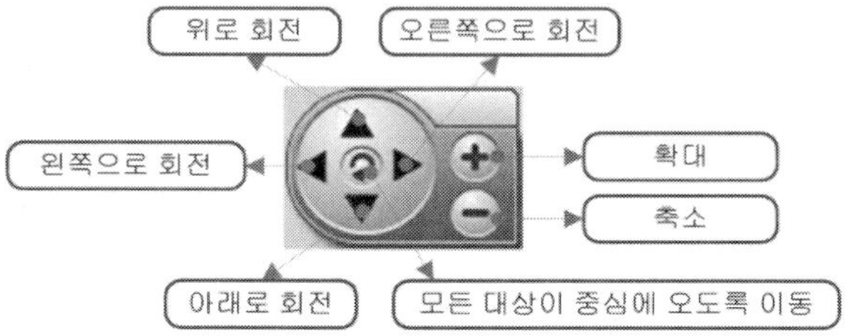

그림 8-24 카메라 컨트롤 기능

5.3 NXT 브릭 선택, 이동, 회전을 통한 조립

브릭을 선택하기 위해서는 브릭 팔레트에서 필요한 브릭을 클릭하면 된다. 그러면 해당 브릭 하나가 마우스 포인터에 붙게 되며 이것을 임의의 위치에 배치하면 된다. 물론 브릭을 클릭한 후 배치가 완료되기 전에 취소하기를 원한다면 Esc 키를 입력하면 된다. 브릭이 한 번 배치된 후 또 다시 이동하고자 한다면 왼쪽 마우스 버튼으로 해당 브릭을 선택마우스 다운한 후 드래그를 하면 된다. 한 번 이동이 시작되면 마우스 버튼을 뗀다 하더라도 계속 이동이 가능하다.

브릭과 브릭을 연결하고자 할 경우에는 브릭을 다른 브릭 옆으로 이동하면 되고 연결이 가능하다면 자동으로 연결된다.

주의할 점은 필요에 따라 브릭 자체를 회전해야만 한다는 것이다. 브릭 이동 중에는 마우스 포인터 밑에 방향키가 나타난다. 이 상태에서 키보드의 방향키를 누르면 키에 따라 상하좌우로 브릭이 회전한다. 이제 [그림 8－25]와 같은 예제 로봇을 조립해보도록 하라. NXT 컨트롤러와 터치 센서를 연결한 것이다.

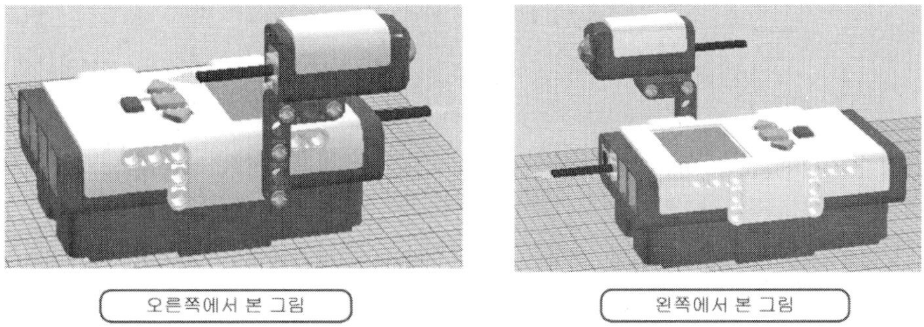

그림 8-25 예제 로봇

조립 순서는 [그림 8-26]과 같다. 케이블 연결 시 상하가 잘 맞도록 주의하도록 하라. 그리고 조립 도중에 카메라 컨트롤과 마우스를 사용해 확대, 축소, 회전을 적절히 사용하도록 하라.

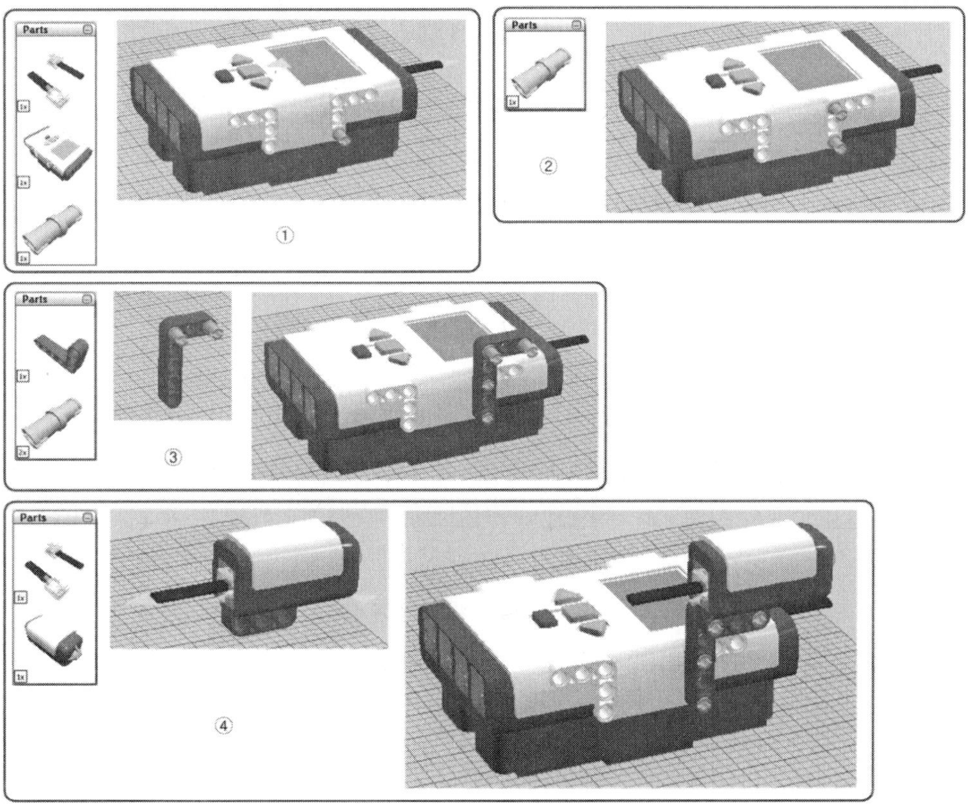

그림 8-26 예제 로봇 조립 순서

5.4 조립 순서 보기

LDD는 [그림 8－27]과 같이 조립 순서를 자동으로 보여주는 기능을 가지고 있다. 보기 모드 중 빌딩 가이드 모드를 클릭하면 되는데 이 모드에서는 'Building guide Player' 대화상자가 나타난다. 주로 '다음 단계로 이동'을 통해 차례로 조립 순서를 확인할 수 있다. 다시 편집을 하고자 한다면 보기 모드를 빌딩 모드로 변경하면 된다.

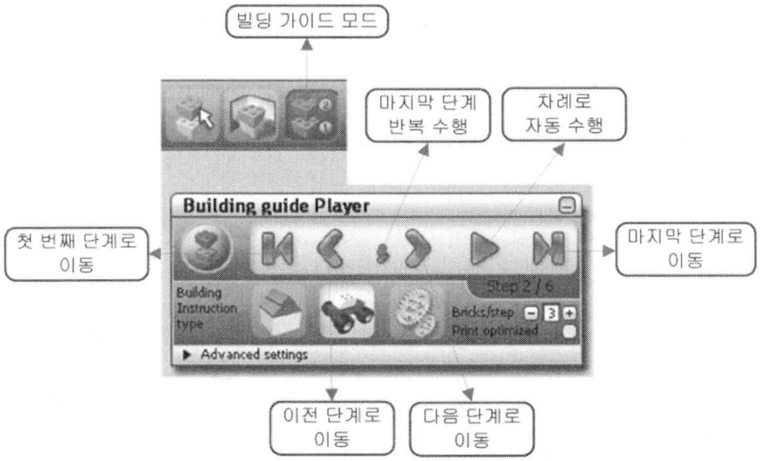

그림 8－27 빌딩 가이드 플레이어 기능

5.5 저장

이제 우리가 원하는 로봇의 설계도가 완성되었다. 설계도를 작성하는 목적은 실제 조립 전에 이상 유무를 점검함과 동시에 차후에도 사용하기 위함이다. 따라서 설계도를 저장할 수 있어야 하며 이전의 설계도를 다시 열어 작업할 수 있어야 한다.

메뉴의 [File]→[Save]을 실행하거나 또는 기존의 작업 중인 파일을 다른 파일로 저장하고자 한다면 [File]→[Save As...]를 실행하면 된다. 참고로 LDD 데이터 파일의 확장자는 lxf이다. 기존의 파일을 대상으로 작업을 하고자 한다면 [File]→[Open]을 실행하면 된다.

6 테스트용 자동차 조립

[그림 8-28]은 향후 NXT-G 프로그램을 작성하고 테스트하기 위한 테스트용 자동차의 완성된 모습이다. 이를 조립하기 위해서는 [그림 8-29]~[그림 8-43]과 같은 순서에 따라 조립하면 된다.

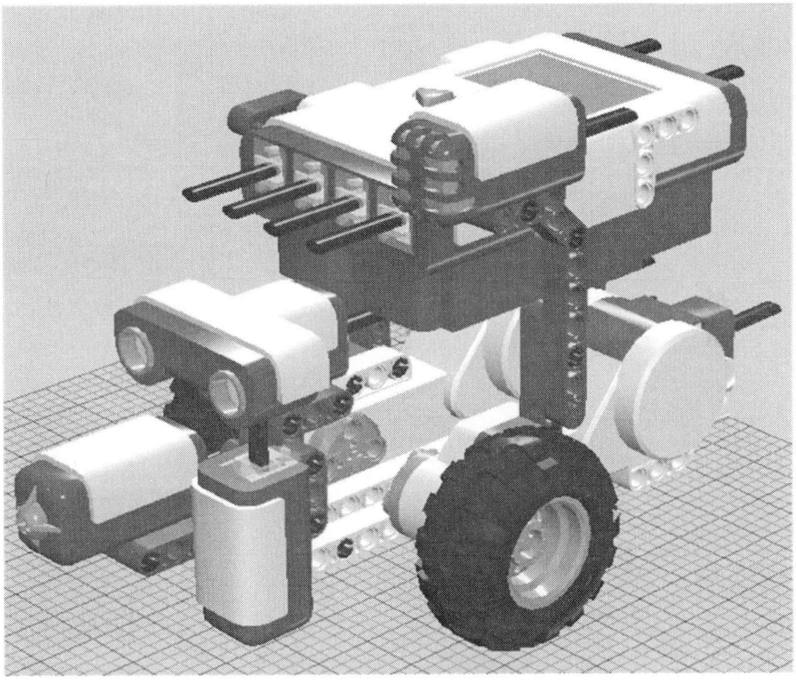

그림 8-28 테스트용 자동차

그림 8-29 오른쪽 바퀴 및 모터 조립

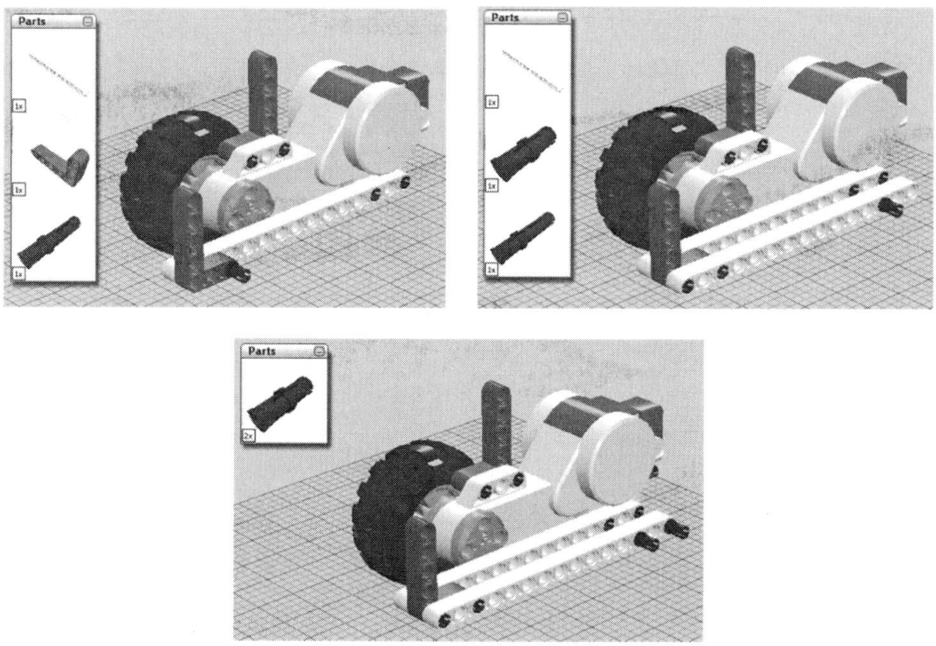

그림 8-30 중간 연결대 조립

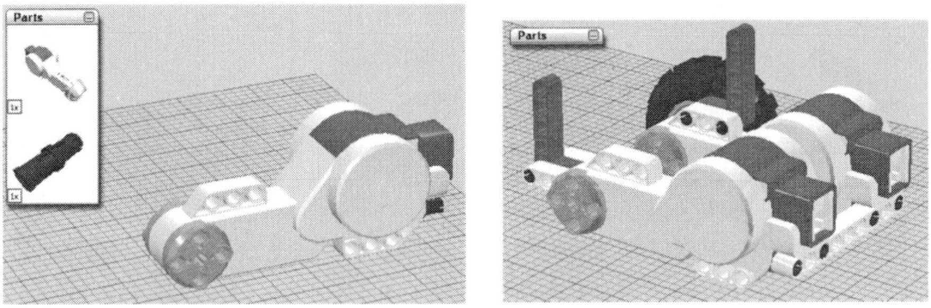

그림 8-31　왼쪽 바퀴 및 모터 조립

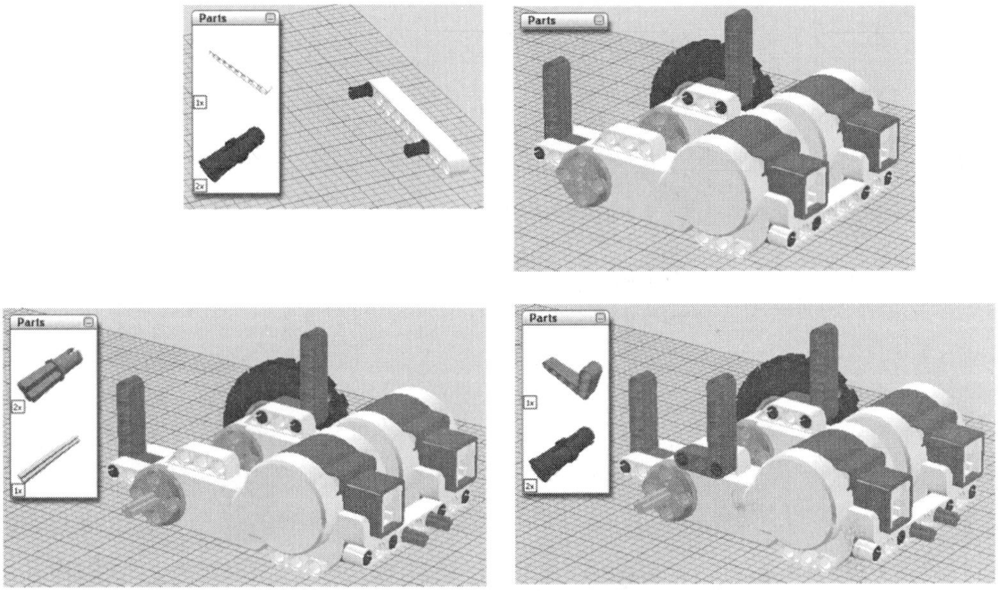

그림 8-32　뒷바퀴 지지대 조립

그림 8-33　왼쪽 바퀴 부착

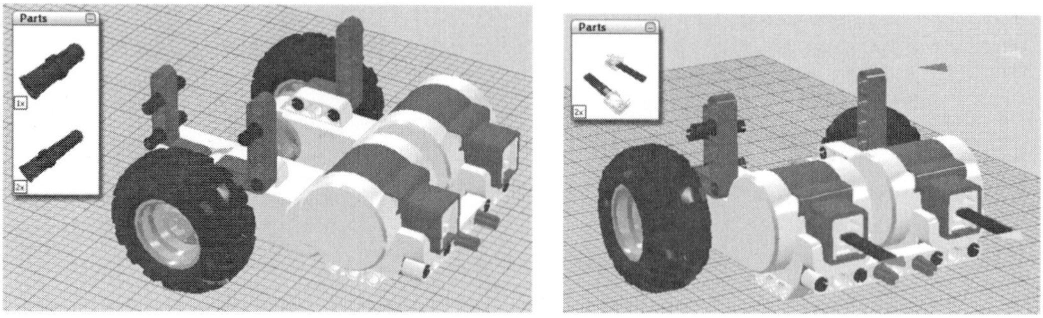

그림 8-34 모터 케이블 연결

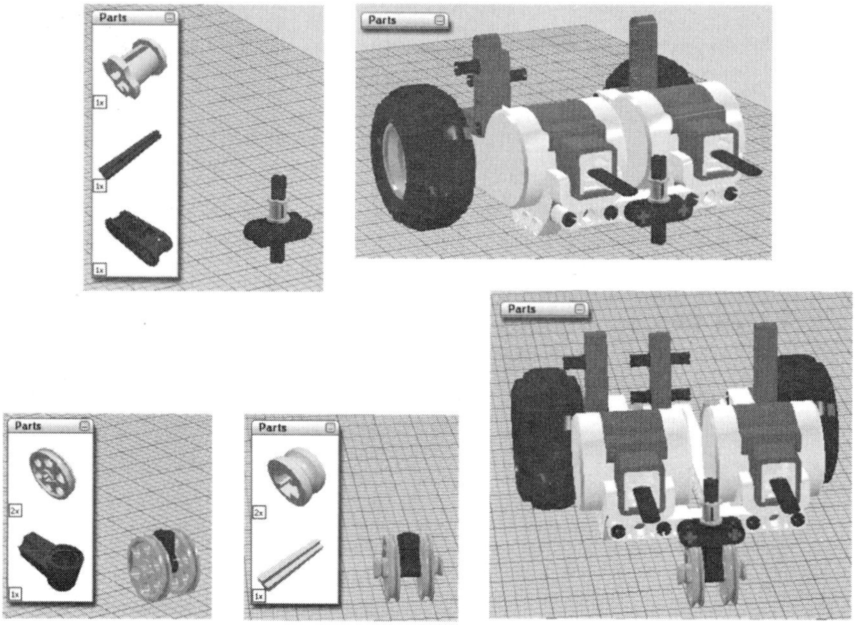

그림 8-35 뒷바퀴 조립 및 연결

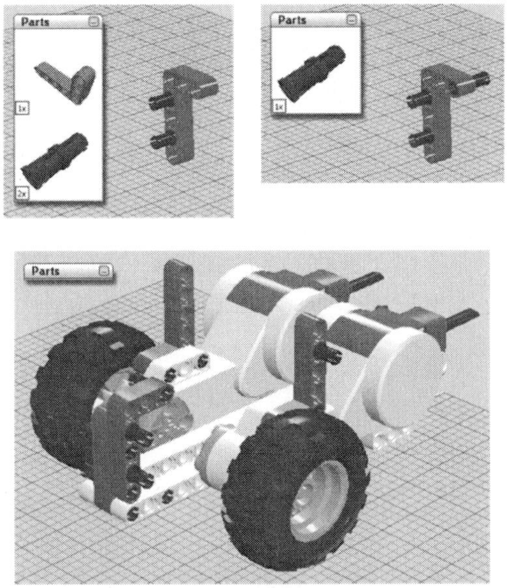

그림 8-36　빛 센서 지지대 조립 및 연결

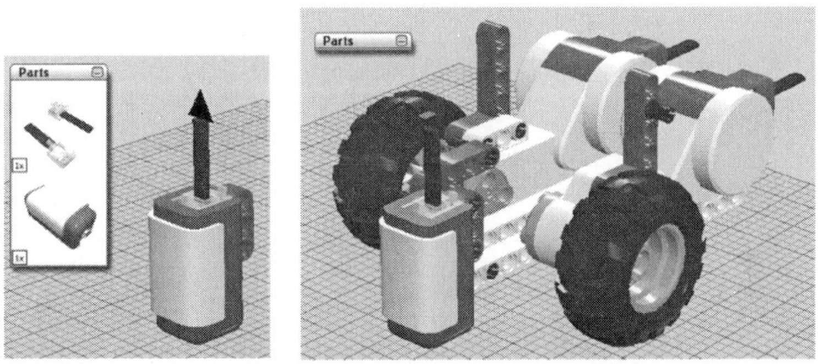

그림 8-37　빛 센서 연결 (3번 포트)

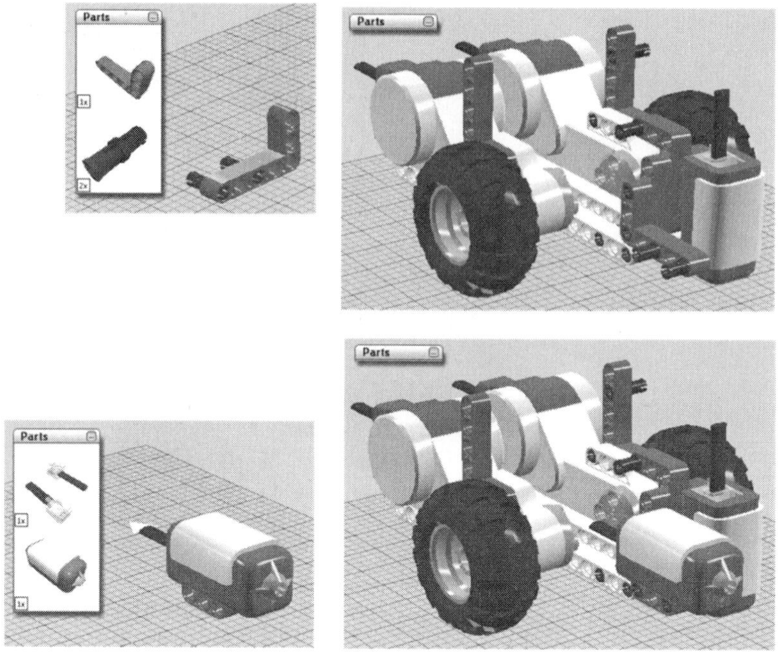

그림 8-38 터치 센서 연결 (1번 포트)

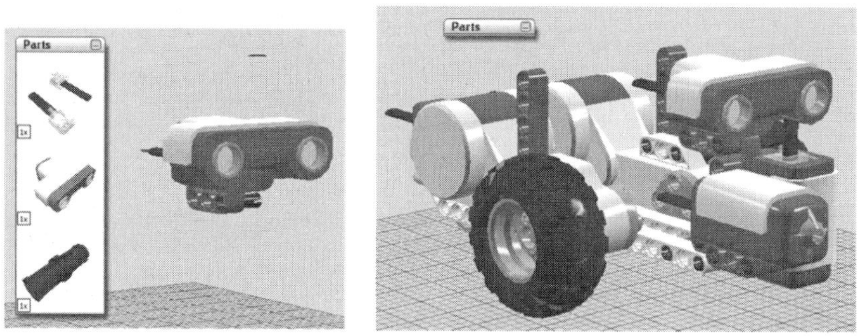

그림 8-39 초음파 센서 연결 (2번 포트)

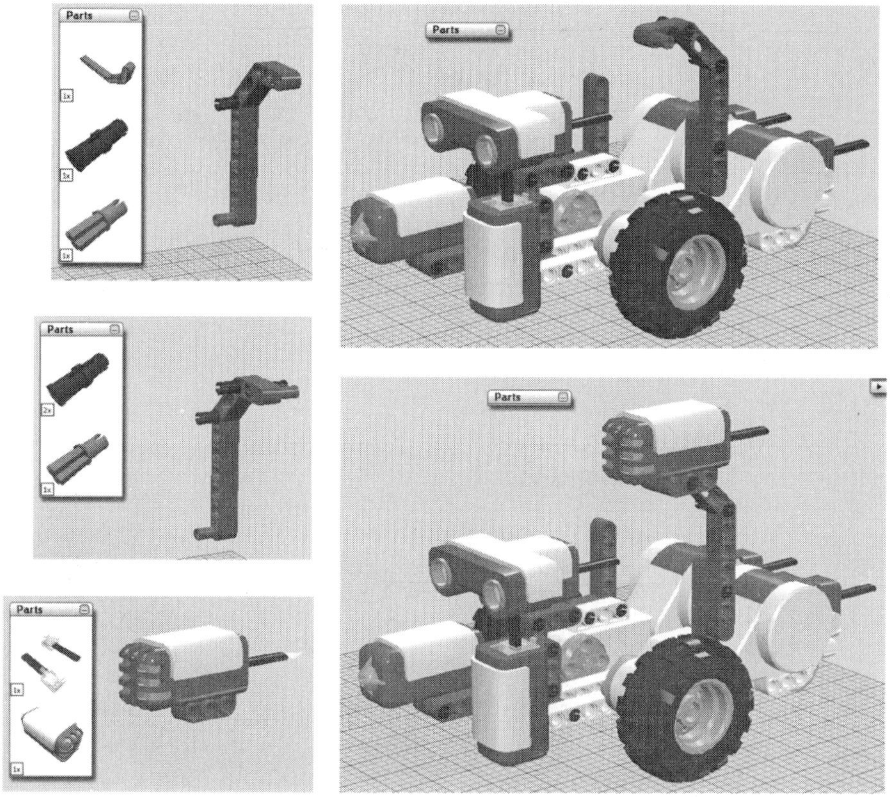

그림 8-40 사운드 센서 연결 (4번 포트)

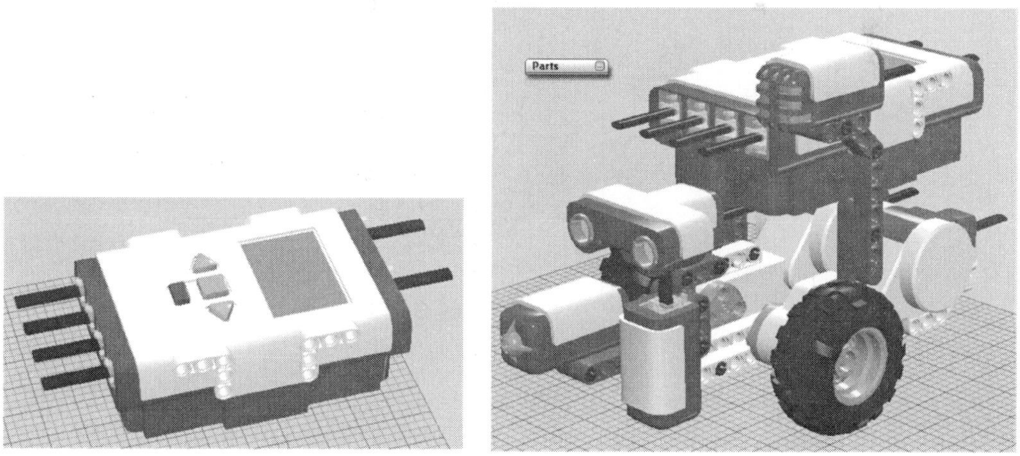

그림 8-41 본체와 모터 및 센서 케이블 연결

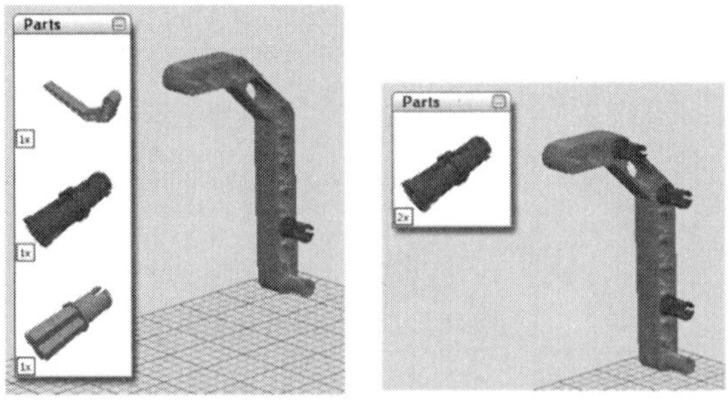

그림 8-42 본체 지지대 조립 및 본체 연결

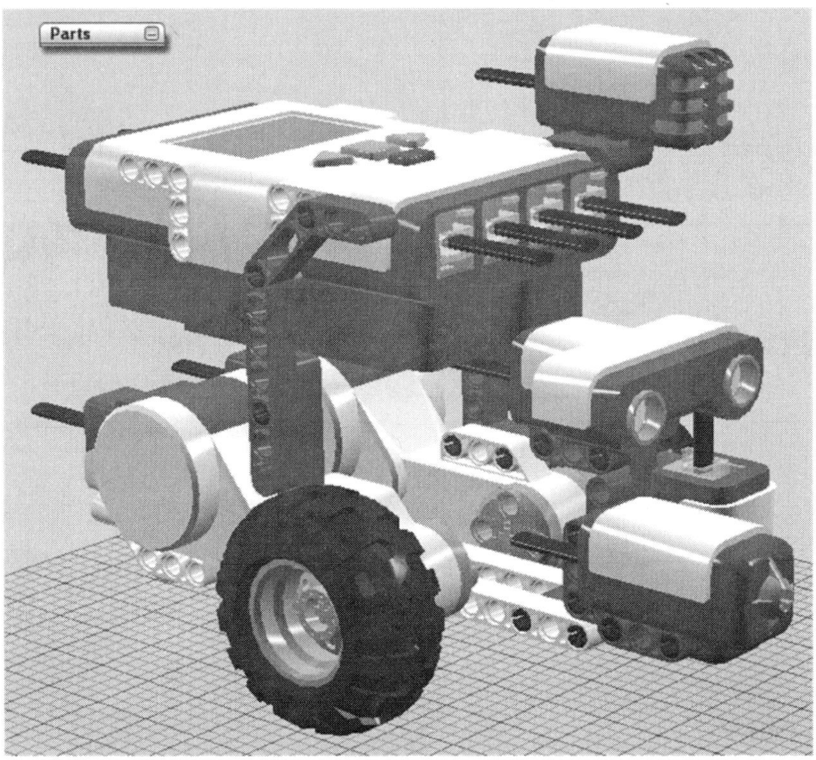

그림 8-43 완성

Chapter

09

LEGO 마인드스톰 NXT-G 프로그래밍 (1)

이 장에서는 사용자가 만든 모형의 제어 및 구동을 위한 프로그램을 제작하기 위해 사용되는 LEGO 마인드스톰 NXT의 기본 블록들에 대해 자세히 설명한다.

설명되는 블록은 다음과 같다. 텍스트를 화면에 출력하는 Display 블록, 모터의 동작을 제어하는 Move 블록, 모터의 동작을 저장하고 다시 실행시킬 수 있는 Record/Play 블록, 소리에 대한 기능을 설정할 수 있는 Sound 블록, 각 블록에서 값을 주고받을 수 있는 기능을 갖는 Data hub 블록, 주변 상황이나 환경을 인식해 적절한 동작을 할 수 있도록 도와주는 5가지 센서(터치 센서, 사운드 센서, 라이트 센서, 초음파 센서, 회전 센서) 블록, 지정된 시간 동안 멈추도록 하는 Wait 블록, 일정 순서의 코드를 반복적으로 수행시킬 수 있는 Loop 블록, 입력값에 따라 다른 동작을 할 수 있도록 만들 수 있는 Switch 블록, 모터나 센서 그리고 프로그램을 종료시킬 수 있는 Stop 블록, 임의적인 값을 만들어내는 Random 블록, 숫자로 된 데이터를 화면에 나타낼 수 있도록 글자로 바꾸어주는 Number to Text 블록이다.

1 Display 블록

이 장에서는 마인드스톰의 LCD 창에 "Hello World!"를 출력하는 방법에 대해 살펴보자. NXT 소프트웨어에서 제공하는 Display 블록을 이용하면 간단한 방법으로 우리가 원하는 텍스트를 화면에 출력할 수 있다. 또한 이 블록을 이용해 NXT 소프트웨어에 저장된 다양한 이미지를 화면에 출력할 수 있으며 선, 원, 점 등을 원하는 위치에 출력할 수 있다.

1.1 이미지 출력

이미지를 출력하는 방법은 매우 간단하다. 우선 NXT 소프트웨어 화면 왼쪽의 Action 팔레트에서 Display 블록을 선택한다.

Display 블록을 선택해 Start 위치에 놓으면 아래와 같은 세부 조정 패널 configuration panel 이 나타난다.

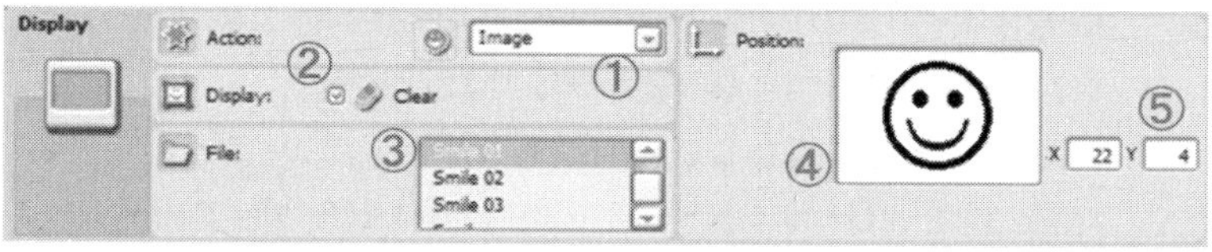

①번 : drop－down 메뉴를 통해 화면에 표시될 Image, Text, Drawing, Reset 을 선택할 수 있다.

②번 : Clear 옵션이 선택되어 있으면 기존의 이미지를 지우고 지금 만들고 있는 Display 블록의 이미지를 화면에 출력한다. 선택하지 않으면 기존의 이미지를 그대로 두고 그 위에 지금 만들고 있는 Display 블록의 이미지를 출력한다.

③번 : 프로그램에 내장된built－in 이미지를 선택할 수 있다.

④번 : 현재 만들고 있는 Display 블록의 예상 화면이다. 마우스의 drag－drop을 통해 이미지가 출력될 위치를 조정할 수 있다.

⑤번 : x, y 좌표 입력을 통해 이미지가 출력될 위치를 조정할 수 있다.

1.2 텍스트 출력

①번에서 Text를 선택하면 텍스트를 화면에 출력할 수 있다.

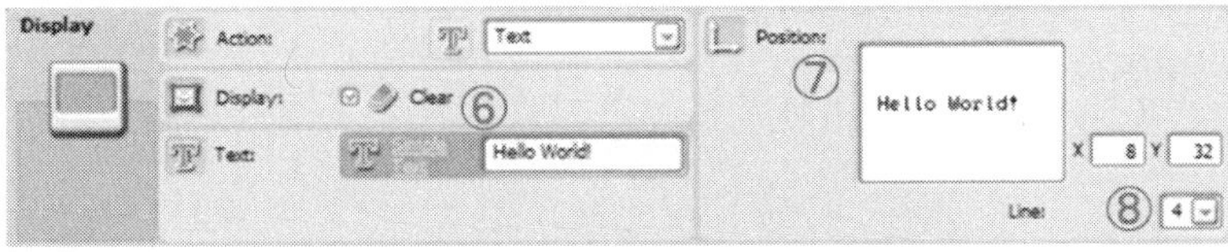

⑥번 : 처음에는 기본으로 "Mindstorms NXT" 텍스트가 입력되어 있다. 이곳에서 사용자가 원하는 텍스트를 입력해 화면에 출력할 수 있다. 여기서는 "Hello World!"를 입력해보도록 하자.

⑦번 : 사용자가 입력한 문장을 미리 보여주는 화면이다. 이미지와 마찬가지로 drag－drop을 이용해 텍스트가 출력될 위치를 변경할 수 있다. 또한 x, y 좌표 입력을 통해서도 위치를 변경할 수 있다.

⑧번 : LEGO 마인드스톰의 LCD 화면은 가로로 8등분되어 있다. 이곳에서 텍스트가 출력될 행의 위치를 지정할 수 있다.

1.3 그리기

①에서 Drawing을 선택하면 점, 선, 원을 나타낼 수 있다. 위에서와 마찬가지로 drag－drop을 통해 출력될 위치를 지정할 수 있으며, 좌표를 직접 입력해 위치 지정이 가능하다.

1.4 다양한 이미지, 텍스트 출력

사용자가 출력하기를 원하는 텍스트나 이미지의 종류는 다양하다. 이러한 다양한 이미지를 출력하기 위해서는 ②번의 Clear 기능 선택을 해제하고 여러 Display 블록을 연속적으로 나열함으로써 표현할 수 있다.

1.5 실습

화면에 "Hello World!"를 10초간 출력해보자. 만약 Display 블록만을 사용한다면 NXT 소프트웨어는 순식간에 텍스트를 출력하고 프로그램은 종료된다. 따라서 텍스트가 출력되고 확인할 수 있는 시간을 주기 위해 Wait 블록을 사용한다.

1) Display 블록을 사용해 텍스트에 "Hello World!"를 입력한다.

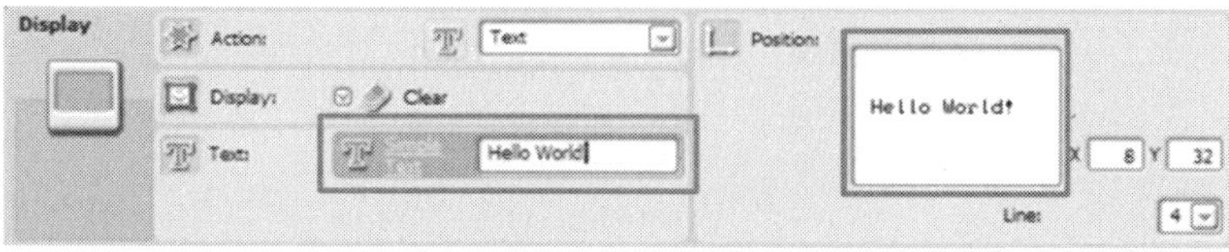

2) Flow 팔레트에서 Wait 블록을 선택한다.

3) Wait 블록을 앞서 만든 Display 블록의 오른쪽에 이어 붙인다

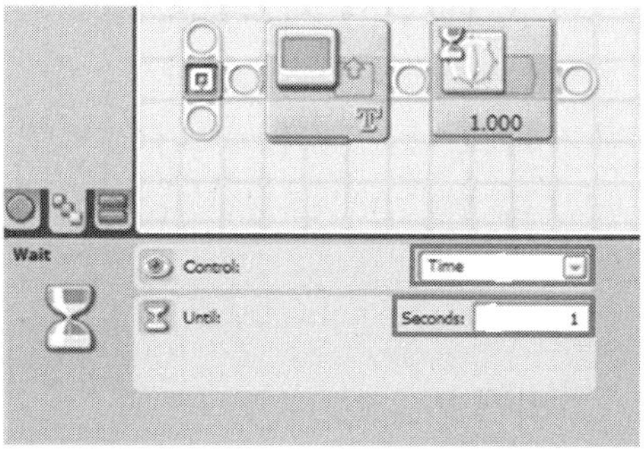

4) Wait 블록의 타이머 시간을 10초로 설정한다.

5) 프로그램을 실행한다.

2 Move 블록

NXT 소프트웨어에서 제공하는 많은 블록들 중 Move 블록은 가장 중요한 블록 중 하나이다. Move 블록이 없다면 우리가 만든 로봇은 그 자리에 가만히 서 있기만 할 것이다. 지금부터 Move 블록에 대해 자세히 알아보자.

2.1 이동 방향

Move 블록을 이용해 모터의 이동 방향Direction을 선택할 수 있다. 이때 한 가지 주의해야 할 것이 있는데 모터의 세부 조정 패널configuration panel에서 설정한 방향과 실제 모터가 작동하는 방향을 고려해야 한다는 것이다. Move 블록에는 전진forward, counterclockwise을 선택하고 모터를 뒤집어 위치하면 실제 동작 방향은 후진reverse, clockwise이 된다.

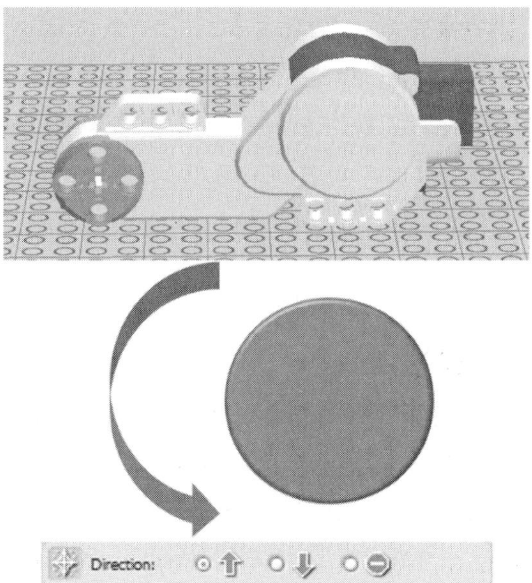

Move 블록의 세부 조정 패널에 보면 ②번 전진과 ③번 후진 이외에 ④번 정지 옵션이 있다. 정지 기능은 현재 동작하고 있는 모터를 순간적으로 멈추게 한다. 모터를 멈추는 방법에는 정지 옵션을 사용하는 방법 이외에 속력을 서서히 줄이며 멈추게 하는 방법이 있다. 이 방법은 뒤에서 설명하는 coast 옵션이다.

2.2 출력 포트

LEGO 마인드스톰에서 모터로 출력을 전달할 수 있는 포트는 총 3개가 있다. 이 포트를 이용해 사용자가 조작하고자 하는 모터를 선택적으로 조작할 수 있다.

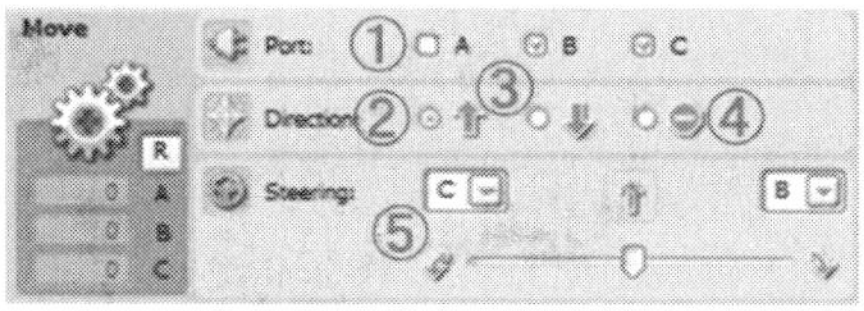

①번에서 볼 수 있듯이 포트는 A, B, C로 이루어져 있으며 어떠한 모터도 제약 없이 연결할 수 있다. 모터를 로봇의 양쪽에 부착할 경우에 권장하는 모터 부착 방식은 왼쪽 모터는 포트 B에, 오른쪽 모터는 포트 C에 부착하는 것이다. 이러한 방식으로 하면 포트 A가 남게 되는데 이 포트에는 다른 종류의 세 번째 모터를 부착해 제작하면 된다.

2.3 방향 조정

Move 블록에서 포트를 2개 선택할 경우 각 포트에 전달되는 힘의 크기를 조정할 수 있다. 이 기능이 바로 Steering 옵션이다. ⑤번의 스크롤 막대를 이동하는 방식으로 조정을 할 수 있다. 만약 스크롤 막대를 한쪽 끝으로 완전히 옮기면 로봇은 제자리에서 돌게 된다. 이와는 조금 다르게 한쪽 끝에 닿지는 않으면서 한쪽 방향으로 치우치도록 옮기면 로봇은 원을 그리며 돌게 된다.

2.4 힘의 세기

⑥번에서 모터에 작용할 힘의 세기power를 지정할 수 있다. 값의 범위는 0~100까지 지정이 가능하며 스크롤 막대를 옮기거나 숫자를 직접 입력해서 지정이 가능하다. 힘의 세기를 크게 하면 모터의 이동 속도 또한 증가된다. 옵션은 주로 경사가 가파른 곳에 오르거나 무거운 물건을 들어올릴 때 사용될 수 있다.

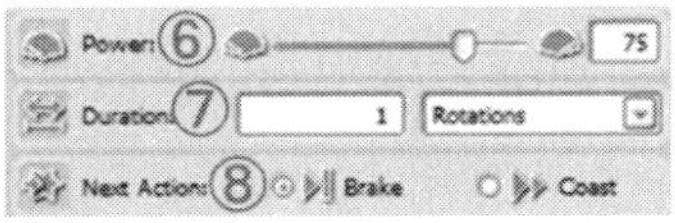

2.5 이동양

⑦번에서 모터의 이동양Degrees을 지정할 수 있다. 4가지 방법으로 지정이 가능하며 사용자가 상황에 따라 적절한 방법을 선택해 사용하면 된다.

1) 각도Degrees : 모터가 움직일 각도를 수치적으로 입력해 모터가 움직일 양을 결정하는 방식이다.
2) 계속Unlimited : 모터를 계속해서 움직이게 한다. 프로그램이 끝나거나 정지 신호가 오기까지 움직이며 뒷부분에 나오는 반복 블록loop block을 함께 사용해 조작할 수 있다.
3) 회전Rotations : 모터가 회전하는 수를 나타낸다. 음수는 입력할 수 없으며 소수나 분수 등의 실수는 입력이 가능하다.
4) 시간Seconds : 모터가 동작할 시간을 입력해 조작하는 방식이다. 마찬가지로 음수는 입력이 불가능하다.

2.6 다음 동작

⑧번의 다음 동작Next Action은 Move 블록에서 설정한 움직임을 다한 뒤 모터를 어떤 방식으로 멈출 것인지를 지정하는 옵션이다. 브레이크Brake를 지정하면 모터가 순간적으로 움직ㅊ을 정지한다. 사용자가 지정한 위치에 정확히 멈추기를 원하는 경우에 이 방식을 선택하면 된다. 타성Coast을 지정하면 모터가 현재의

속도를 서서히 낮추며 정지하는 방식이다. 이 방식은 브레이크 방식보다 배터리 소모량이 적다.

3 Record/Play 블록

NXT-G 프로그래밍이 가지고 있는 재미있는 기능 중 하나가 바로 Record/Play 블록이다. 이 블록을 이용하면 로봇의 이동을 블록에 저장실제로는 파일에 저장할 수 있으며 저장된 내용을 다시 실행시킬 수 있다. 이 기능은 모터에 내장된 엔코더 센서를 사용해 기록하는 것으로 사용자가 직접 로봇에 힘을 가하여 움직이는 값을 기록하는 방식으로 이루어진다.

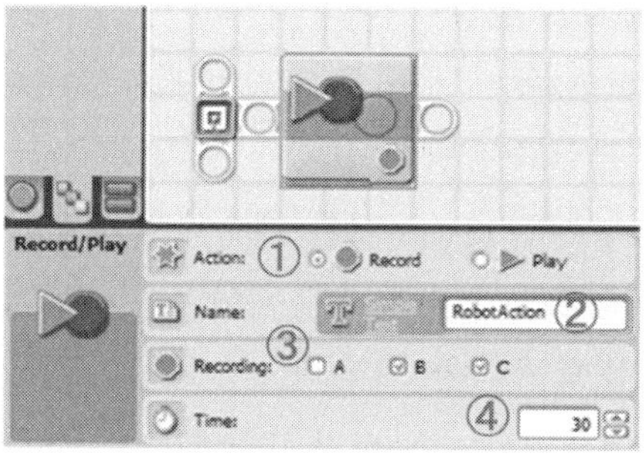

3.1 기록Record

1) 먼저 로봇의 움직임을 저장해보자. Common 팔레트에서 Record/Play 블록을 선택해 Start 위치에 끌어다 놓자. 저장을 하기 위해 세부 조정 패널에서 ①번 옵션에 Record를 선택한다. Record는 모터의 움직임을 저장하겠다는 뜻이다.
2) ②번에 저장할 블록의 이름을 넣는다. 이렇게 저장된 내용은 Record/Play 블록을 이용해 다시 불러올 수 있다.

3) ③번에서는 움직임을 저장할 모터의 포트 번호를 지정할 수 있다. 사용자가 A, B, C 모터를 모두 사용할 경우에는 3개의 포트 모두를 지정해야 하며 그렇지 않고 1~2개의 모터만 사용한다면 사용하는 모터의 포트만 지정하면 된다.

4) 이제 모터의 출력을 기록할 시간을 입력하자. 입력 가능한 시간은 1초부터 수백 시간까지 가능하다. 하지만 실제로 기록 가능한 시간은 마인드스톰의 내부 메모리에 따라 결정된다. 보통 실제로 기록 가능한 시간은 수분 내외가 된다.

이제 프로그램을 마인드스톰에 다운로드하여 실행해보자. 실행한 뒤에 사용자가 임의로 로봇에 힘을 주어 모터에 움직임을 주어보자. 프로그램이 종료되면 기록된 모터의 이동이 조금 전 지정한 이름으로 저장되며 이 기록은 다시 Record/Play 블록을 이용해 동일한 움직임을 다시 작동시킬 수 있다.

3.2 동작

조금 전에 동작시킨 움직임을 다시 한 번 동작시켜보자. 조금 전처럼 Record/Play 블록을 Start 위치에 놓고 세부 조정 패널의 Action 옵션을 Play로 지정하자. Name에는 조금 전에 저장한 파일명과 동일한 이름을 입력하자. 이제 프로그램을 저장한 뒤 다운로드해 실행하면 조금 전과 동일한 동작을 하는 로봇을 확인할 수 있다.

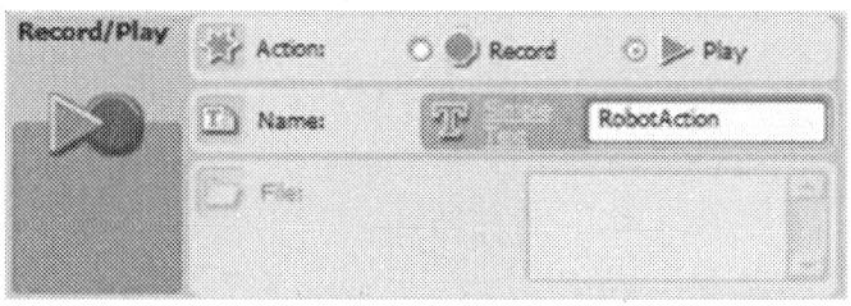

4 Sound 블록

4.1 소개

LEGO 마인드스톰 NXT에서 소리를 내도록 할 수 있는 기능이 Sound 블록이다. 프로그래밍 내부에 포함되어 있는 Sound 파일뿐만 아니라 Sound Tone도 넣을 수 있다. 사용자가 원한다면 외부 프로그램을 이용해 직접 파일을 만들어 넣는 것도 가능하다.

4.2 프로그래밍

Sound 블록은 아래와 같은 아이콘으로 되어 있다. Common Tab에 있는 Sound 블록을 작업창에 끌어다 놓아보자.

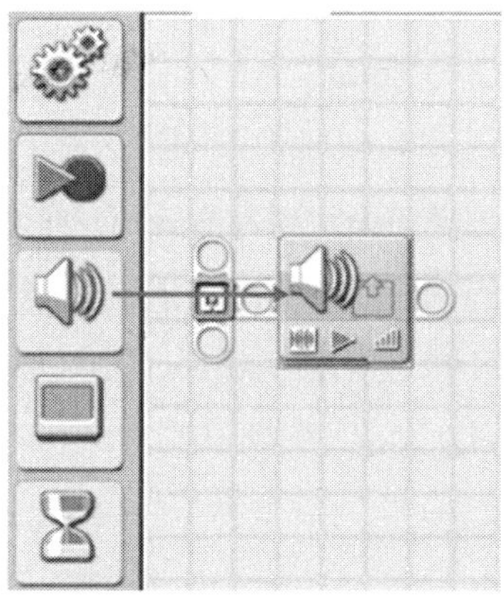

위 그림과 같이 프로그래밍을 하고 실행을 하면 기본으로 설정된 Sound file을 LEGO 마인드스톰 NXT 몸체 부분의 스피커를 통해서 들을 수 있다 (NXT가 PC와 연결되어 있어야 한다).

세부 설정은 아래와 같이 작업 하단 창에 보이는 부분을 통해 설정할 수 있다.

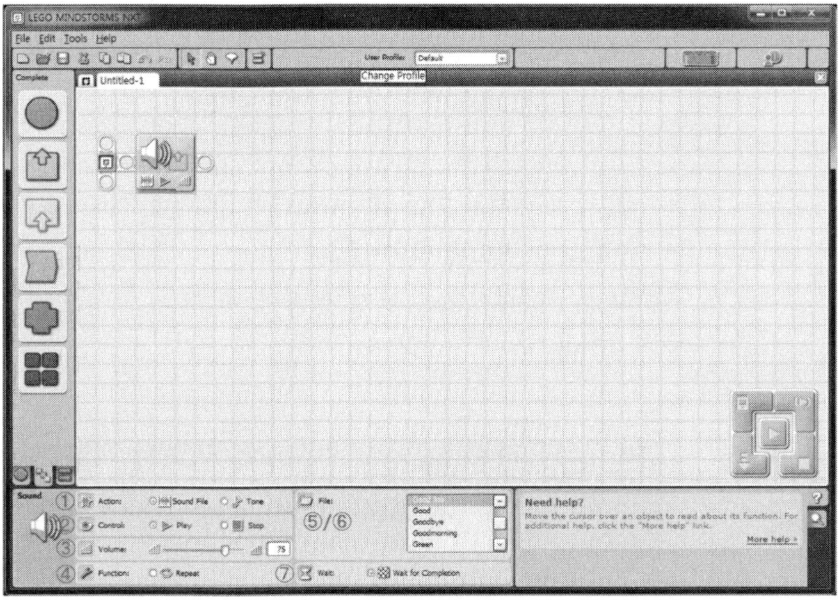

① Action : Sound file과 Tone 중에 어떠한 Sound를 낼 것인지를 선택할 수 있다.

- Sound file : PC 내에 내장된 Sound file을 실행시킬 수 있다. ⑤창이 File창으로 바뀌며 내장된 Sound file 목록을 볼 수 있다.
- Tone : 피아노에서 음을 선택할 수 있듯이 어떠한 음을 선택할 수 있다. Tone 옵션을 클릭 시 ⑤창이 Note창으로 변경되며 피아노 건반 그림을 볼 수 있다.

② Control : 이 블록에 대해 어떻게 실행을 할 것인지를 선택할 수 있다.이 블록을 놓음으로써 재생시킬 것인지 정지시킬 것인지에 대한 제어를 줄 수 있다.

③ Volume : 소리의 크기를 조절할 수 있다. 0부터 100까지 선택이 가능하다. 하지만 너무 큰 음은 스피커 음향상 음이 좋지 않을 수 있다.

④ Repeat : ①에서 Sound file 옵션 선택 시에만 볼 수 있는 창으로 선택한 Sound file을 반복시킬 수 있다. 정지시키기 위해서는 ② Control 옵션의 Stop 블록을 넣어주어야 한다.

⑤ File : ①에서 Sound file 옵션 선택 시 볼 수 있는 창으로 PC 내부의 Sound file 목록을 보여준다. 각 파일들은 C:내문서/LEGO......(기본 설정 설치 시)에서 볼 수 있다. 목록 중 선택해 클릭 시 PC스피커를 통해 듣는 것이 가능하다. Arm1~Arm15를 제외한 다른 음은 file이름과 동일한 Sound를 내도록 되어 있다.

⑥ Note : ①에서 Tone 옵션 선택 시 볼 수 있는 창으로 음을 선택할 수 있는 창이다.

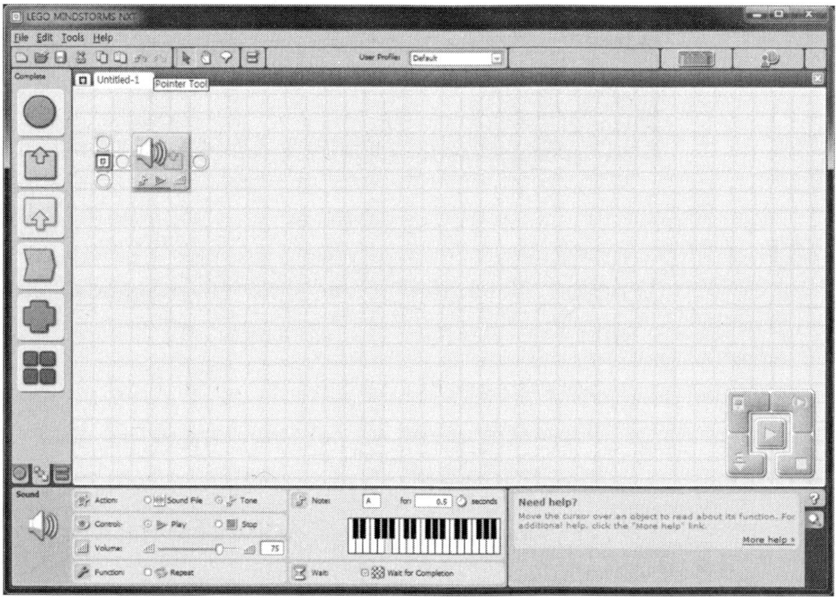

그림에서 보듯 피아노 건반 클릭을 통해 음을 선택할 수 있으며 텍스트 입력창에 A~G 문자를 직접 입력하여 음을 선택할 수 있다. 그 뒤 텍스트를 통해 몇 초간 들려줄 것인지 설정이 가능하다.

실습 부분을 통해 이 부분에 대해 더 살펴보자.

⑦ Wait : 이 부분은 이 블록에 대해 재생시간 지정이 가능하다. 체크 부분 설정에 따라 다음 블록으로 진행 속도가 달라진다.

- 체크시 : 이 블록의 사운드 재생이 끝날 때까지 다음 블록이 진행되지 않고 기다린다. 이 블록의 소리가 모두 재생되고 난 후에 다음 블록이 수행된다.
- 미체크시 : 사운드가 재생되며 다음 블록이 수행된다. 예를 들면 사운드가 재생되며 다음 블록이 함께 진행되는 것을 볼 수 있다.

4.3 실습

"Hello" 라는 인사말을 수행하고 '라', '시', '도' 각 음을 3초씩 재생시키고 "GoodBye" 음을 실행시켜보자.

① 왼쪽 Common 창에서 Sound 아이콘을 작업창에 끌어다 놓는다.

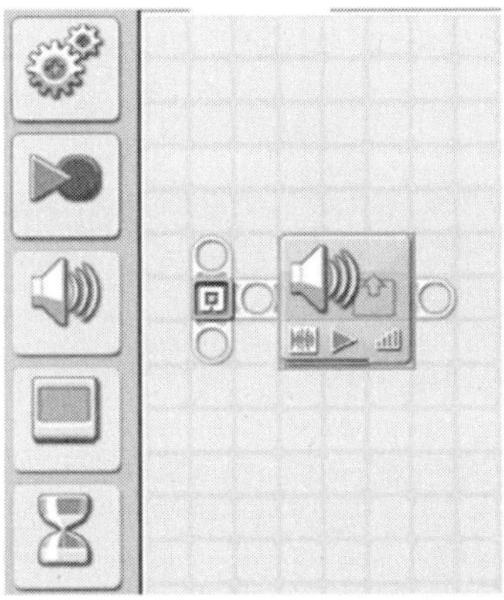

② Sound 블록의 세부 사항에서 Sound file 옵션을 선택하고 리스트에서 "Hello"를 선택한다.

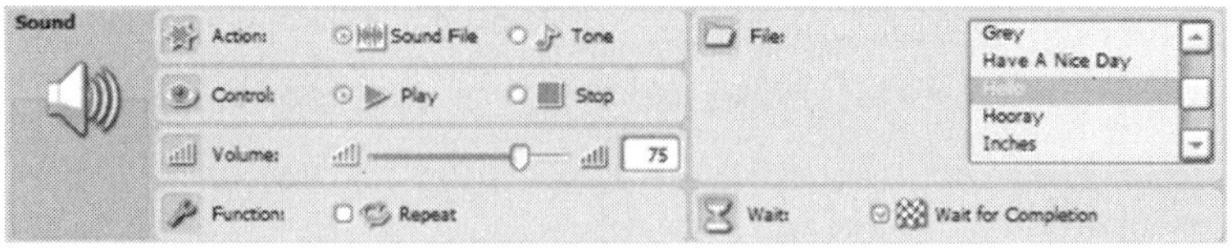

③ 이후 Tone을 넣어야 하므로 Sound 블록을 위와 동일한 방법으로 넣는다.

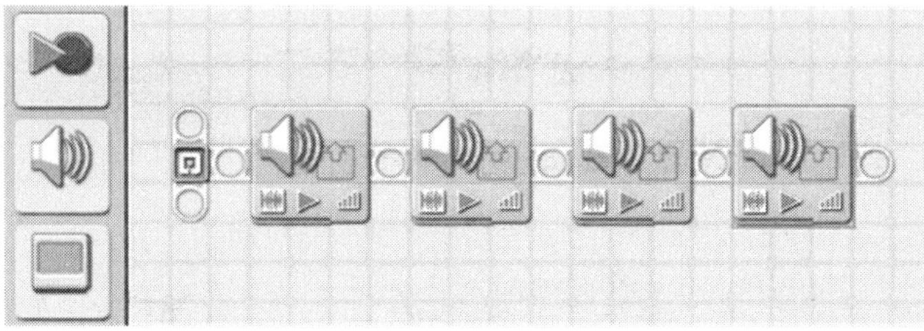

④ 각 블록마다 '라(A)', '시(B)', '도(C)'를 세부 사항을 통해 설정한다.

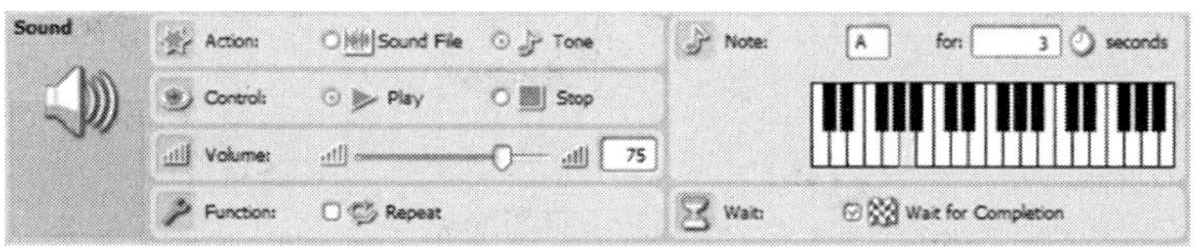

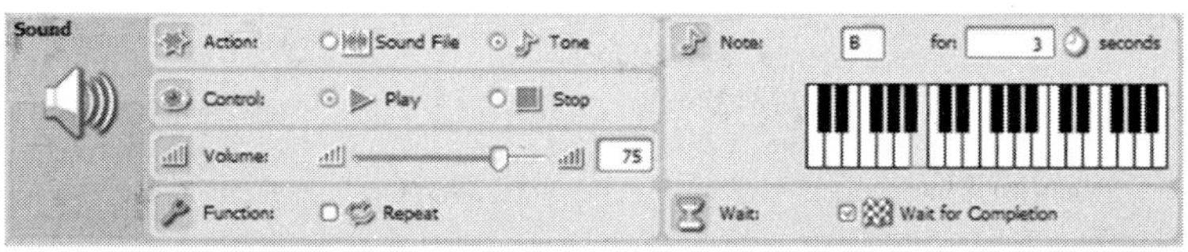

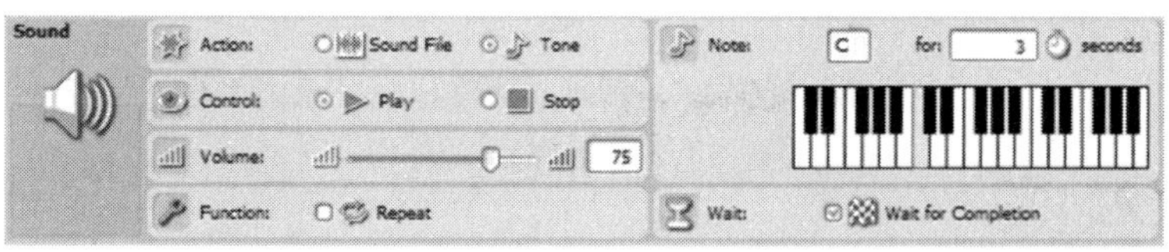

⑤ 마지막으로 ①과 동일하게 블록 하나를 더 가져다둔다.

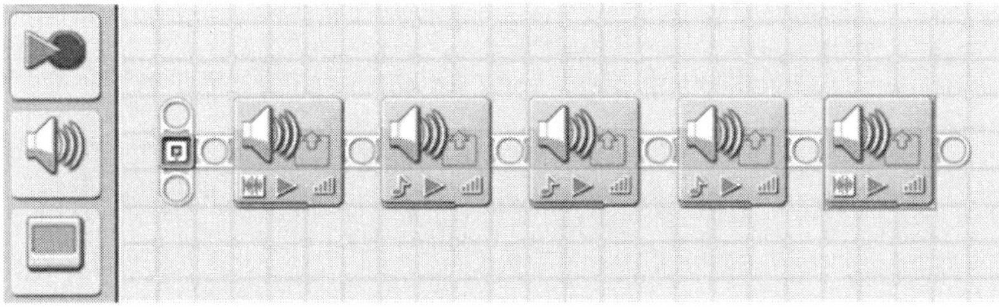

⑥ 마지막 Sound 블록의 세부 사항에서 아래와 같이 설정한다.

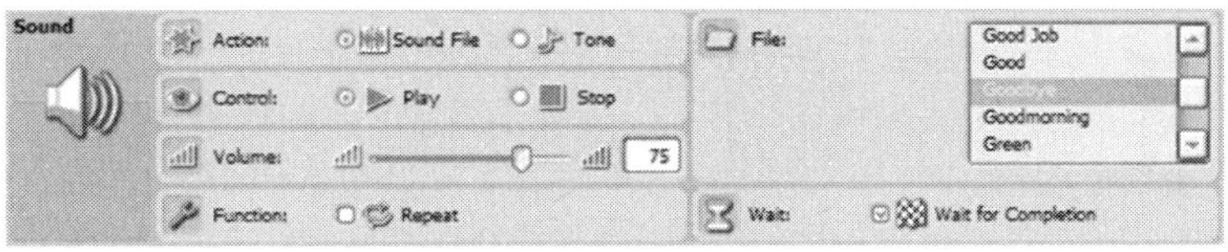

⑦ 이상 프로그래밍을 마치고 LEGO 마인드스톰 NXT에 USB를 연결하고 다운로드 한 후에 실행해보자.

5 Data Hub

5.1 소개

LEGO 마인드스톰 NXT는 편리하게 프로그래밍할 수 있도록 만들어진 도구이다. 하지만 각 블록에 값을 다르게 주고 연관적인 값 변화를 다르게 주는 것이 필요할지 모른다. 이 장에서는 각 블록에서 값을 주고받을 수 있는 기능인 Data hub를 배운다.

5.2 프로그래밍

대부분의 블록은 각기 다른 Data hub를 갖고 있다. 이전에 배운 Sound 블록을 예제로 보도록 한다.

블록 하단에 보면 선이 두 개로 겹쳐진 부분을 볼 수 있다. 그 부분에 Data hub 부분이 숨어 있으니 그 부분에 마우스를 가져다놓고 마우스 모양이 양방향으로 바뀌면 클릭한다. 이 결과는 아래와 같이 볼 수 있다.

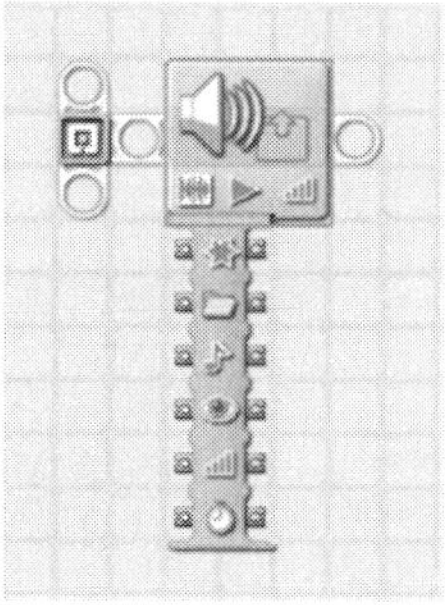

각각의 블록은 서로 다른 Data hub를 갖고 있으며 서로 동일한 형식숫자, 텍스트 논리의 데이터만 주고받을 수 있다.

동일한 형식의 데이터가 올바르게 연결되었다면 그 연결선은 일정한 색상을 나타낸다. 아래 그림을 참고하자.

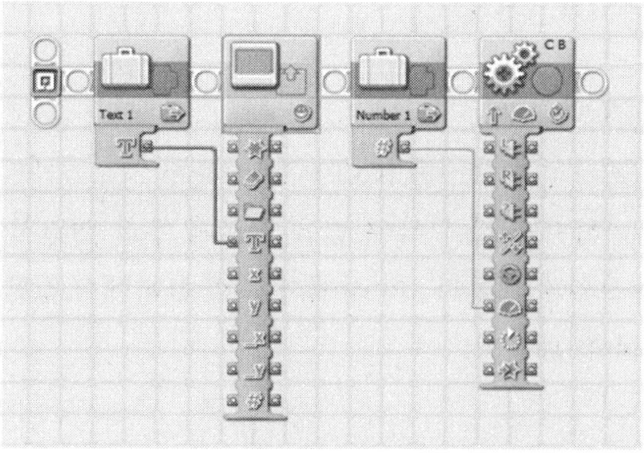

첫 번째와 두 번째 블록은 텍스트 변수를 LCD창에 표시하는 두 개의 블록이다. Text1 블록은 Text 형식의 Data를 보내게 되고 Display 블록은 Text를 표시하고 있다. 두 개의 연결이 정상적으로 되었기에 텍스트가 올바르게 연결되었다는 표시로 주황색의 연결선을 볼 수 있다.

세 번째와 네 번째 블록은 숫자 변수를 모터 블록으로 전달해 원하는 모터 세기를 전달하는 모습이다. 숫자 형태의 Data를 전달하고 있으므로 ①의 Hub를 볼 수 있다.

그밖에 참/거짓의 논리 Data를 전달할 수도 있는데 이 허브는 ②를 나타내며, 올바르지 않은 허브 연결에 대해서는 ③으로 나타낸다.

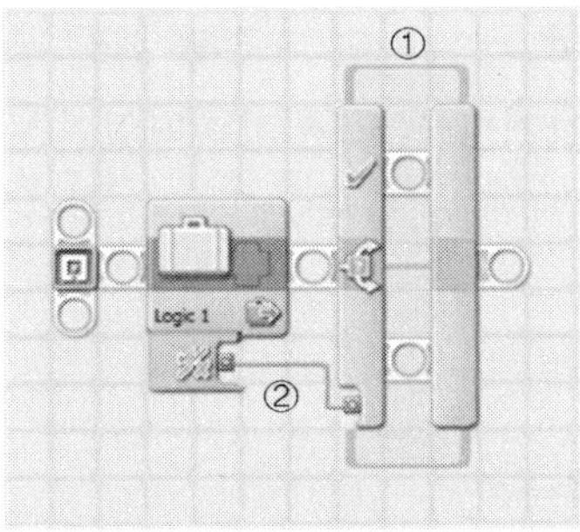

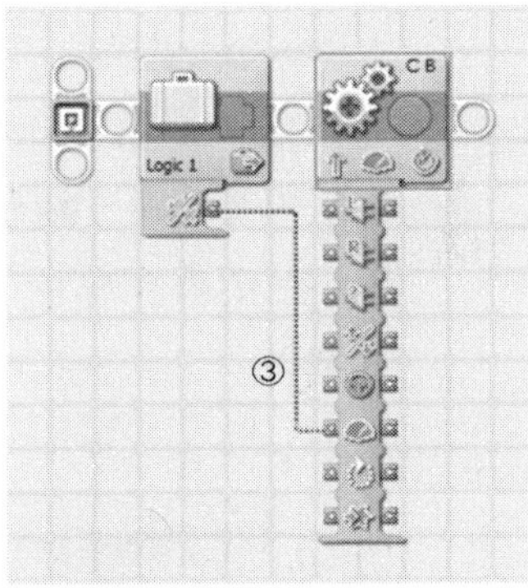

각 블록의 Hub 부분 소개

1) Move 블록

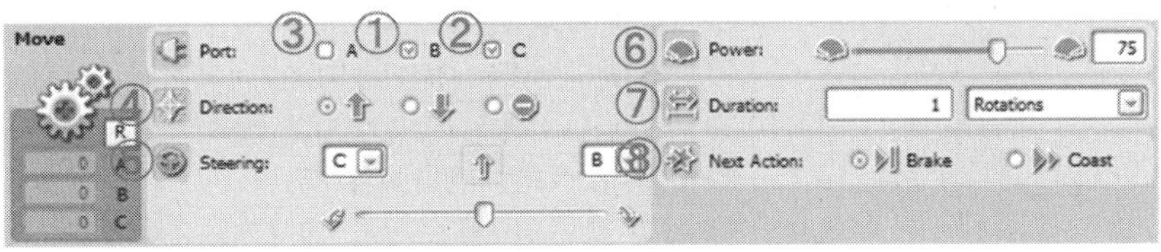

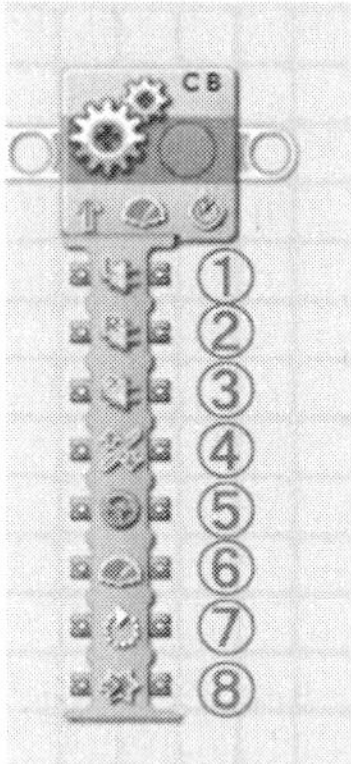

각 허브는 각 블록의 세부 사항과 일치한다.

	B와 C의 모터에 값을 전달할 경우	
①	왼쪽 모터(B)에 포트번호를 지정할 수 있다.	숫자 Data 1-A, 2-B,3-C
②	오른쪽 모터(C)에 포트번호를 지정할 수 있다.	숫자 Data 1-A, 2-B,3-C
③	다른 모터(A)에 포트번호를 지정할 수 있다.	숫자 Data 1-A, 2-B,3-C
④	모터의 방향을 지정할 수 있다.	논리 Data T=↑, F=↓
⑤	두 모터를 조정해 방향을 바꾸게 한다.	숫자 Data 양-왼쪽, 음-오른쪽
⑥	모터의 세기를 지정할 수 있다.	숫자 Data 양수=모터 세기
⑦	값을 각도/회전/시간만큼 지정할 수 있다.	숫자 Data 양수=모터 회전
⑧	블록 다음 행동을 지정할 수 있다.	논리 Data T=정지, F=계속

2) Record/play 블록

Reocord 블록은 모터의 상태를 그대로 기록한다. 실제로는 볼 수 없지만 블록 속에 기록된다. [●Record] 상태라면 지정된 시간 동안 모터가 수행했던 내용을 기록하고, [▶play]를 가져다 놓으면 기록되었던 내용을 그대로 재생한다. 동작을 원하지 않는 모터에 대해서는 해당하는 블록 허브 값을 False로 설정하면 된다.

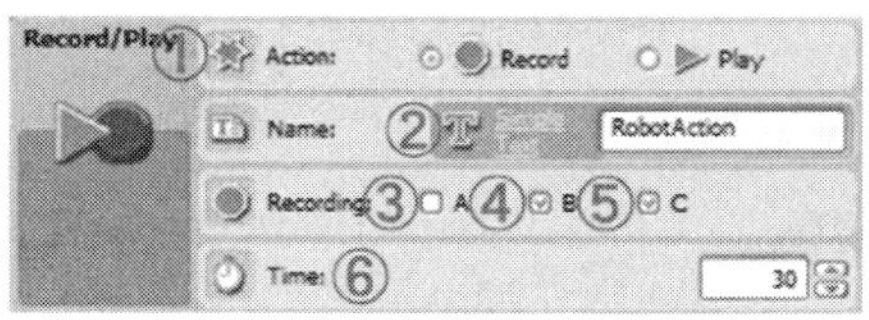

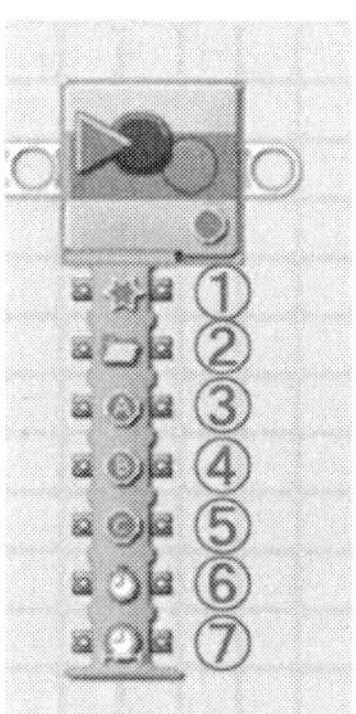

각 허브는 각 블록의 세부 사항과 일치한다.

	B와 C의 모터에 값을 전달할 경우	
①	Record 또는 Play 지정이 가능하다.	숫자 Data 0-Record, 1-Play
②	Sound file명 지정을 할 수 있다.	텍스트 Data Sound file 파일명
③	A 모터의 상태를 저장할지 지정 가능하다.	논리 Data T=Record, F=Play
④	B 모터의 상태를 저장할지 지정 가능하다.	논리 Data T=Record, F=Play
⑤	C 모터의 상태를 저장할지 지정 가능하다.	논리 Data T=Record, F=Play
⑥	기록하는 시간 지정이 가능하다.	숫자 Data 상태 저장 시간
⑦	초당 몇 번 상태를 보고 저장할지 지정 가능하다.	숫자 Data 상태 저장 횟수

3) Sound 블록

사운드 블록에 허브를 연결함으로써 원하는 음악파일을 각기 다르게 재생시키는 것이 가능하다. 볼륨 크기 또한 허브로 전달이 가능하며 허브로 연결된 숫자만큼의 볼륨 크기를 실행시킬 수 있다.

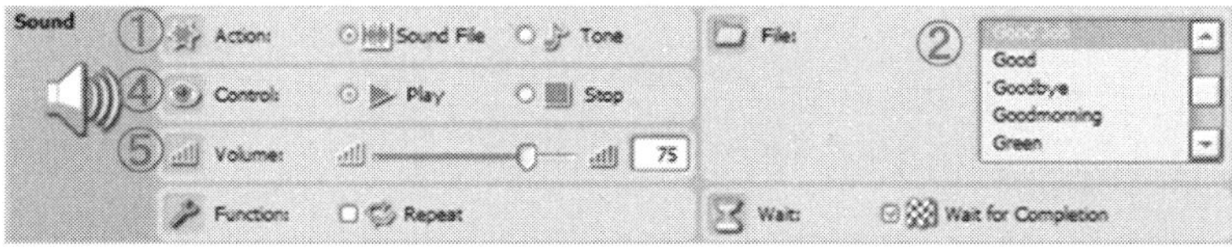

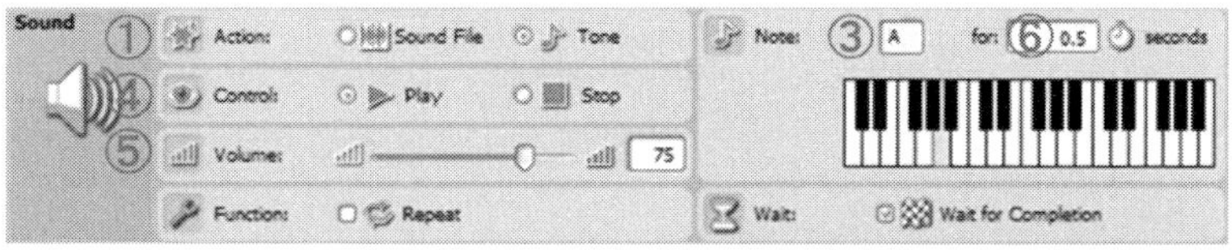

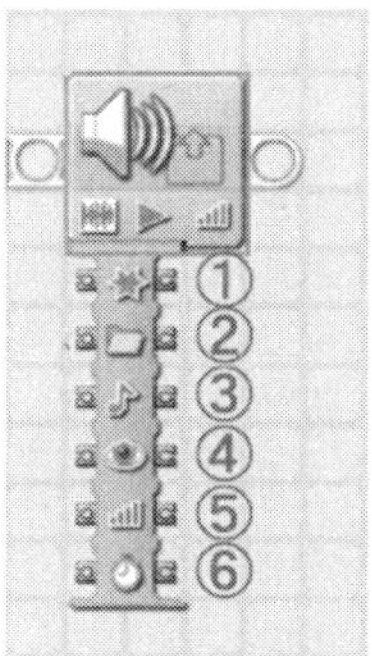

각 허브는 각 블록의 세부 사항과 일치한다.

	각 Sound file 또는 Tone 부분으로 나뉜다	
①	Sound file을 선택할 것인지, Tone을 선택할 것인지 지정 가능하다.	숫자 Data 0 =sound file, 1 = Tone
②	Sound file 이름을 지정해줄 수 있다.	텍스트 Data Sound file 이름
③	Tone 음 지정이 가능하다.	숫자 Data Tone음 값
④	Play 또는 Stop 지정이 가능하다.	숫자 Data 0 =Play, 1 =Stop
⑤	Sound 볼륨 크기 지정이 가능하다.	숫자 Data Sound 볼륨 크기
⑥	몇 초간 지속적 소리를 낼 것인지 지정 가능하다.	숫자 Data 초 단위 재생시간

4) Display 블록

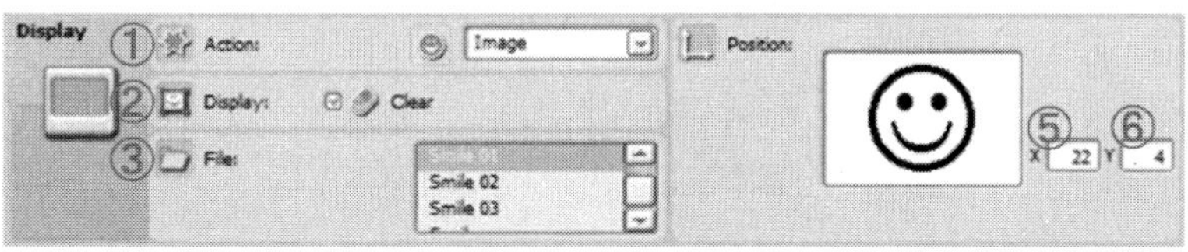

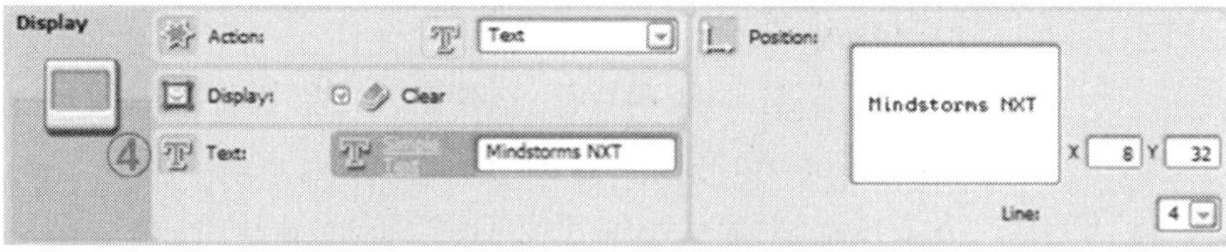

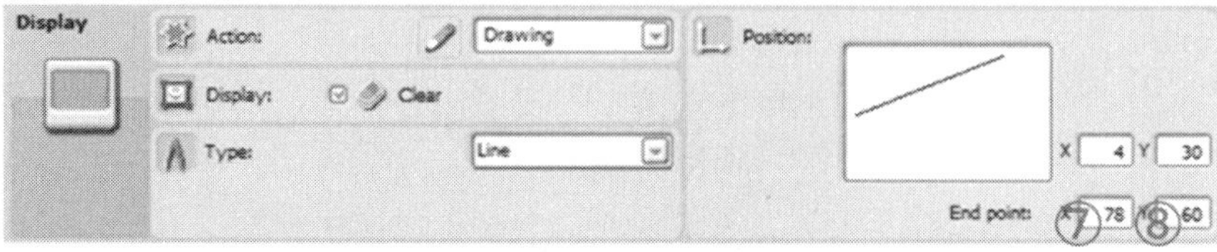

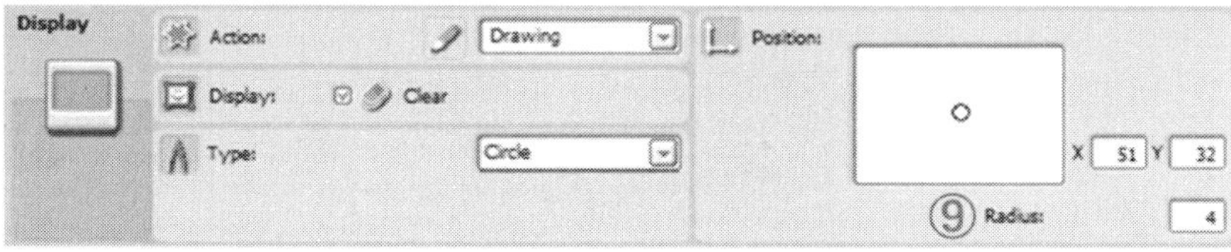

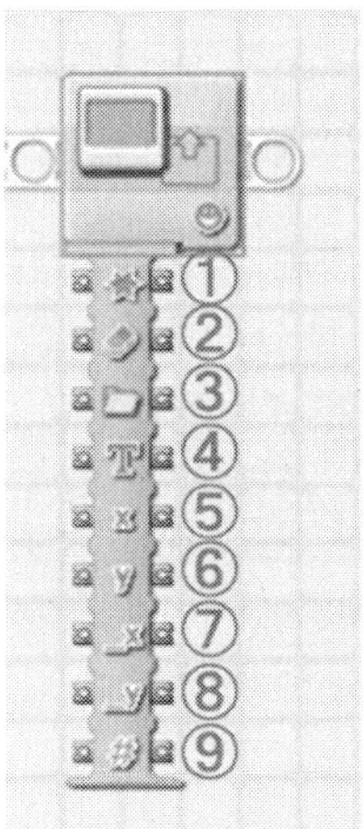

①	무엇을 나타낼지 지정 가능하다.	숫자 Data 1-Image,2-Text,3-Point, 4-Line,5-Circle
②	블록이 끝남과 동시에 화면을 지울 것인지 지정 가능하다.	논리 Data T=Clear, F=X
③	그림 파일 명이 지정 가능하다.	텍스트 Data Image file 이름
④	나타낼 텍스트를 지정 가능하다.	텍스트 Data 화면 표시 텍스트
⑤	텍스트/이미지/선 등 X좌표를 지정한다.	숫자 Data (x,y) 중 x 좌표
⑥	텍스트/이미지/선 등 Y좌표를 지정한다.	숫자 Data (x,y) 중 y 좌표
⑦ ⑧	Line일 경우 End point x값 지정한다. Line일 경우 End point y값 지정한다.	숫자 Data E_(x,y) 중 x,y좌표
⑨	Circle일 경우 Radius(반지름)를 지정할 수 있다.	숫자 Data 원의 반지름

5) Touch 블록

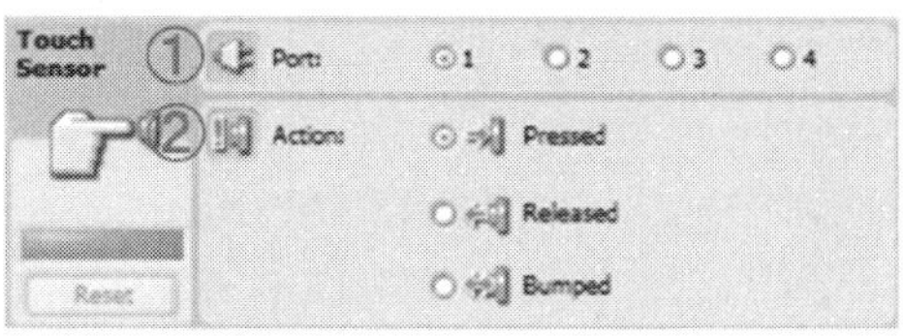

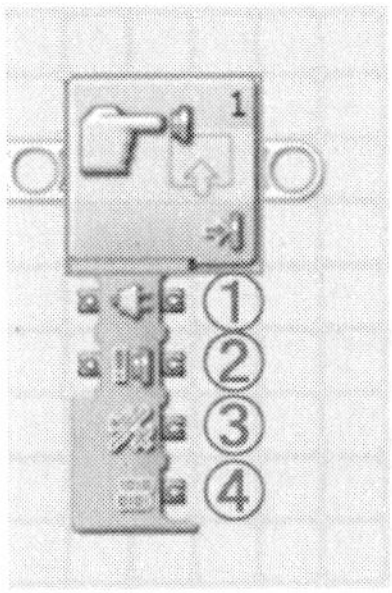

①	터치센서가 연결된 포트를 지정할 수 있다.	숫자 Data 1~4-포트번호
②	입력값에 따라 Action이 달라진다.	숫자 Data 1-pressed, 2-Released, 3-Bumped
③	터치센서가 눌려지면 True, 띄어지면 False로 알려준다.	논리 Data T-Pressed, F-Released
④	터치센서의 눌림 정도를 값으로 표현한다.	숫자 Data 눌린 정도에 따른 정수값

6) Sound 블록

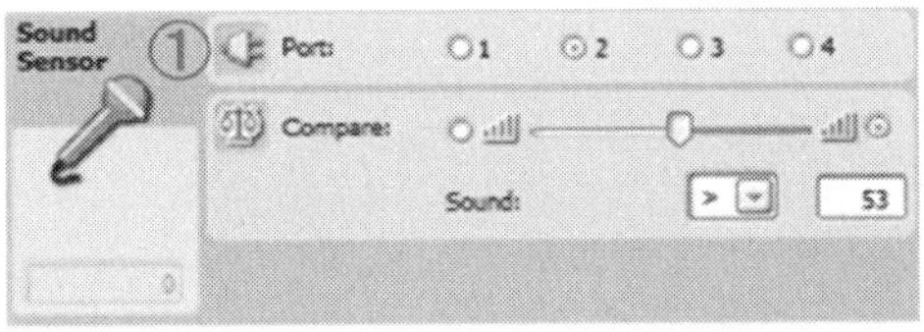

①	사운드 센서가 연결된 포트를 지정할 수 있다.	숫자 Data 1~4-포트번호
②	비교 기준이 되는 값을 지정할 수 있다.	숫자 Data 1-A, 2-B, 3-C
③	비교 방법을 지정할 수 있다.	논리 Data T-'〉', F-'〈'
④	Acoustic decibel이면 True값을 주고, 아닐 때 False값을 내게 한다.	논리 Data T=DBa, F=DB
⑤	②과 ③의 결과에 따라 결과를 알려준다.	논리 Data 값의 옳고 그름.
⑥	입력된 소리의 크기를 알려준다.	숫자 Data 입력된 소리 크기
⑦	소리의 크기를 Raw값으로 알려준다.	숫자 Data 입력된 소리 크기

7) NXT Buttons 블록

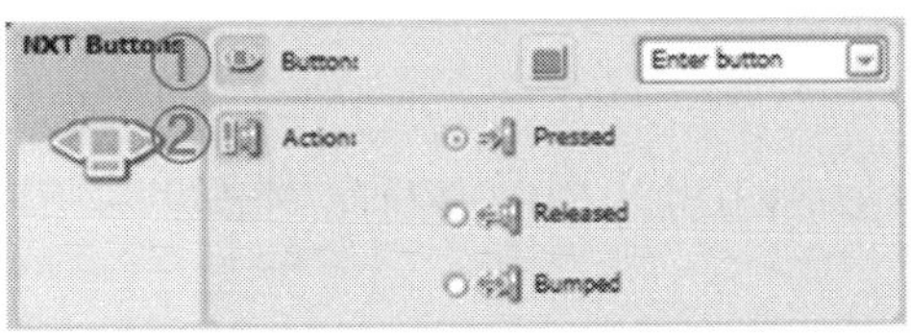

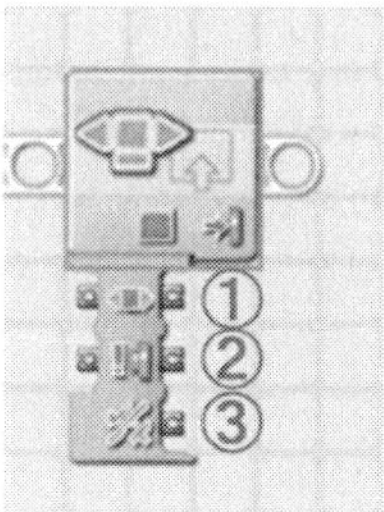

①	어떠한 버튼으로 할지 선택할 수 있다.	숫자 Data 1-◀, 2-■, 3-▶
②	버튼의 상태를 결정한다.	숫자 Data 1-pressed,2-released,3-Bumped
③	상태에 따른 값을 논리값으로 내어준다.	논리 Data T-Action상태, F-Action과 다른 상태

8) Rotation 블록

이 블록은 모터 회전에 따른 각도 또는 회전에 대한 값을 카운터할 수 있다. 이 일부의 값은 Reset을 통해 초기화 가능하다.

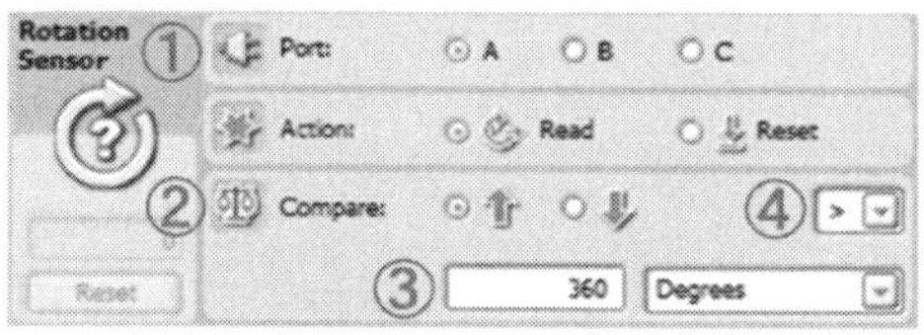

①	카운터 할 포트를 지정한다.	숫자 Data 1-A, 2-B, 3-C
②	턴 회전의 방향을 지정할 수 있다.	논리 Data T-⇧, F-⇩
③	비교 기준이 되는 값을 지정할 수 있다.	숫자 Data 정수-비교값
④	비교 기준의 방향이 지정 가능하다.	논리 Data T=Reset, F=Read
⑤	Reset 버튼으로 값을 초기화할 수 있다.	논리 Data 값의 옳고 그름.
⑥	모터 회전 방향과 일치하면 True, 다르면 False	논리 Data T-선택 방향, F-반대 방향
⑦	모터의 회전값을 알려준다.	숫자 Data 모터의 회전값

9) Timer 블록

NXT에는 내장된 타이머가 있다. 3개를 사용할 수 있는데 번호를 지정해 각기 다른 타이머를 1번, 2번, 3번 타이머로 설정해 사용이 가능하다.

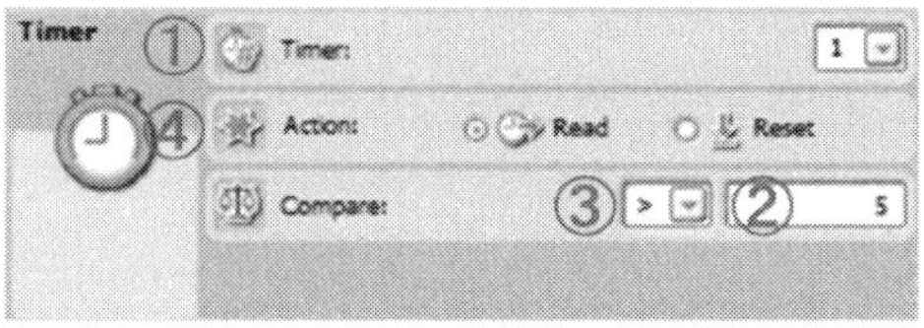

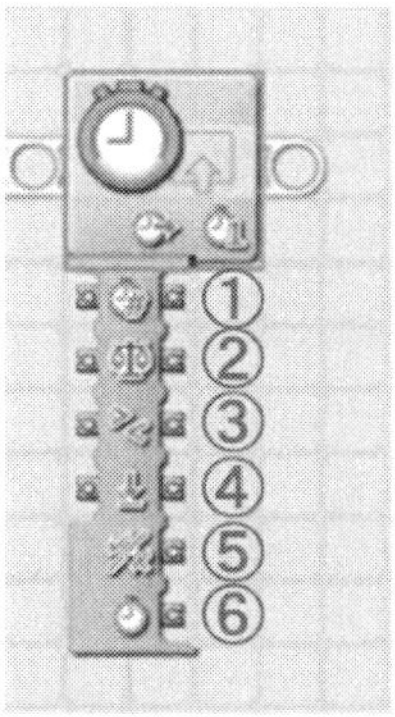

①	총 3개의 내장 타이머가 제공되는데 몇 번 타이머를 사용할 것인지 지정이 가능하다	숫자 Data 1~3 –타이머 번호
②	비교 기준이 되는 값을 지정할 수 있다.	숫자 Data 타이머 비교 수치
③	비교 방법 기준을 지정할 수 있다.	논리 Data T–'〉', F–'〈'
④	타이머 값을 초기화시킬 것인지 지정 가능하다.	논리 Data T=Reset, F=Read
⑤	②과 ③의 결과에 따라 결과를 알려준다.	논리 Data T–참, F–거짓.
⑥	타이머 값을 알려준다.	숫자 Data 측정 중 타이머 값

10) Stop 블록

센서나 모터 등의 동작을 정지시키고자 할 때 사용 가능한 블록이다.

①	작동 중인 센서나 모터를 정지시킬 수 있다.	논리 Data T–Stop, F–무시

11) Logic 블록

NXT에서 제공하는 수학 수식을 사용할 수 있는 블록이다.

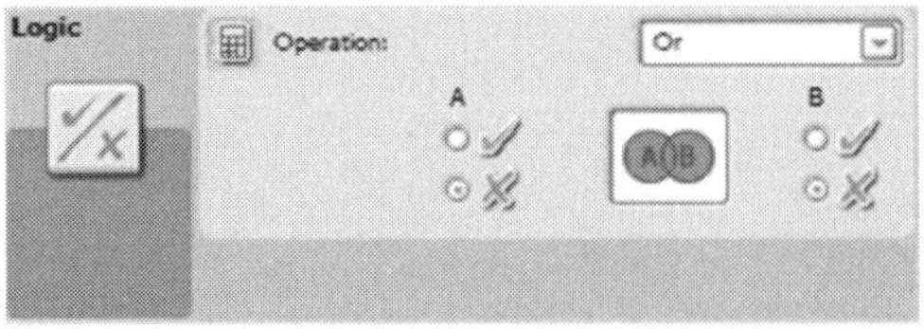

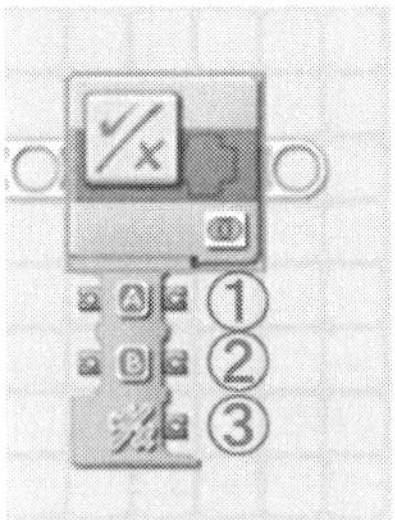

①	입력될 A번 값을 뜻한다. (값 : Only 논리)	논리 Data 입력과 동일한 값
②	입력될 B번 값을 뜻한다. (값 : Only 논리)	논리 Data 입력과 동일한 값
③	논리적 연산의 결과를 알려준다.	논리 Data 연산 결과값

12) Math 블록

Logic블록이 논리적 연산을 제공한다면 Math 블록은 수학적인 값을 사칙연산을 이용해 계산이 가능하도록 해준다.

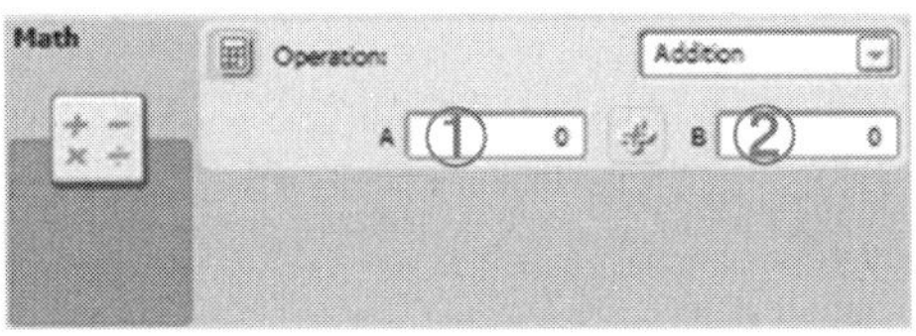

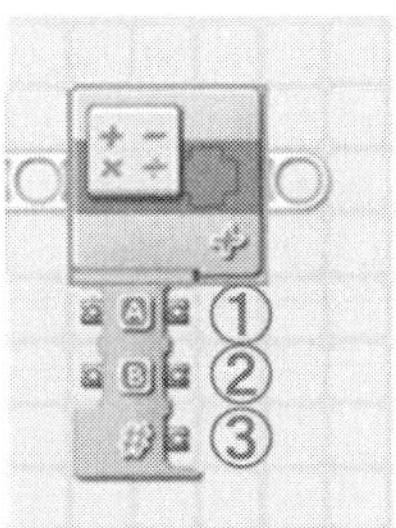

①	입력될 A번 값을 뜻한다. (값 : Only 숫자)	논리 Data 정수 값
②	입력될 B번 값을 뜻한다. (값 : Only 숫자)	논리 Data 정수 값
③	계산 결과값을 반환한다.	논리 Data 연산 결과값

13) Compare 블록

이 블록은 숫자를 기반으로 한 Logic과 동일하다. 두 값을 비교해 결과를 논리값으로 반환하게 된다.

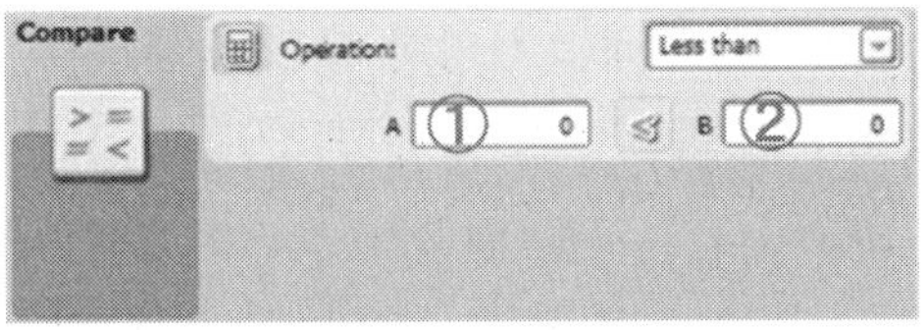

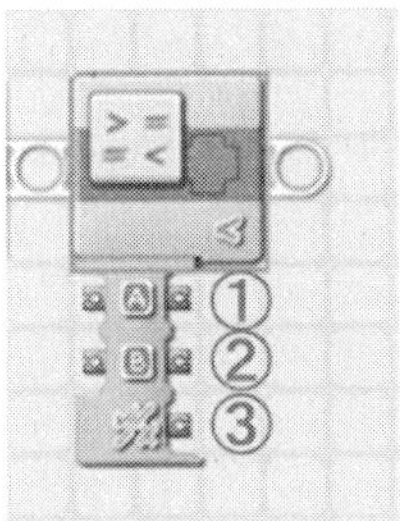

①	입력될 A번 값을 뜻한다. (값: Only 숫자)	숫자 Data 1-A,2-B,3-C
②	입력될 B번 값을 뜻한다. (값: Only 숫자)	논리 Data T -?,F -?
③	계산 결과값을 논리값(참,거짓)으로 반환한다.	숫자 Data 정수값 입력,논리값 출력

14) Range 블록

값이 지정된 범위 안에 있는지 판단하고 논리값으로 결과값을 반환한다.

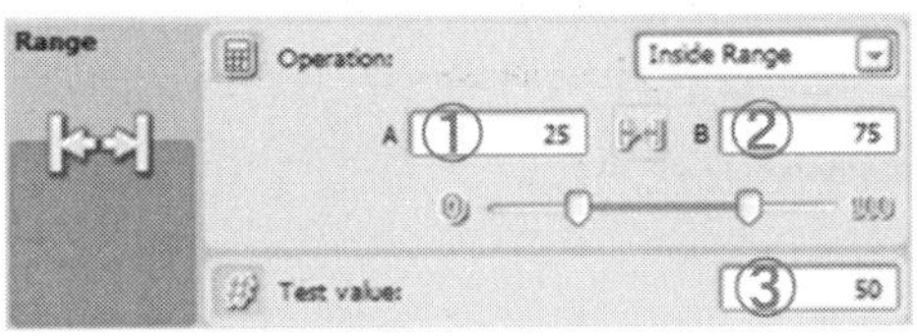

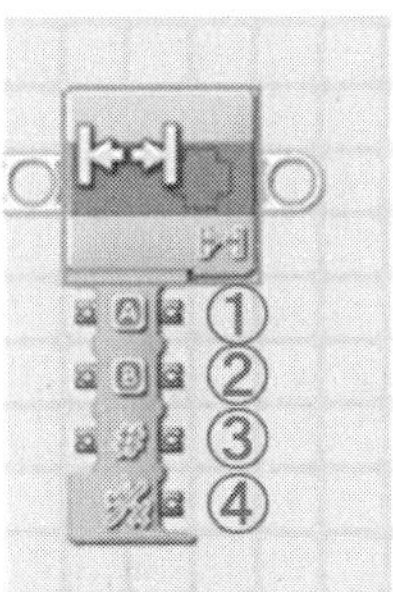

①	하한값을 지정한다.	숫자 Data
②	상한값을 지정한다.	숫자 Data
③	테스트 할 값을 입력한다.	숫자 Data 정수－비교값
④	테스트 값이 범위 안에 있는지 논리값으로 반환한다.	논리 DataT－범위 안, F－범위 밖

6 Sensor 블록

LEGO 마인드스톰 NXT 장비에는 다양한 모터와 센서들이 마련되어 있다. 이러한 센서들을 통해 로봇은 외부 환경에 대한 값을 입력 받을 수 있다. 이러한 입력값들은 로봇이 상황이나 환경을 인식해 적절한 동작을 할 수 있도록 도와준다. 이러한 센서에는 우리가 사용하는 NXT 소프트웨어에서 제공하는 센서와 이전 버전인 RIS Robotics Invention System에서 제공하는 RIS 아이템들이 있다. RIS 버전의 센서들 역시 매우 유용하며 NXT 시스템과 완벽한 호환성을 제공한다.

6.1 센서란 어떻게 사용되는가?

빨강, 파랑, 노란색의 공이 각각 10개씩 있다고 가정하자. 그리고 이 공들을 색깔을 기준으로 각 통에 분류를 한다고 하자. 그 과정은 다음과 같을 것이다.

1) 공의 색을 구별 빨강, 파랑, 노랑한다.

2. 구별한 색에 따라 적절한 통에 공을 담는다.

위의 과정에는 각 색을 구별할 수 있는 적절한 센서 light sensor가 필요하다.

light 센서 외에도 LEGO 마인드스톰 NXT 장비에서 제공하는 센서에는 터치 센서 touch sensor, 사운드 센서 sound sensor, 초음파 센서 ultrasonic sensor, 회전 센서 rotation sensor, 타이머 timer 등이 있다.

6.2 센서의 특징

터치 센서, 사운드 센서, 라이트 센서, 초음파 센서, 회전 센서에는 세 가지 특징이 있다.

1) 센서는 환경이나 조건의 변화를 감지할 수 있다. 예를 들어 빛의 세기, 소리의 크기 등을 탐지할 수 있다.
2) 하나의 센서 블록은 그 시간에 한 가지의 환경이나 조건의 변화만을 감지할 수 있다. 만약 빛의 세기가 20~50 사이인지를 탐지하고자 한다면 20 이상인지를 탐지하는 라이트 센서 블록과 50 이하인지를 탐지하는 라이

트 센서 블록 2개가 필요할 것이다.

3) 위에서 언급한 블록들은 참, 거짓 두 가지 논리적인 값true/false으로만 탐지가 가능하다. 색깔에 따라 공을 분류하는 문제를 생각해보자. 만약 파란색 공을 탐지한다고 생각하면 센서에서 탐지한 값은 파란색인지, 파란색이 아닌지 이 두 가지 값 중 하나가 된다. 당연히 파란색으로 값을 인식하면 빨간색을 탐지하는 라이트 센서와 노란색을 탐지하는 라이트 센서는 false를 로봇에게 전달할 것이다.

6.3 터치 센서

Sensor 팔레트에서 터치 센서touch sensor 블록을 선택해서 Start 위치에 놓자. 터치 센서 블록의 세부 조정 패널configuration panel의 구성은 아래 그림과 같다.

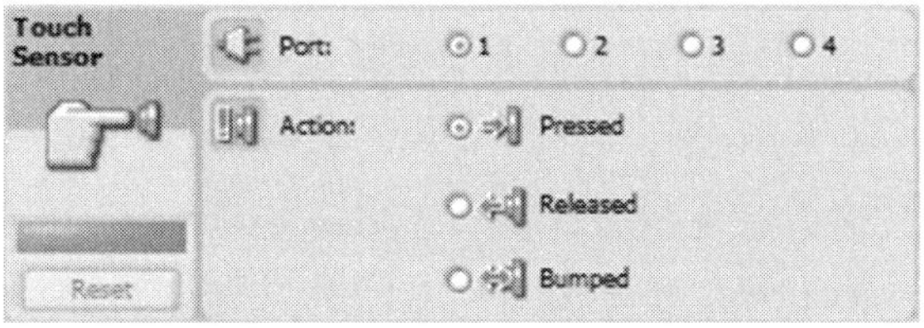

센서에서 사용될 수 있는 포트는 총 4개이며 기본적으로 1번 포트가 선택되어 있다. 사용자는 임의로 여러 센서들을 4가지 포트와 연결할 수 있다. Action 메뉴에서 3가지 입력 방법을 선택할 수 있다.

1) Pressed : 터치 센서에 버튼이 눌려지면 입력값이 로봇에게 전달되는 방식이다.
2) Released : 터치 센서에 버튼이 눌려졌다 떼어지면 입력값이 로봇에게 전달되는 방식이다.
3) Bumped : 이 방식은 마치 충돌이 일어났을 경우와 동일하다. 터치 센서의 버튼이 매우 빠른 속도로0.5초 이내 눌려졌다가 떼어졌을 경우에 입력값이 로봇에게 전달되는 방식이다.

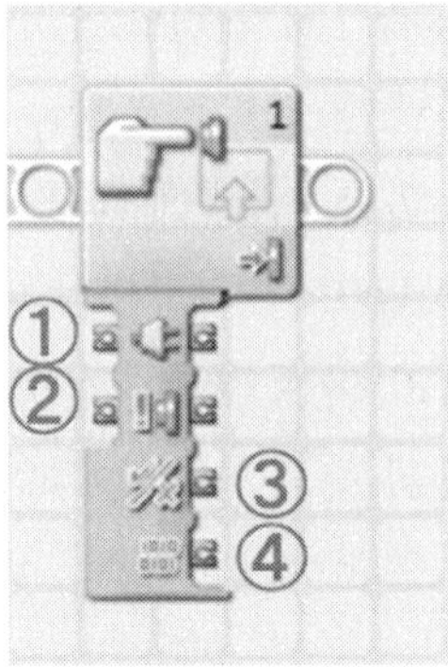

각 센서 블록에는 여러 개의 데이터 허브가 있다. 위의 그림은 터치 센서 블록의 데이터 허브를 나타낸다.

1) ①은 포트를 나타내며 1~4까지의 숫자로 표시한다.

1=Port1　　2=Port2　　3=Port3　　4=Port4

2) ②는 터치 센서에 입력된 값을 표시한다.

0=누름　　1=나옴　　2=충돌

3) ③은 논리적인 값으로 비교 결과를 표시한다. True/False

4) 센서의 값을 숫자로 표시한다. 범위는 0~1024까지이다.

이 외의 센서 허브값은 NXT 소프트웨어의 'Help 메뉴 → Contents and Index 메뉴' 를 선택하면 각종 블록의 상세 정보를 얻을 수 있는데 여기서 Sensor Block 메뉴를 선택하면 상세한 정보를 얻을 수 있다.

This chart shows the different characteristics of the plugs on the Touch Sensor block's data hub:

	Plug	Data Type	Possible Range	What the Values Mean	This Plug is Ignored When...
	Port	Number	1 - 4	1 = Port 1, 2 = Port 2, 3 = Port 3, 4 = Port 4	
	Action	Number	0 - 2	0 = Pressed 1 = Released 2 = Bumped	
	Yes / No	Logic	True/False	Result of comparison	
	Raw Value	Number	0 - 1024	Raw (unscaled) value read from sensor	

6.4 사운드 센서

사운드 센서 블록Sound Sensor Block을 이용해 소리의 크기를 감지할 수 있다. 값의 범위는 0~100까지이며 상세한 정보는 아래와 같다.

- 4~5% : 소리가 거의 없는 수준
- 5~10% : 약간 거리가 있는 곳에서 사람들의 이야기가 들리는 수준
- 10~30% : 센서 가까이에서 대화를 나누거나 음악 소리가 들리는 수준
- 30~100% : 사람들이 소리를 지르거나 음악이 큰 소리로 나는 수준

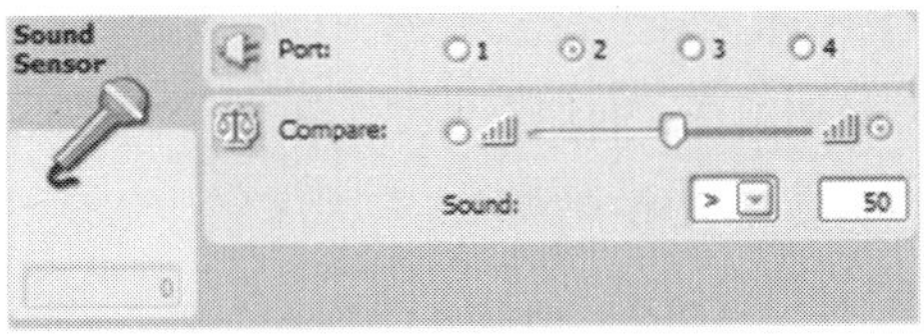

사운드 센서 블록은 기본적으로 2번 포트로 연결되어 있다. 소리의 크기는 0~100까지 지정이 가능하며 특정 소리보다 작거나(<) 혹은 큰 경우(>)를 측정한다.

6.5 빛 센서

빛 센서 블록Light Sensor Block은 빛의 밝기, 광량, 명암 등을 감지해 색상 구별이 가능하다. 기본 포트는 3번으로 지정되어 있다.

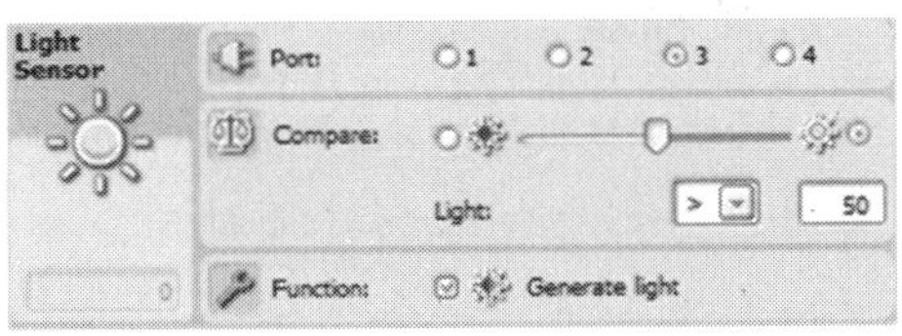

측정할 빛의 양은 0~100까지 값으로 지정이 가능하며 이 값은 백분율

Percentage을 의미한다. 라이트 센서와 마찬가지로 빛의 세기가 특정 값보다 작거나(<) 혹은 큰 경우(>)를 측정한다. 빛 센서에는 Generate Light 옵션이 있는데 이 기능을 사용할 경우 빛 센서의 램프가 켜지고 램프의 반사광을 통해 값을 측정한다. 이 기능을 사용하지 않을 경우에는 램프의 빛 없이 주변의 조도를 감지해 빛의 양을 측정한다.

6.6 초음파 센서

초음파 센서Ultrasonic Sensor를 이용해 물체의 거리를 측정할 수 있다. 기본 출력 포트는 4번으로 지정되어 있으며 측정 범위는 0~250cm까지 측정 가능하다. 오차 범위는 ± 3cm 이다.

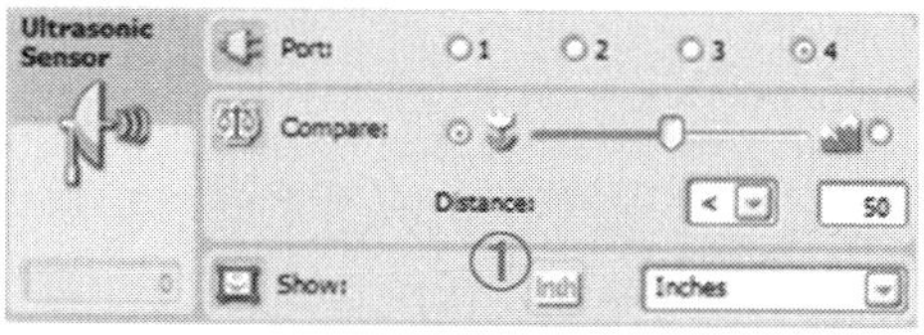

①번에서 측정할 값의 단위를 인치inches, 센티미터centimeters로 선택할 수 있다. 사운드, 라이트 센서와 마찬가지로 특정한 거리보다 작거나(<) 혹은 큰 경우(>)를 측정한다.

6.7 회전 센서

회전 센서Rotation Sensor를 이용하면 모터의 회전 방향과 정도를 알 수 있다. 이는 NXT 모터 내부에 있는 모터의 회전 방향과 정도를 측정할 수 있는 센서를 이용해 측정한다. 회전 센서 블록의 세부 조정 패널configuration panel에는 측정할 모터가 연결되어 있는 포트를 지정할 수 있는 옵션이 있다.

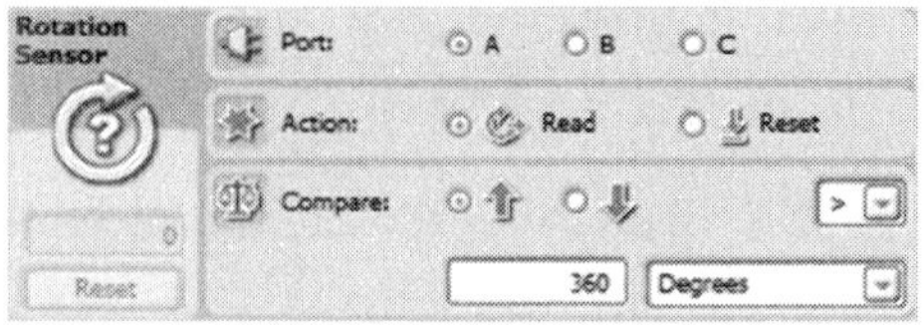

Action 옵션에서 Read를 선택하면 현재 센서가 측정한 모터의 회전 방향과 정도를 전송하며 Reset을 선택하면 기존의 측정값들은 무시되고 현재 모터의 위치값을 0으로 설정한다. 측정할 때 측정 기준이 되는 방향을 선택할 수 있으며 전진과 후진이 있으며 선택한 방향을 기준으로 +, −로 값이 측정된다. 다른 센서들과 마찬가지로 특정 값을 기준으로 작거나(<) 혹은 큰 경우(>)를 측정할 수 있으며, 측정의 단위는 회전수rotations와 각도degrees가 있다.

6.8 타이머

타이머 블록Timer Block을 이용해 사용자가 원하는 시간을 측정하고, 측정된 값을 데이터 허브로 연결해 다른 블록들에게 전송할 수 있다. LEGO 마인드스톰 NXT 장비에 내장되어 있는 타이머를 이용해 시간을 측정하며 총 3개의 타이머를 내장하고 있다.

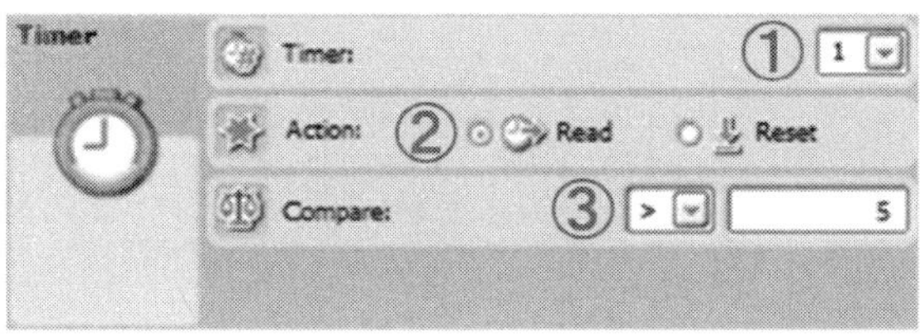

각 타이머의 종류는 ①번에 콤보 박스를 이용해 선택할 수 있다. ②번에 보면 Read와 Reset 옵션이 있는데 Read 옵션을 선택하면 현재 선택한 타이머의 시간을 읽어들이며 Reset 옵션을 선택하면 현재 선택한 타이머의 시간을 0으로

초기화한다. ③번에서는 특정 시간을 기준으로 현재 타이머의 시간이 작거나(<) 혹은 큰 경우(>)를 측정한다. 이 값은 데이터 허브를 이용해 시간을 전송할 수도 있고, True/False 형식으로도 전송이 가능하다.

6.9 센서를 이용한 예제

1) 터치 센서를 이용해 모터의 회전 방향을 전환하는 예제 프로그램을 만들어보자.

① 반복적으로 입력을 받기 위해서 Flow 팔레트에서 Loop 블록을 선택해 Start 위치에 끌어놓는다.

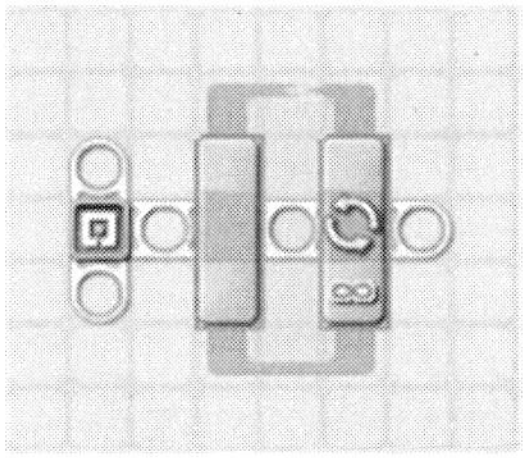

② Sensor 팔레트에서 터치 센서를 선택해 루프문 안에 넣는다.

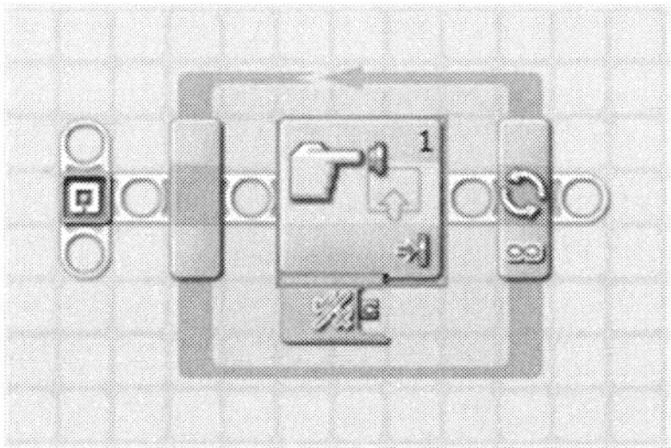

③ Common 팔레트에서 Move 블록을 터치 센서 블록 옆에 이어놓는다. 터치 센서 데이터 허브에서 Yes/No 항목을 선택한 뒤 Move 블록 데이터 허브의 방향Direction 항목에 연결한다.

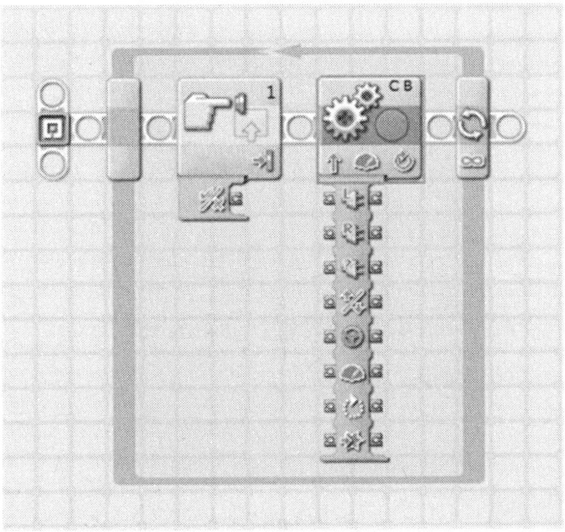

④ 데이터를 저장한 뒤 LEGO 마인드스톰에 다운로드한다.

2) 초음파 센서Ultrasonic Sensor를 이용해 물체와 거리를 측정한 뒤 LEGO 마인드스톰의 LCD에 거리를 표시해 주는 프로그램을 만들어보자.

① 반복적으로 거리를 측정하기 위해서 Flow 팔레트에서 Loop 블록을 선택해 Start 위치에 끌어놓는다.

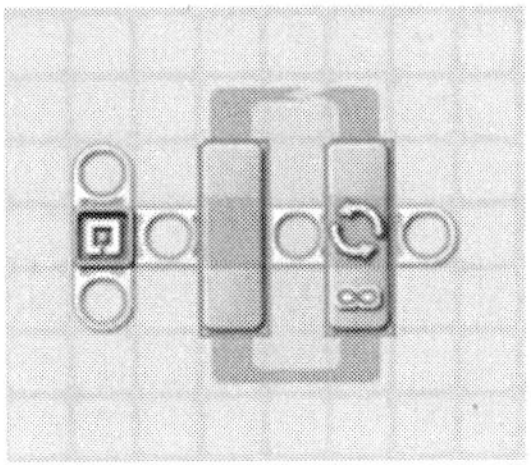

② Sensor 팔레트에서 초음파 센서를 선택한 뒤 루프문 안에 넣는다.

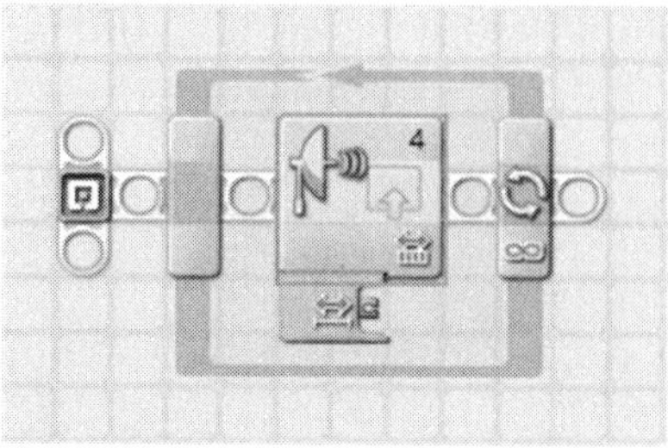

③ Advanced 팔레트에서 Number to text 블록을 선택한 뒤 초음파 센서 옆에 붙여넣는다.

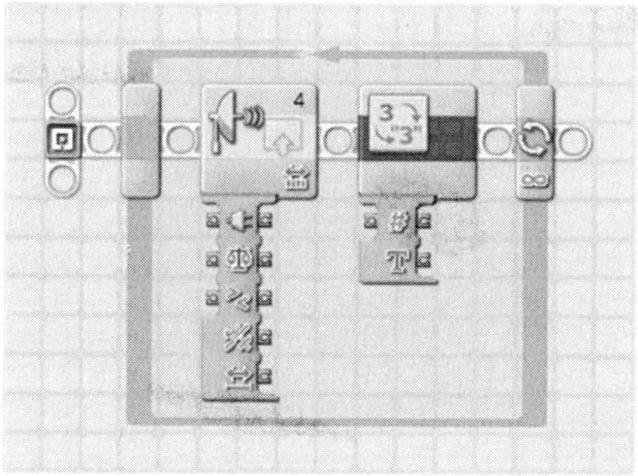

④ Common 팔레트에서 Display 블록을 선택해 Number to text 블록 옆에 붙인다. 초음파 센서 블록 데이터 허브의 Distance 항목을 Number to text 블록 데이터 허브의 Number 항목과 연결한다. 그리고 Number to text 블록 데이터 허브의 Text 항목을 Display 블록 데이터 허브의 Text 항목과 연결한다.

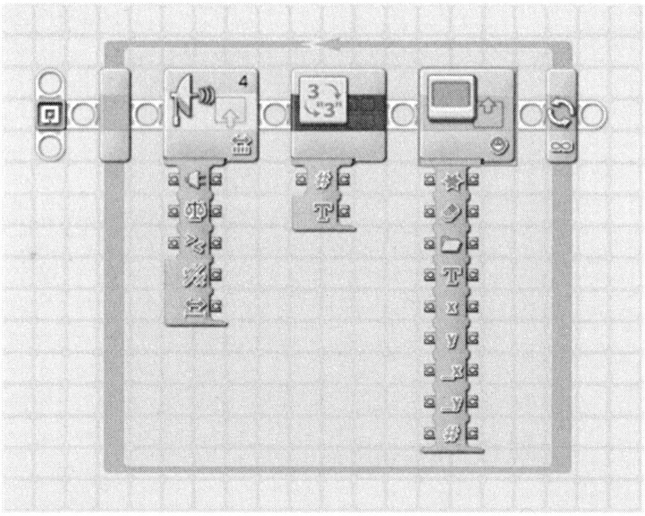

⑤ 데이터를 저장한 뒤 LEGO 마인드스톰에 다운로드한다.

3) 주위의 소리를 측정한 뒤 LEGO 마인드스톰의 LCD에 소리의 크기를 표시해 주는 프로그램을 만들어보자.

① 반복적으로 소리의 크기를 측정하기 위해서 Flow 팔레트에서 Loop 블록을 선택해 Start 위치에 끌어놓는다.

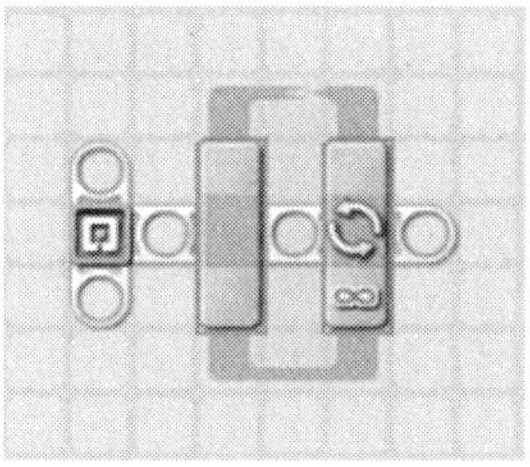

② Sensor 팔레트에서 사운드 센서를 선택한 뒤 루프문 안에 넣는다.

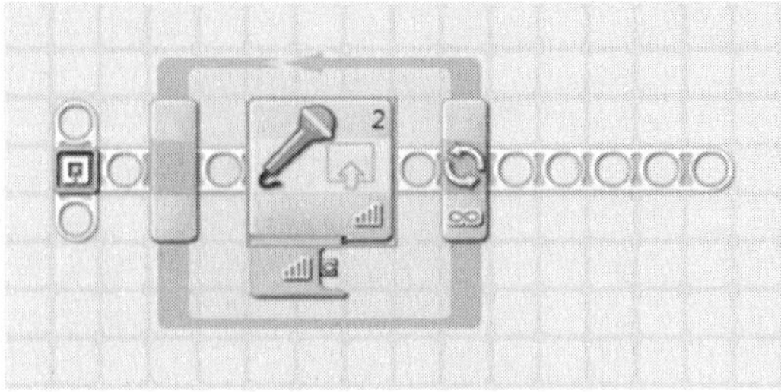

③ Advanced 팔레트에서 Number to text 블록을 선택한 뒤 사운드 센서 옆에 붙여넣는다.

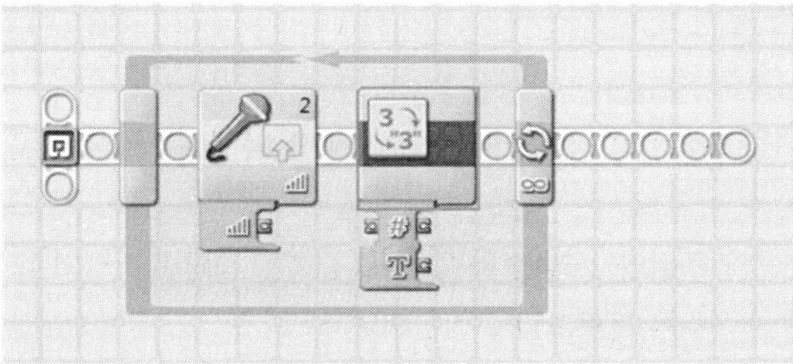

④ Common 팔레트에서 Display 블록을 선택해 Number to text 블록 옆에 붙인다. 사운드 블록 데이터 허브의 Sound level 항목을 Number to text 블록 데이터 허브의 Number 항목과 연결한다. 그리고 Number to text 블록 데이터 허브의 Text 항목을 Display 블록 데이터 허브의 Text 항목과 연결한다.

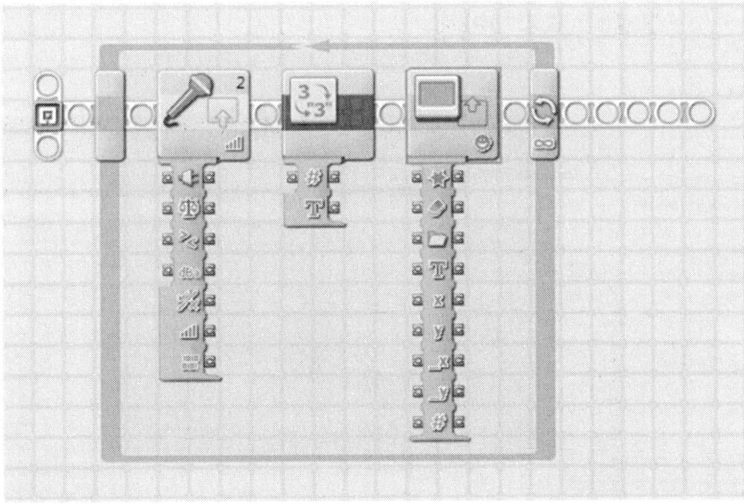

⑤ 데이터를 저장한 뒤 LEGO 마인드스톰에 다운로드한다.

7 Wait 블록

7.1 소개

타이머 기능에 대해서는 모두들 알고 있을 것이다. LEGO 마인드스톰에서도 타이머기능을 지원한다. 이 기능을 하는 블록이 Wait이다. 이 블록은 지정된 시간 동안 멈추도록 한다.

아이콘은 아래와 같다. 다음 그림은 작업창에 끌어다놓은 모습이다.

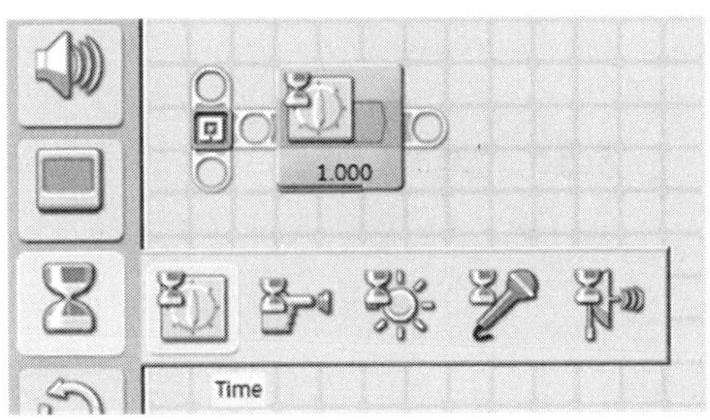

7.2 프로그래밍

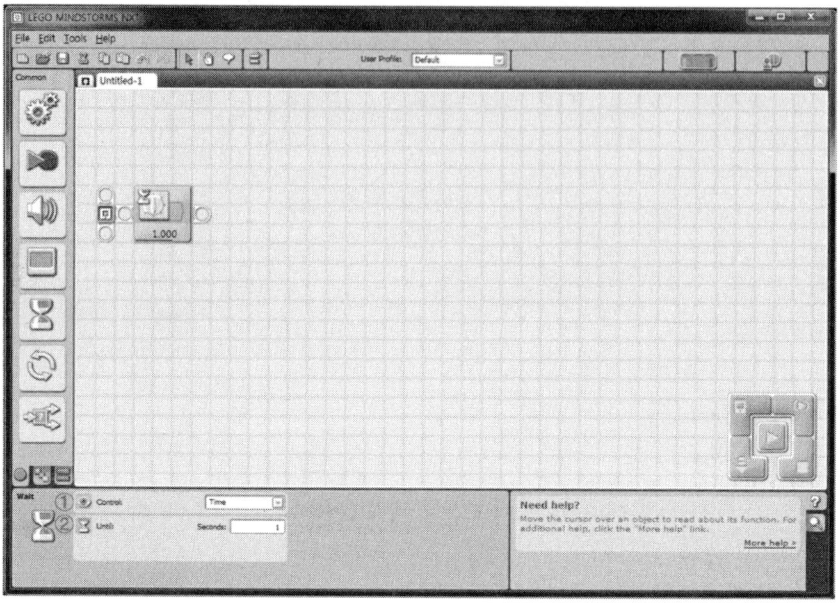

wait 블록 세부 설정

① Control : 이 타이머를 어떠한 동작에 의해서 실행될 것인지에 대해 선택할 수 있다.

- Time : NXT에 내장된 기능으로 지정된 시간을 기다리게 한다.
- Sensor : 센서의 동작이 일어날 때까지 기다리게 된다.

② Until : ①의 옵션에서 Time을 선택했다면 볼 수 있는 창으로 얼마 동안 기다리게 할 것인지 설정할 수 있는 창이다(설정 단위 : 초).

7.3 실습

모터를 3초 단위로 동작시켜보자.

① 우선 모터를 동작시켜야 하므로 Common창에서 motor를 끌어다 놓아보

자. 끌어다 놓으면 기본적인 모터가 설정되어 있을 것이다. 변경 없이 사용해보자. 아래와 같이 만들어보자.

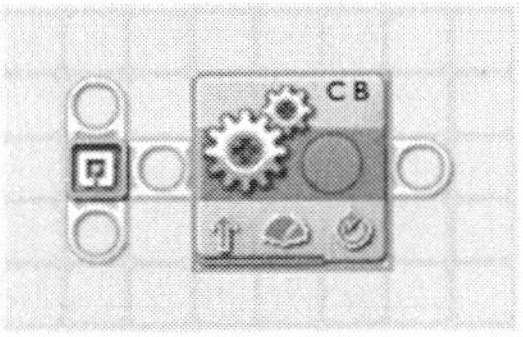

② 모터가 3초 단위로 움직여야 함으로 이번에는 3초간 쉴 수 있도록 타이머를 가져다 놓아보자.

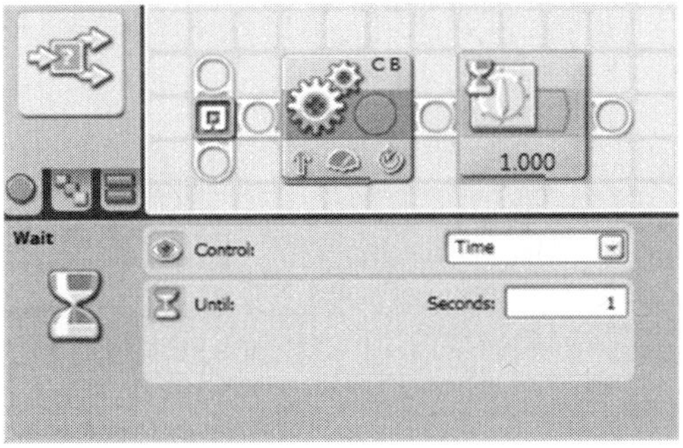

③ 위와 같이 타이머 블록에 1초로 설정되어 있는 것을 볼 수 있다. 3초간으로 바꾸어보자.

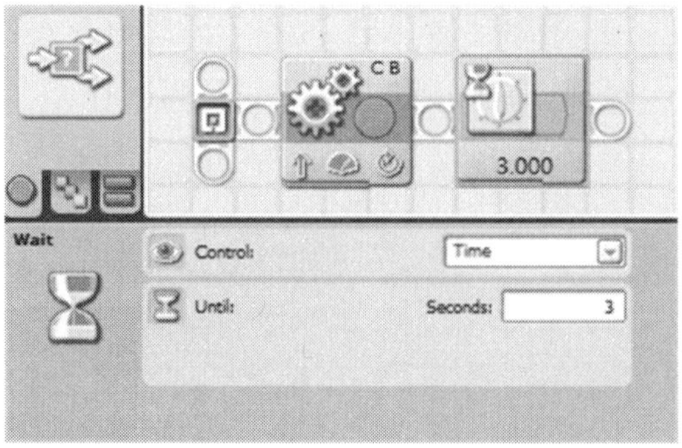

④ 초를 바꾸고 나면 블록에도 3.000으로 바뀐 것을 볼 수 있으며, 아래 세부 사항 창에도 3초로 설정되었다.

⑤ 지속적으로 이제 반복되도록 해야 한다(반복은 다음 단원에서 배운다). 지금은 단지 3번만 반복되도록 만들어보자.

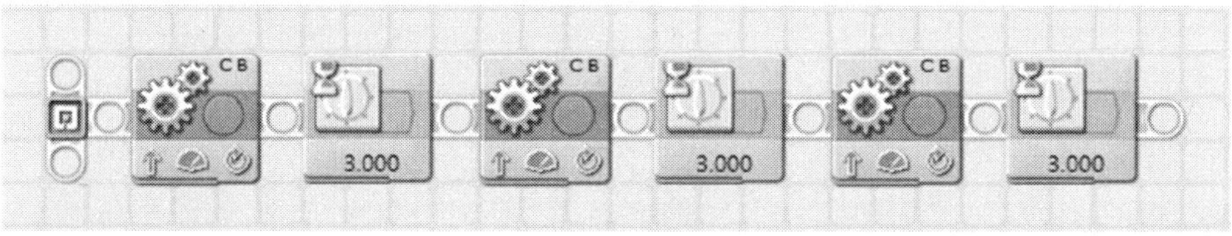

⑥ 이와 같이 만든다면, 모터가 한 바퀴 회전하고 3초간 쉬게 된다. 3초 후 다시 모터가 한 바퀴 회전할 것이고, 또 3초간 쉬게 된다. 이렇게 3번 반복한 후 종료된다.

8 Loop 블록

8.1 소개

이 블록은 일정 순서의 코드 블록들을 반복적으로 수행시키기 위해 사용된다. 어떠한 조건을 설정해 루프의 종료조건을 주는 것이 가능하다. 예를 들어 이전 경과 시간을 조건으로 설정하거나, 몇 번의 수행조건을 설정하거나, 센서나 특정 신호를 이용해 루프를 종료시키는 것이 가능하다. 물론 무한으로 수행되는 설정도 가능하다.

8.2 프로그래밍

Loop 블록은 아래와 같은 아이콘으로 되어 있다. Common Tab에 있는 Loop 블록을 작업창에 끌어다 놓아보자.

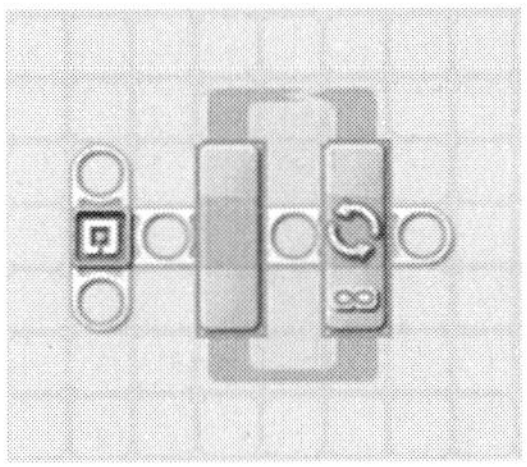

위 그림과 같이 프로그래밍을 하고 실행을 하면 프로그램이 끝나지 않고 무한대로 Loop 속에 머물러 있을 것이다. Loop 속에 Move 블록이나 Sound 블록을 넣는다면 넣는 순서대로 무한반복하는 것을 볼 수 있다. 무한반복이 기본 설정이다. 하지만 일부 조건만 반복하길 원할 수 있다.

이제 원하는 반복을 이루기 위해 세부 설정을 하기로 하자.

세부 설정은 아래와 같이 작업 하단 창에 보이는 부분을 통해 설정할 수 있다.

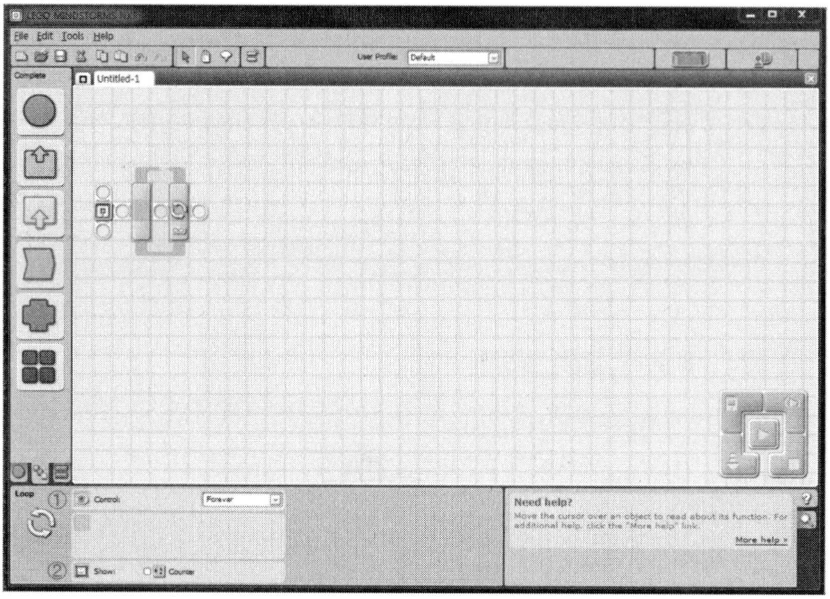

① Control : Loop에 대한 제어를 할 수 있다. 기본적으로 무한 Loop인 [Forever]로 설정된 것을 볼 수 있다.

[Forever] : 무한 반복

[Sensor] : 그림처럼 아이콘이 변하며 센서를 선택할 수 있다. 각 센서에 값이 전달되면 루프를 탈출하게 할 수 있다.

하지만 아래와 같이 더 많은 제어 방법을 볼 수 있다.

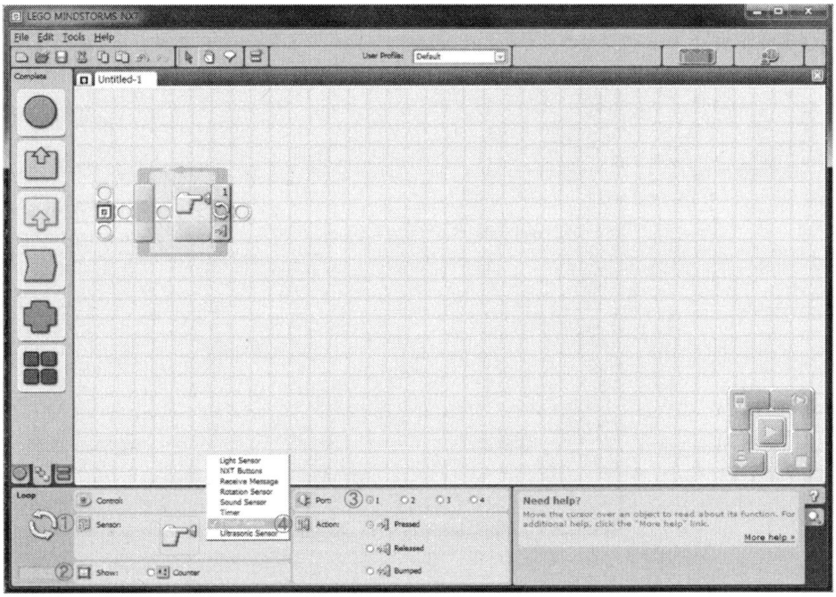

① Sensor : 종료신호를 줄 센서를 선택할 수 있다. 종류로는 Light sensor, NXT Button, Receive Message, Rotation Sensor, Sound sensor, Timer, Touch Sensor, Ultrasonic sensor들이 있다. 각 센서를 선택할 때마다 오른쪽 창이 바뀌는 것을 볼 수 있는데 이것은 기본 블록의 세부 사항과 동일하기 때문에 이해할 수 있으리라 생각한다.

② Show : 반복하는 횟수에 대해 볼 수 있다. Counter를 체크하면 Loop에서 허브 output이 하나 나오는 것을 볼 수 있다. 반복 횟수에 대한 값을 이용할 수 있다.

③ Port : 센서를 선택했을 때 그 센서가 장착되어 있는 포트를 지정해야 한다. 만약 이 포트가 원하는 센서와 다른 포트로 되어 있다면 인식할 수 없다.

④ Action : 다른 센서도 마찬가지로 센서가 동작하는 것에 따라 종료가 될 수 있도록 되어 있다. 예를 들어 위 그림에서 Bumped를 체크했다면 터치 센서가 눌렸다가 떼어지는 순간 루프를 벗어난다.

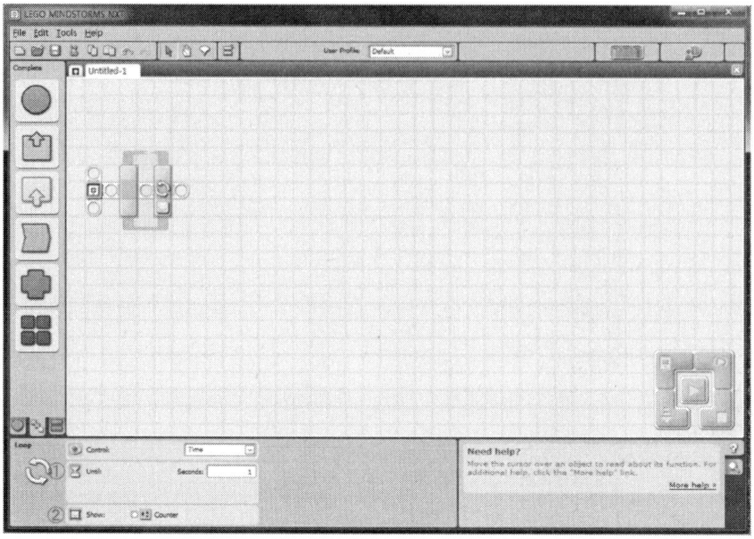

[Time] : 그림처럼 Loop 블록이 변한 것을 볼 수 있다. 이 Loop는 정해진 시간(초 단위)만큼 반복 수행을 하고 Loop를 벗어난다.

① Until : 원하는 시간을 입력 가능하다. 1초로 설정하면 Loop안에서 1초간 수행되고 Loop를 벗어난다.

② Show : 반복된 횟수를 기록해 알아낼 수 있다. 방법은 위 설명과 동일하다.

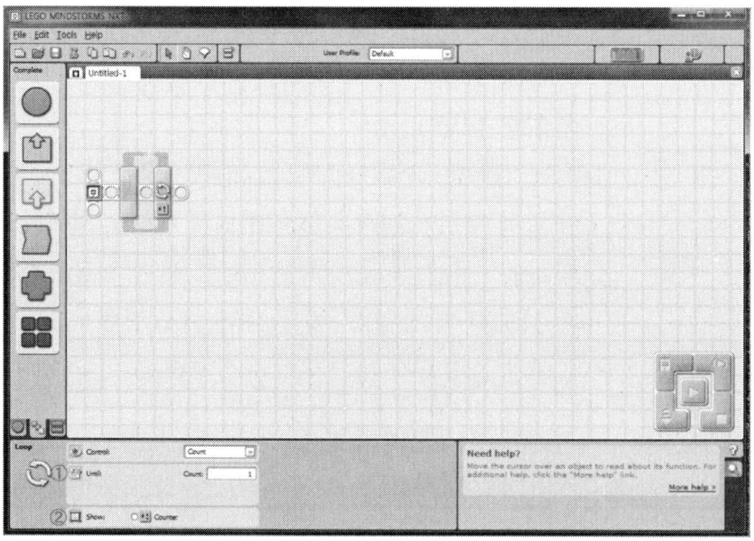

[Count] : 이 선택은 원하는 반복 횟수 지정이 가능하다. 만약 사용자가 10번을 반복하고 싶다면 Until에 10을 입력하고 수행시키면 된다.

① Until : 몇 번 반복 수행 횟수를 가질지 입력할 수 있다.

② Show : 몇 번 반복했는지에 대해 값을 볼 수 있는데 사용법은 위와 동일하다.

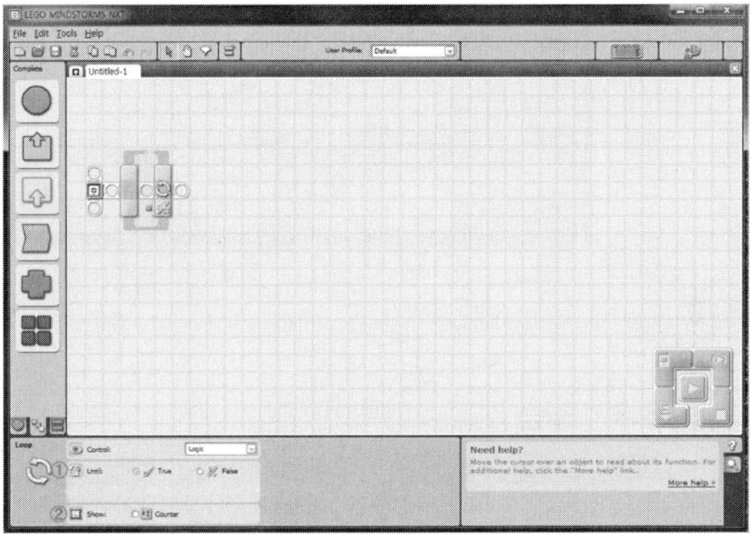

[Logic] : 논리 부호로 Loop 탈출 조건을 줄 수 있다. Until 부분에서 원하는 값이 되었을 때 Loop를 벗어난다. 예를 들어 그림과 동일하게 변수 설정을 했다면 Loop를 시작함과 동시에 1번 수행하고 탈출하게 될 것이다. 그 이유는 처음 변수에 True를 설정하고 Loop탈출 문을 True가 나오면 벗어나는 것이므로 첫 번째 조건문 검사에서 만족하게 되어 벗어나게 된다.

① Until : 탈출조건이 True로 할 것인지 False로 할 것인지 선택이 가능하다. 이 선택은 조건이 동일하게 된다면 Loop를 탈출하게 되어 있다.

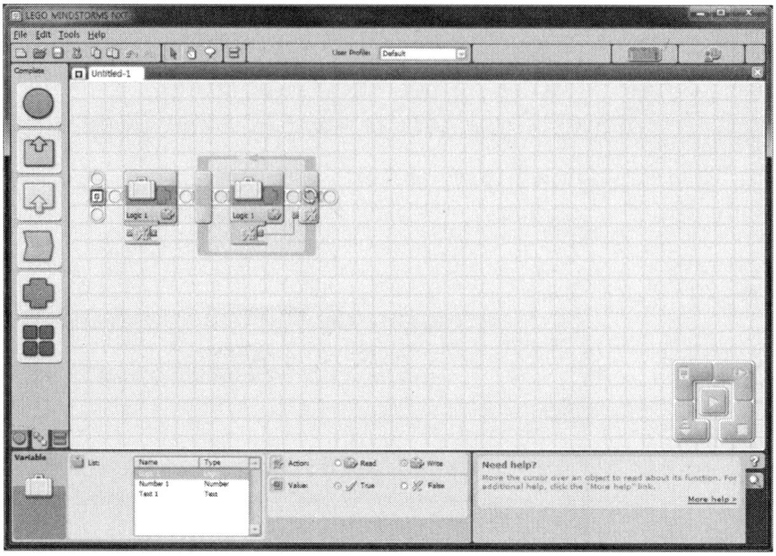

8.3 실습

Hello 인사를 10번 하는 프로그램을 만들어보자.

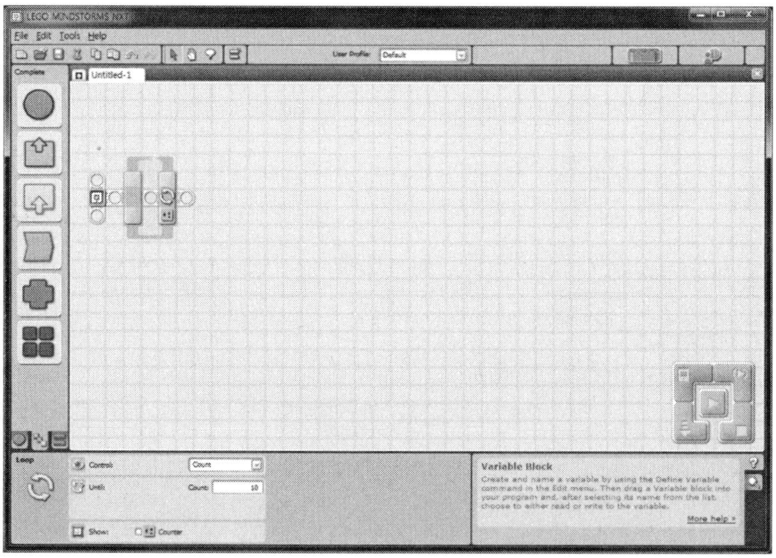

① 우선 Loop를 가져다놓고 10번 Count을 선택한 후에 10번 수행할 수 있도록 Until을 10으로 변경한다.

② Loop 안에 Sound 블록을 넣고 Hello 파일을 찾아 선택해준다.

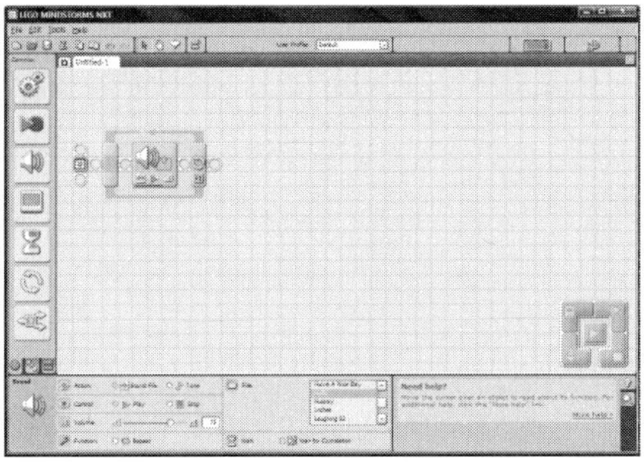

③ 위와 같이 프로그래밍을 하고 실행시킨다면 10번 동안 "Hello"라는 소리를 NXT 스피커를 통해 나오는 것을 들을 수 있다.

9 Switch 블록

9.1 소개

프로그래밍을 하다보면 어떠한 상태일 때는 어떠한 수행을 했으면 좋을 것 같고, 어떠한 상태일 때는 다른 행동을 했으면 좋겠다는 생각을 하게 된다. 예를 들어 빛이 밝을 때는 LCD창을 통해 인사를 보고 싶고, 어두울 때는 소리로 듣기를 원하는 경우를 생각해볼 수 있다. 상태에 따라 다른 동작을 할 수 있도록 만드는 블록이 Switch 블록이다.

9.2 프로그래밍

Switch 블록은 아래와 같은 아이콘으로 되어 있다. Common Tab에 있는 Switch

블록을 작업창에 끌어다 놓아보자.

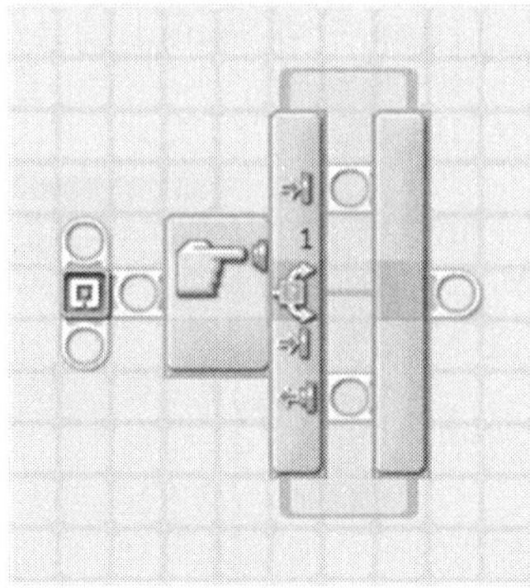

위 그림에서 보듯이 가장 기본 설정으로 되어 있는 것이 Touch 블록이다. 위 그림을 기준으로 설명을 하면, Touch 블록이 눌렸을 경우 윗부분을 통해 진행이 되고, 그렇지 않은 경우 아랫부분으로 프로그램이 진행되는 것을 알 수 있다.

이제 더 자세하게 Switch 블록을 사용할 수 있는 방법을 배워보자.

세부 설정은 아래와 같이 작업 하단 창에 보이는 부분을 통해 설정할 수 있다.

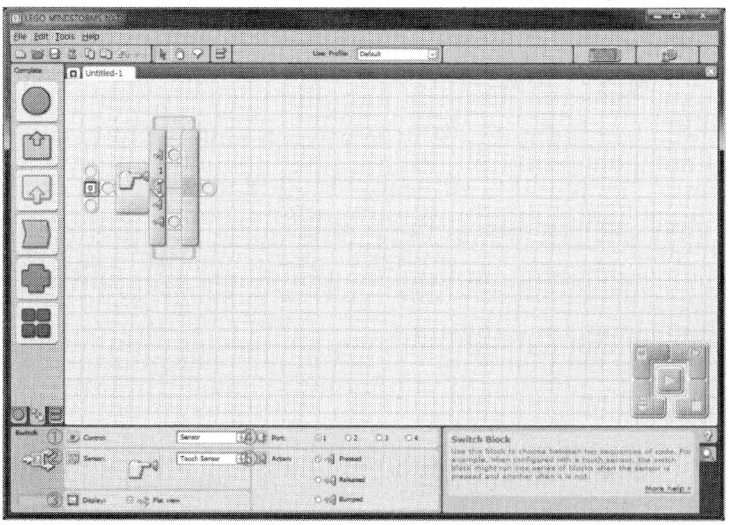

① Control : 어떠한 이유로 갈리게 되는지 조건을 선택하는 부분이다. 종류로는 Sensor와 Value가 있다.

② Sensor : 위에 보는 바와 같이 종류로는 Light sensor, NXT Button, Receive Message, Rotation Sensor, Sound Sensor, Timer, Touch Sensor, Ultrasonic sensor들이 있다. 각 센서를 선택할 때마다 오른쪽 창이 바뀌는 것을 볼 수 있는데 이것은 기본 블록의 세부 사항과 동일하기 때문에 이해할 수 있으리라 생각한다. 각각의 센서를 클릭하면 나누어지는 기준이 나오는데 그 부분을 선택해 프로그래밍하면 된다.

Value : 값에 따라 조건을 다르게 주는 것도 가능하다. 종류로는 Logic, Number, Text까지 지원해 참과 거짓에 따라 위와 아랫방향으로 분기되어 실행되는 방법, Number값을 주어 동일하면 윗부분, 동일하지 않으면 아랫 부분 등으로 조건 제시가 가능하다.

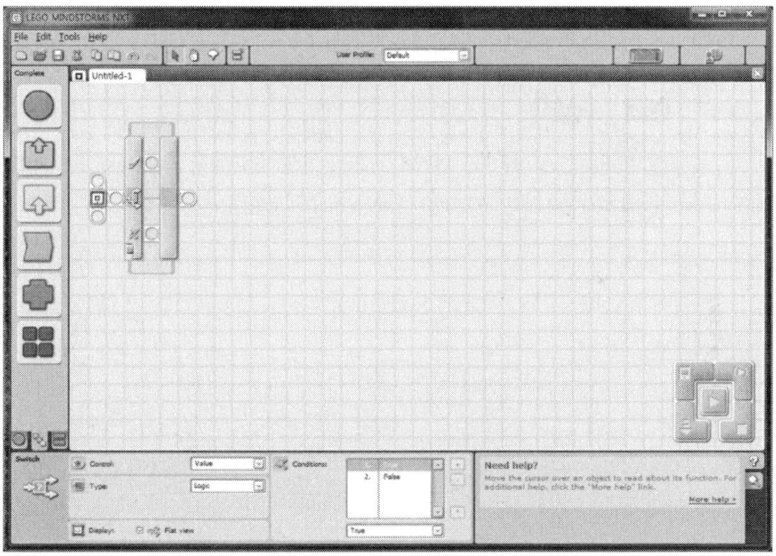

위 부분은 Value로 설정했을 때의 모습이다. Logic으로 선택해 참과 거짓을 기준으로 분류되는 것을 볼 수 있다. 여기서 주의해야 할 점은 True로 되어 있는 부분이다. True로 되어 있다면 그림의 윗 부분으로 진행이 될 것이다. 간단히 요약하면 설정되어 있는 것과 동일한 값은 그림의 윗 부분이라 생각하면 된다.

③ Display : Flow view부분이다. 이 부분을 체크한다면 두 갈래의 길이 모두 표시될 것이고, 체크하지 않는다면, 한 갈래의 길이지만 선택형이 되도록 나올 것이다.

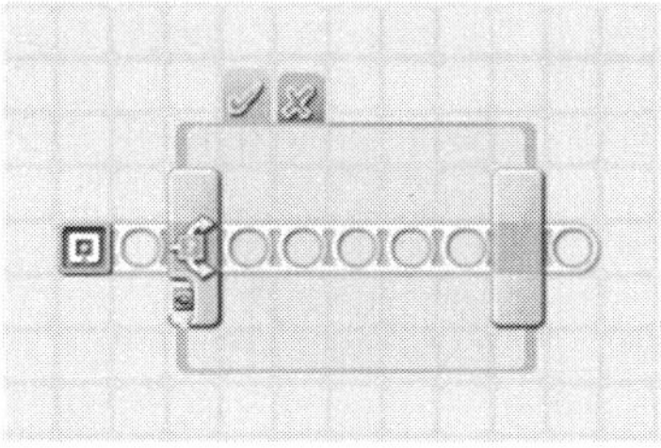

Flow view 미체크시

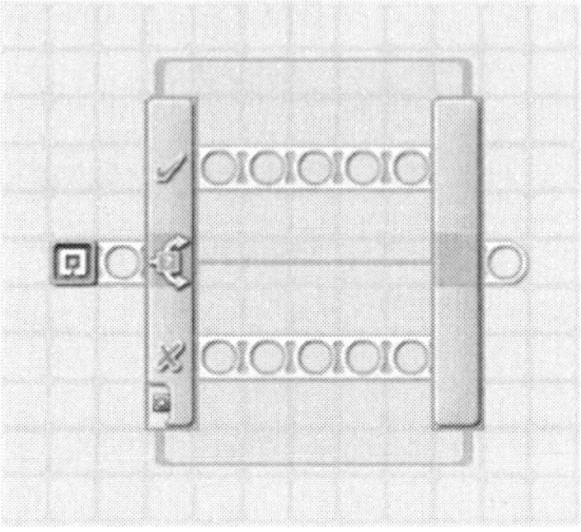

Flow view 체크시

9.3 실습

밝을 때는 LCD에 "Hello"메시지를 띄워주고, 어두울 때는 "Hello" Sound file을 실행시켜라(단, 어두움의 기준은 36%로 설정한다).

① 우선 방법대로 Switch 블록을 하나 가져온다.

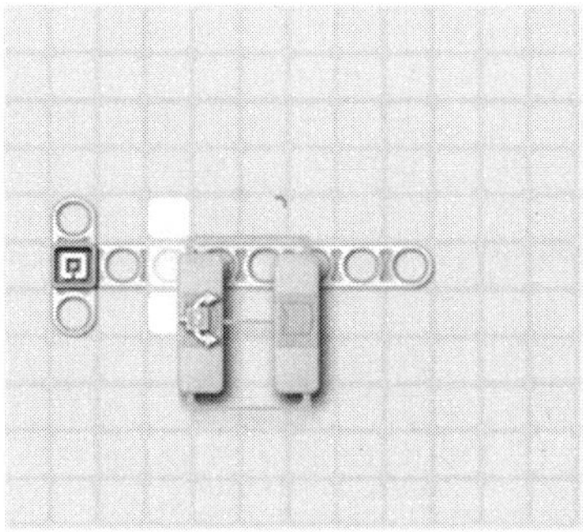

② 빛을 감지해야 하므로 Switch에서 Sensor 중 Light Sensor를 분류 기준으로 설정한다.

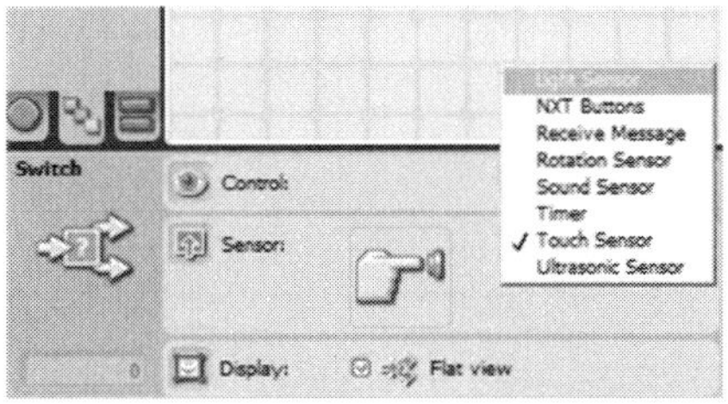

③ Light Sensor 비교수치를 문제에서 제시한 36으로 설정한다.

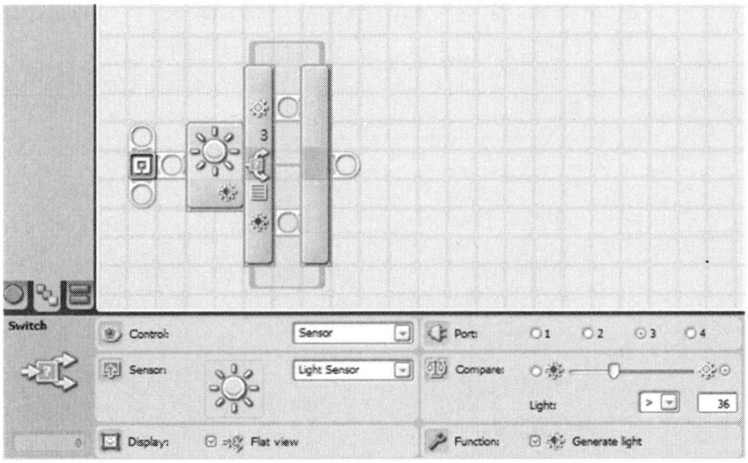

④ 분기에서 주황색 불이 들어온 부분이 밝은 쪽이 되는 것이다. 또한 불이 들어오지 않은 부분은 빛의 조도가 36 이하라는 뜻이 된다.

그럼 각 부분에 동작에 맞는 블록을 가져다 놓도록 하겠다.

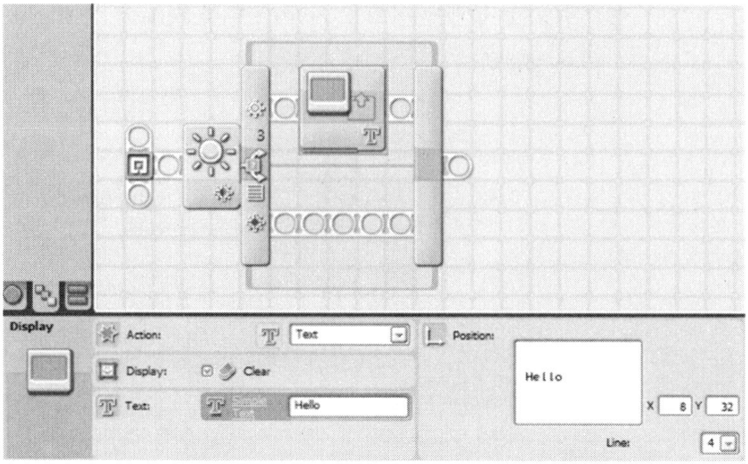

⑤ 위 그림에서 보듯이 밝을 때는 Hello라는 텍스트를 나오도록 했다. 이제 Sound 블록을 넣고 설정하도록 한다.

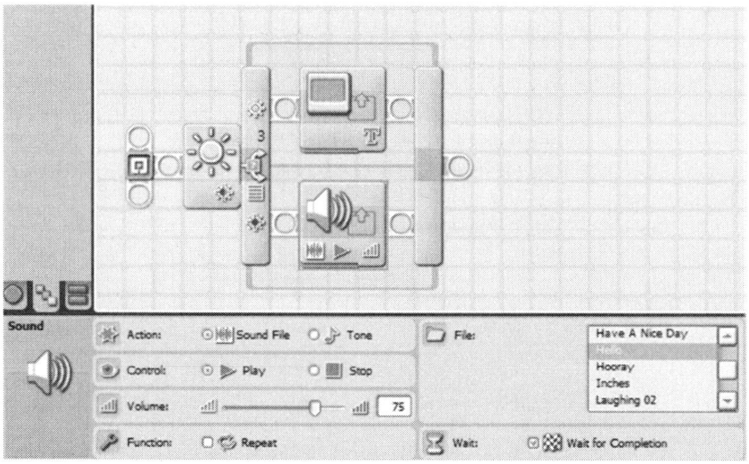

⑥ 이상 그림대로 작성해 NXT에 프로그램을 다운로드/실행시키면 원하는 결과를 볼 수 있을 것이다.

10 Stop 블록

10.1 소개

이 블록은 모터나 다른 센서들, 그리고 프로그램에서 Loop문이나 이런 부분을 모두 종료시킬 수 있는 블록이다. 하지만 이 블록은 모든 프로그램을 끝내는 효과를 주므로 강한 종료조건이라 할 수 있다.

10.2 프로그래밍

Stop 블록은 Common 창에서 찾을 수 없다. Common 창 아래 하단에 보면 그림과 같은 탭이 있는데 중간 부분을 선택하면 Complete 창으로 변경됨을 볼 수 있다.

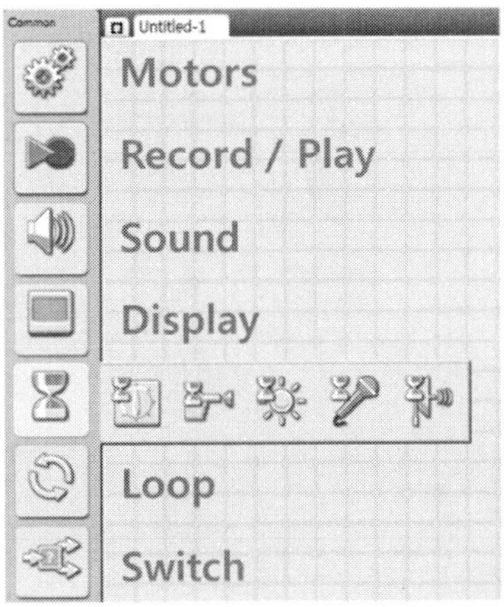

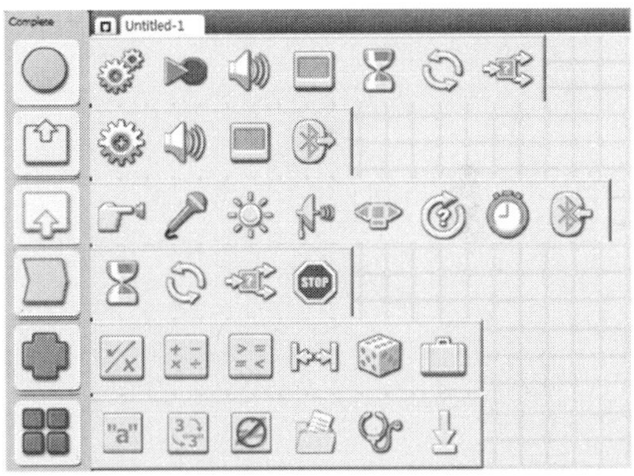

위 두 그림에서 보듯이 Complete 창에 아이콘이 더 많다. 그중 Stop은 Flow 블록에 클릭하면 옆에 슬라이드처럼 나타난다.

Stop 아이콘으로 되어 있다. Complete Tab에 있는 Stop 블록을 작업창에 끌어다 놓아보자.

Stop 블록은 혼자만 사용되었을 때는 프로그램을 종료하는 기능밖에 하지 않는다. 하지만 다른 센서들 다음에 사용되었을 경우에는 센서가 동작 후 프로그램을 종료하는 결과를 가진다.

블록의 세부 사항 소개

이 블록은 세부 사항이 없다. 다만 논리적 값을 받아서 종료를 할 것인지 하지 않을 것인지에 대한 허브만 존재한다.

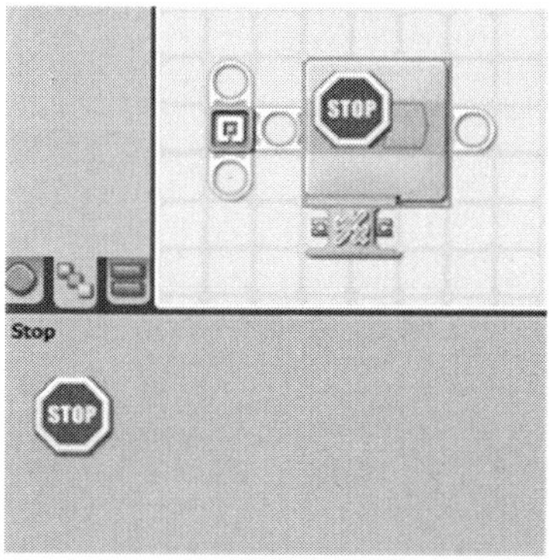

허브에 대한 논리값은 True일 경우 Stop 블록이 유효화되어 종료 된다.

11 Random 블록

11.1 소개

Random 블록은 임의적인 값을 만들어내는 블록이다. 쉽게 생각한다면 숫자가 적힌 공들 중에서 하나의 숫자를 찾아내는 것과 같다. 이 블록을 가지고 예측되지 않는 임의의 수를 만들어낼 수 있으며 최소/최대의 값을 설정해 사용자가 원하는 임의의 수를 만들어낼 수 있다.

11.2 프로그래밍

Random 블록 또한 Common 창에서 찾을 수 없다. Random 블록을 찾기 위해서는 Complete 창에서 Data 블록을 선택하고 그 옆에 나열되는 하위 블록들 중 Random 블록을 선택해야 한다.

기본적으로 이 블록은 아래와 같은 주사위 아이콘으로 되어 있다. Complete Tab에 있는 Random 블록을 작업창에 끌어다 놓아보자.

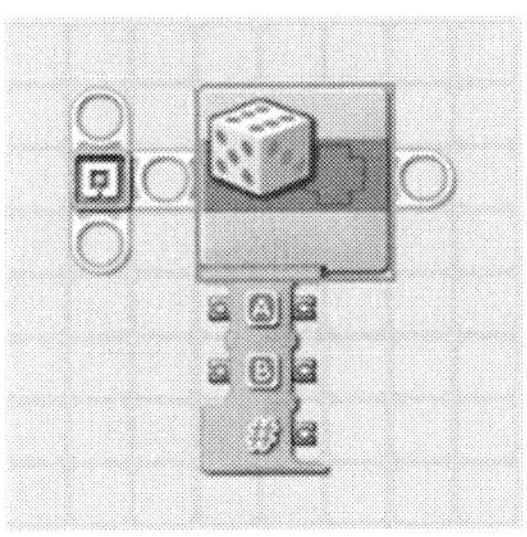

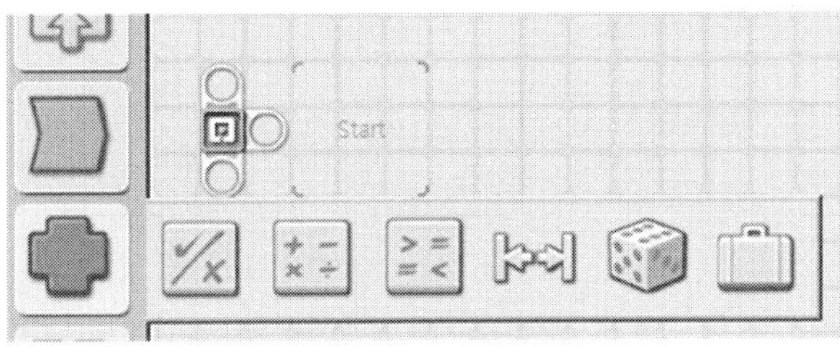

이제 세부 설정을 통해 임의적인 수의 범위를 설정하는 방법을 배워보자.

Random 블록 세부 설정

세부 설정은 아래와 같이 작업 하단 창에 보이는 부분을 통해 설정할 수 있다.

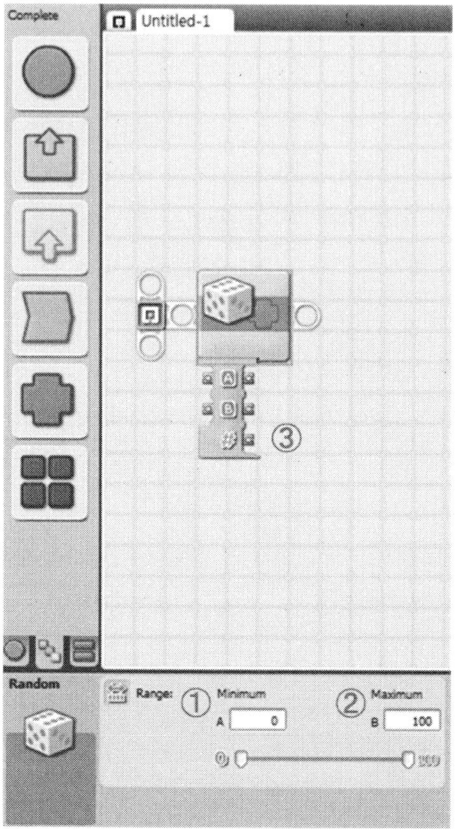

① Minimum : 임의의 수의 하한값을 지정할 수 있다. 허브를 통해서도 지정이 가능하며 세부 설정에서도 설정이 가능하다.

② Maximum : 임의의 수의 상한값을 지정할 수 있다. 허브를 통해서도 지정이 가능하며 세부 설정에서도 설정이 가능하다.

③ # : 결과값을 반환하게 된다. 상한과 하한 사이에서 임의의 수를 선택해 값을 사용자에게 준다.

아래 예는 허브를 통해서 최소값을 70으로 정하고 Random 블록에 연결함으로써 70에서 100 사이에서 임의적인 수를 찾아낼 수 있도록 한 예제이다.

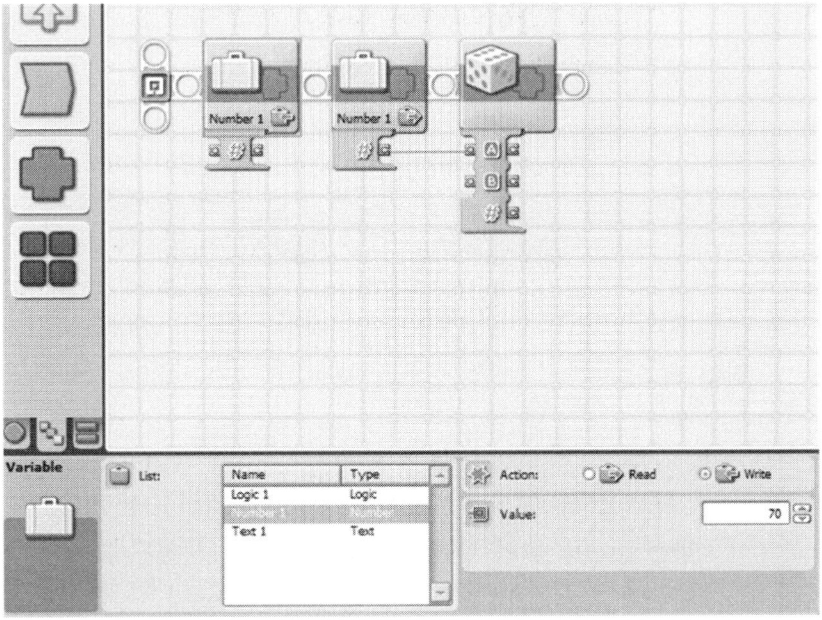

11.3 실습

임의의 값을 이용해 반복적으로 수행하며 1초마다 각기 다른 소리로 인사하는 프로그램을 만들자.

① 우선 반복적으로 수행해야 하므로 Loop 블록을 하나 가져오자.

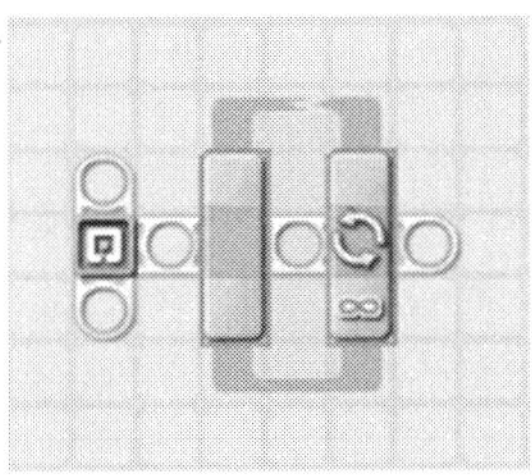

② Loop 안에 Random 블록을 하나 넣고 Sound 블록과 1초마다 필요한 Timer 블록을 넣도록 하겠다.

위 순서를 보면 1초간 기다린 후에 임의의 수를 얻고 이에 맞게 소리를 재생하는 순으로 되어 있다. 하지만 랜덤으로 생성된 값을 사운드블록에 전달하지 못한다. 이제 앞서 배운 허브의 방법을 사용해 전달하도록 하자(허브 부분을 몰라도 아래 그림과 동일하게 따라 한다면 가능하다).

③ 블록 하단의 겹쳐져 보이는 부분을 클릭해서 허브 부분을 꺼내고, Random 블록의 '#' 부분을 클릭하고 Sound 블록의 Volume 부분에 다시 클릭하면 아래와 같은 허브 연결이 완료된다.

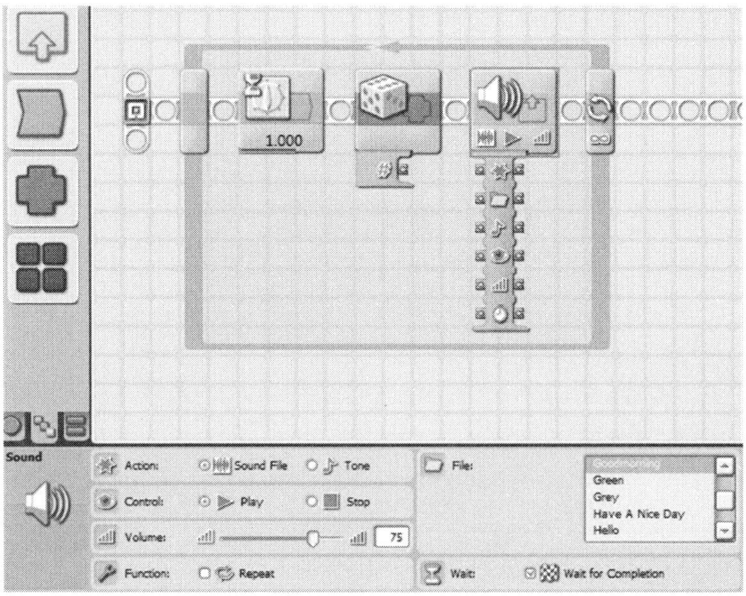

④ 이제 이 프로그램을 NXT에 다운받아 실행시킨다면 매 1초마다 'GoodMorning' 이라는 인사를 하는데 각기 다른 소리의 크기로 재생될 것이다.

12 Number to Text 블록

12.1 소개

NXT 프로그래밍의 단점은 각기 다른 유형의 데이터 타입은 허브를 통해서 전달하거나 나타내는 것이 불가능하다. 그 예로 숫자 또는 논리 데이터를 Display 블록에 연결시킨다면 회색으로 허브가 불가능하다는 것을 알려줄 것이다. 그래서 Number To Text 블록이 필요하다.

이 블록은 숫자로 된 데이터를 스크린에 나타낼 수 있도록 텍스트로 바꾸어 주는 역할을 한다.

12.2 프로그래밍

Number to Text 블록 또한 Common 창에서 찾을 수 없다. Random 블록을 찾기 위해서는 Complete 창에서 Advanced 블록을 선택하고 그 옆에 나열되는 하위 블록들 중 Number to Text 블록을 선택해야 한다.

기본적으로 이 블록은 아래와 같은 아이콘으로 되어 있다. Complete Tab에 있는 Number to Text 블록을 작업창에 끌어다 놓아보자.

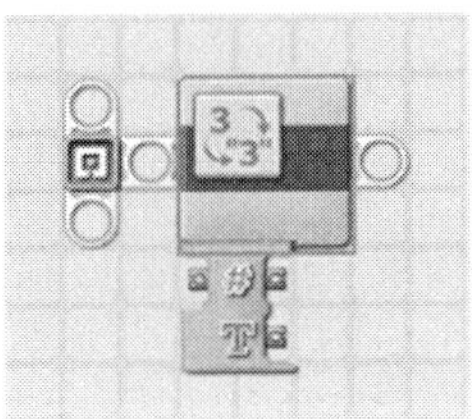

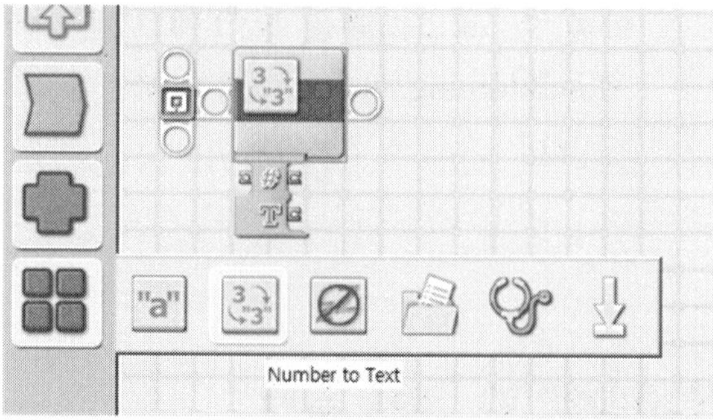

Number To Text 블록 세부 설정

이 블록의 세부 설정은 단 하나 있다. 그림에서 보듯 Number 입력란이 있다.

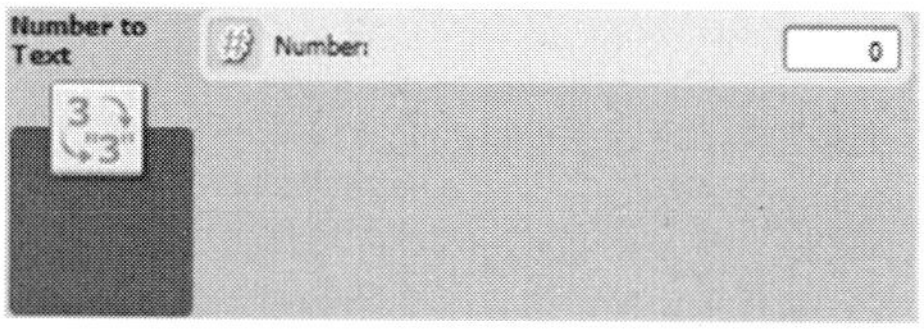

세부 설정창을 통해 Number값을 설정하면 그 값이 허브에서 연결된 값을 통해 숫자 데이터가 아닌 텍스트 데이터로 전달될 것이다.

아래 예제 그림에서 살펴보도록 하겠다.

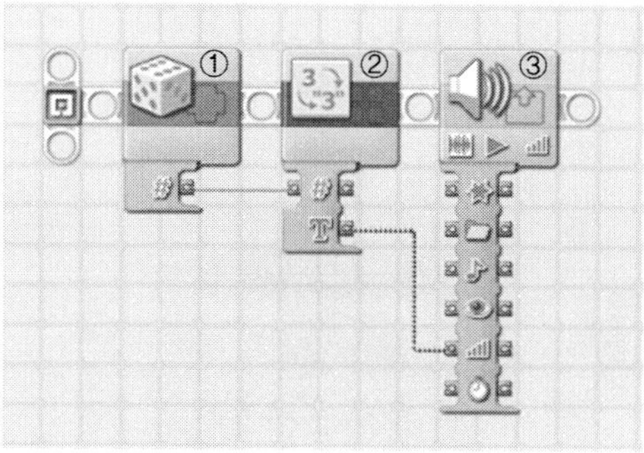

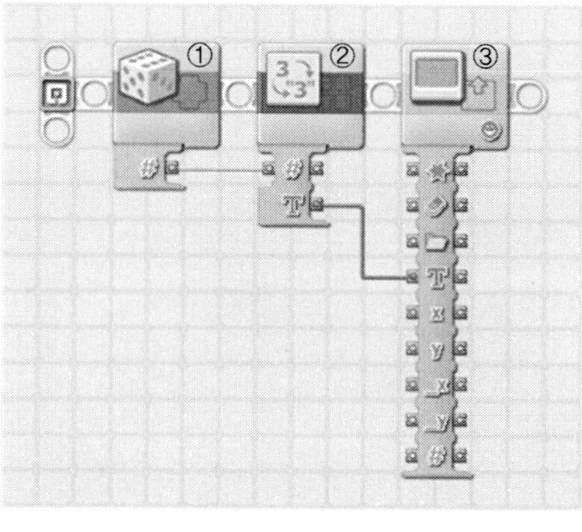

위 예제에서 보듯이 숫자 데이터①Hub를 입력받아 텍스트 데이터②Hub로 변환되었다. 위에서 볼 수 있듯이 숫자 데이터를 요구하는 곳에 연결시켰을 때 회색허브로 잘못되었음을 보이고 있다.

12.3 실습

터치센서 버튼이 눌려질 때까지 시간을 나타내는 프로그램을 작성하라.

① 우선 "터치센서 버튼이 눌려질 때까지"의 조건이 있으므로 터치 센서 Loop를 만들도록 한다. 만드는 방법은 아래 그림과 같다. 우선 Loop 블록을 작업창에 끌어다 놓고, Forever로 설정된 Control 창을 Sensor로 변경한다.

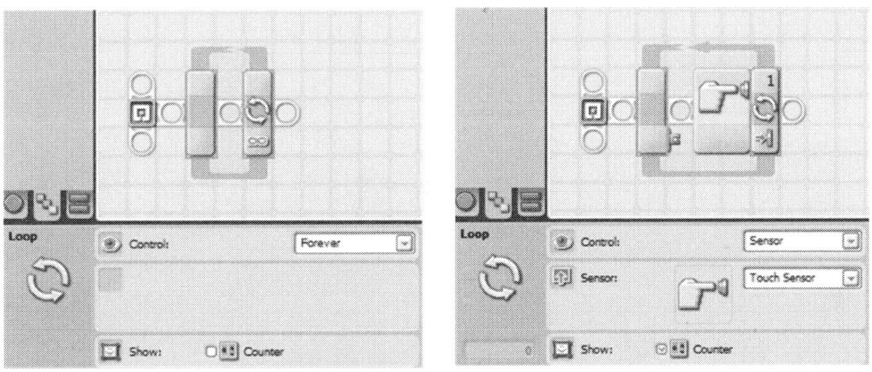

Control를 Forever에서 Sensor로 변경

② 이제 이 루프를 1초당 1번 수행하도록 만들어야 한다. Timer를 사용해 1초에 한 번 수행하도록 만든다.

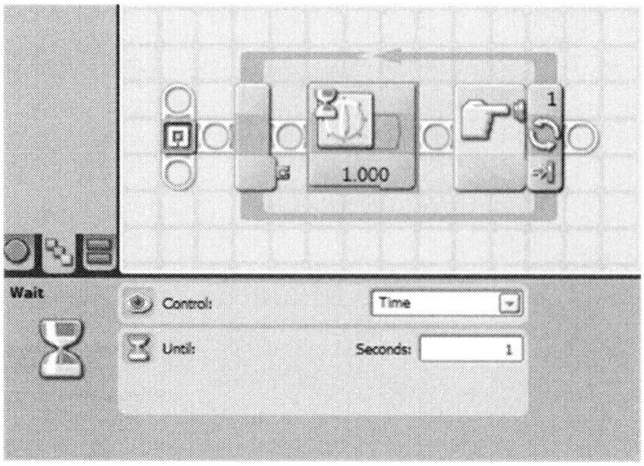

③ 이제 Loop는 1초에 한 바퀴를 돌게 될 것이다. 그럼 수행 횟수가 시간과 동일하므로 시간을 표시하도록 하자. 우선 표시하기 위해 Display 블록을 추가하도록 한다.

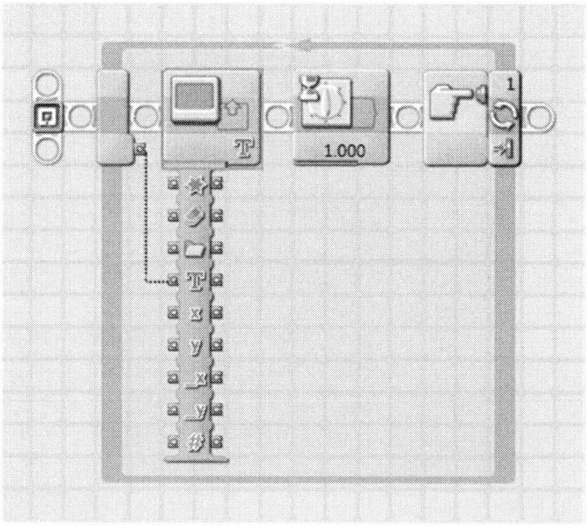

하지만 이처럼 Loop에서 주는 것은 숫자 데이터이고 Display할 수 있는 것

은 텍스트 데이터이다. 변환해줘야 한다. 이제 Number to Text 블록을 추가해 만들도록 한다.

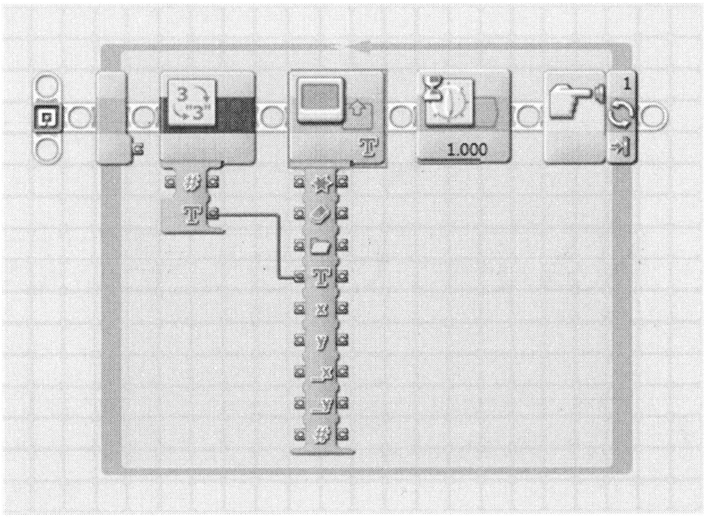

④ 이 프로그램을 NXT에 다운로드해 실행시킨다면 터치 센서가 눌려지기 전까지 동작이 없다. 하지만 터치 버튼을 누르면 시간을 표시하고 터치 버튼이 눌려졌기에 Loop는 종료되어 프로그램은 끝나게 된다.

Chapter 10

LEGO 마인드스톰 NXT–G 프로그래밍 (2)

이 장에서는 제6장에서 살펴본 NXT–G의 프로그래밍 기본 블록에 추가해 NXT–G 프로그램을 조금 더 확장하여 로봇을 정교하게 제어할 수 있는 확장 블록에 대해 살펴본다. 확장 블록을 사용해 센서에 대한 보정이 가능하며 로봇의 전원이 항상 켜져 있도록 할 수 있다. 또한 블루투스를 사용해 무선으로 두 대의 컨트롤러 간 통신을 수행할 수 있다. 확장 블록의 기능을 확실하게 이해할 수 있도록 각 블록에 대한 사용 예제를 제시한다. 이 예제들을 통해 기본 블록을 포함해 다양한 프로그래밍 블록들에 대한 활용 능력을 향상할 수 있도록 한다.

1 Compare 블록

Compare 블록비교 블록은 서로 다른 두 개의 값을 비교해 이들 간의 값의 크기를 구분하기 위해 사용한다. 두 개의 숫자를 입력으로 받아 크기를 비교해 이에 대한 논리값참 혹은 거짓을 출력한다. Complete 팔레트의 Data 그룹에서 선택할 수 있다.

1.1 환경 설정 패널

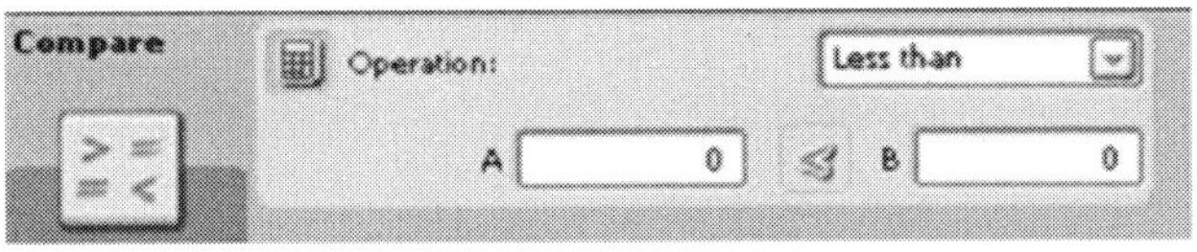

① Operation

콤보 상자에서 두 값을 비교하는 방법을 지정할 수 있다. 설정 가능한 값은 'Greater than', 'Less than', 'Equals' 이다. 입력값은 항목 'A' 와 항목 ' B' 에 지정한다. 비교 방법에서 'Greater than' 를 선택하면 입력한 'A' 가 ' B' 보다 더 클 때 참true을 출력하고, 'Less than' 을 선택하면 'B' 가 더 큰 경우 참true을 출력하며, 'Equals' 를 선택하게 되면 두 값이 같을 경우에 참true을 출력한다. 'A' 와 'B' 는 사용자가 직접 입력하거나 데이터 플러그data plug를 통해 전달할 수 있다.

1.2 데이터 허브의 플러그 특징

아이콘	플러그	자료형	유효한 값의 범위	의 미
	A	숫자	−2147483648~2147483647	비교를 위해 입력한 숫자값
	B	숫자	−2147483648~2147483647	비교를 위해 입력한 숫자값
	Yes/No	논리	True, False	비교 연산 결과

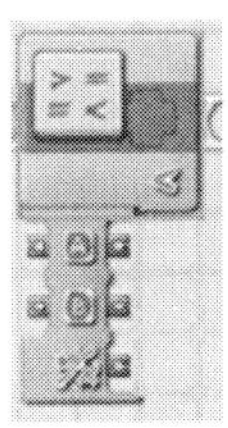

1.3 사용 예제

[무작위로 생성한 두 개의 값을 비교해 첫 번째 값이 크면 사운드 'Sorry'를 재생하고 그렇지 않으면 사운드 'Yes'를 재생하라.]

Complete 팔레트의 Data 그룹에서 random 블록 랜덤 블록을 찾아 모두 2개를 sequence beam 위에 놓는다.

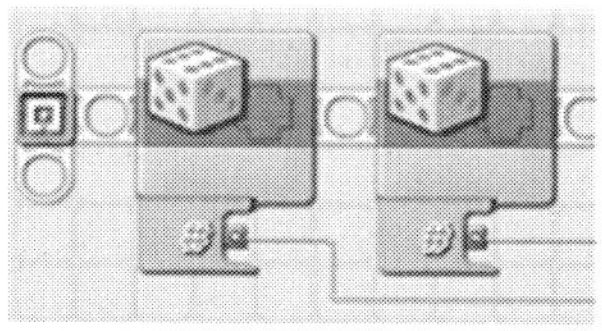

Random 블록 다음에 Compare 블록을 위치시킨 후 다음 그림과 같이 각 random 블록의 출력 데이터 플러그를 compare 블록의 입력 데이터 플러그에 연결한다. Operation은 'Less than' 으로 설정한다.

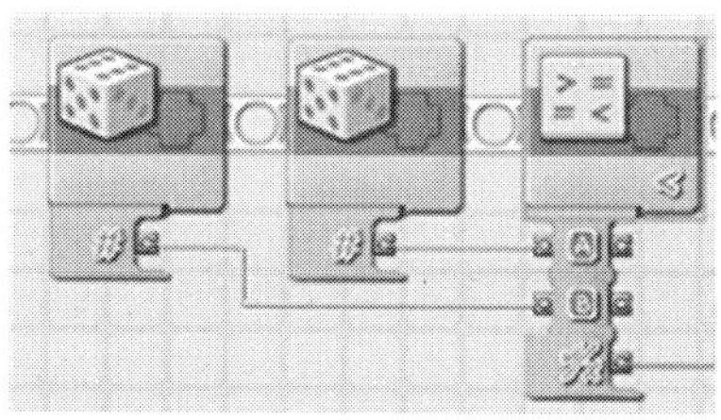

Switch 블록을 Compare 블록의 다음 위치에 추가하고 Compare 블록과 데이터 플러그를 연결한다. 그리고 다음 그림과 같이 Switch 블록의 Control 항목에서 'Value'를 선택하고 Type 항목에서 'Logic'을 선택한다. Conditions 항목에서는 'False'를 선택한다.

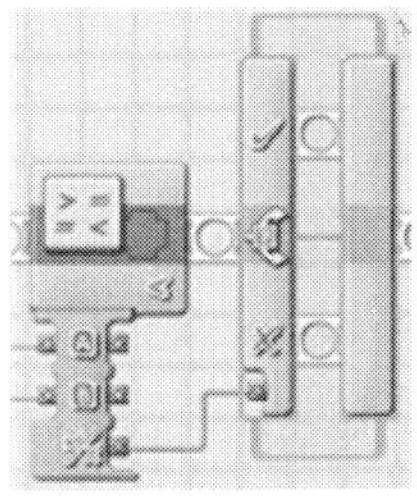

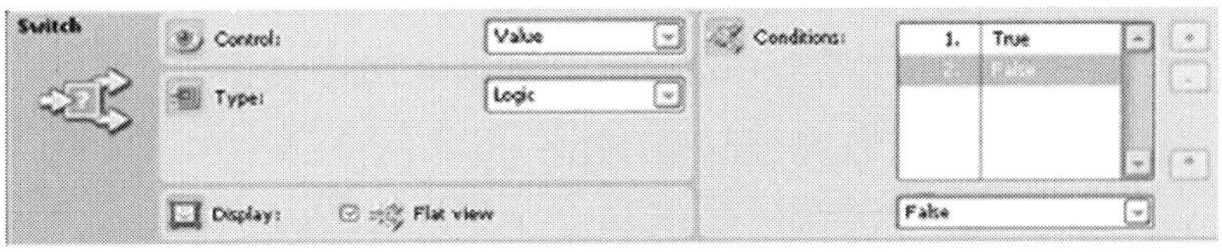

Sound 블록을 찾아 Switch 블록의 각 경로에 하나씩 추가한다. 랜덤값 중 먼저 생성한 값이 더 클 경우 아래쪽 경로를 실행하며, 나중에 생성한 값이 클 경우 위쪽 경로를 실행한다. 위쪽 Sound 블록은 Sound File 중에서 'Yes' 를 선택하고 아래의 Sound 블록은 Sound File에서 'Sorry' 를 선택한다.

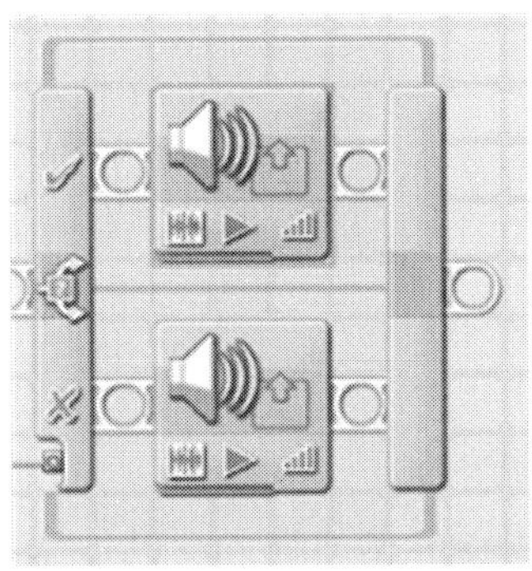

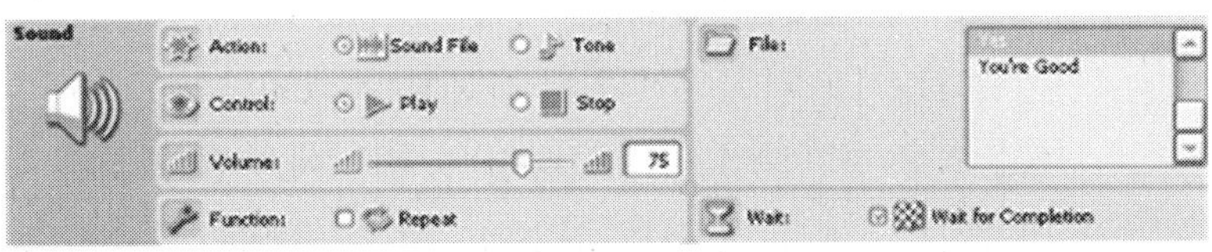

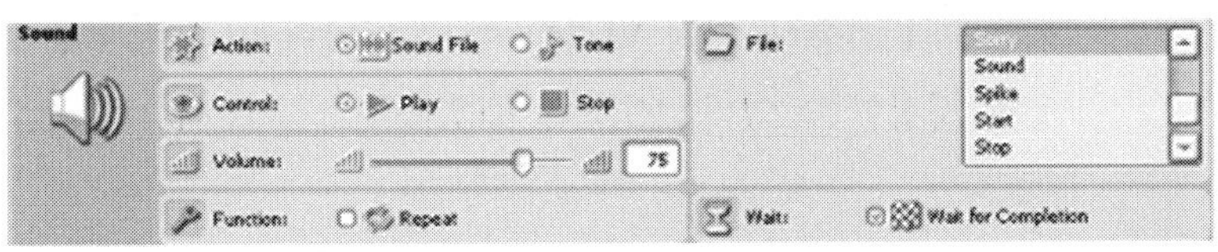

2 Range 블록

Compare 블록은 서로 다른 두 개의 값을 비교해 이들 간의 값의 크기를 구분하기 위해 사용했다. 이에 반해 Range 블록범위 블록은 주어진 값이 특정 범위 내에 포함되거나 혹은 범위의 외부에 존재하는지를 판단하기 위해 사용한다. Range 블록은 하나의 숫자를 입력으로 받아 범위를 판단하여 논리값참 혹은 거짓을 출력한다. 이 블록은 Complete 팔레트의 Data 그룹에 포함되어 있다. Range 블록은 다음과 같은 문장을 평가할 수 있다.

1. 30은 10과 80의 사이에 존재한다. → 참
2. 50은 20과 70의 외부에 존재한다. → 거짓

2.1 환경 설정 패널

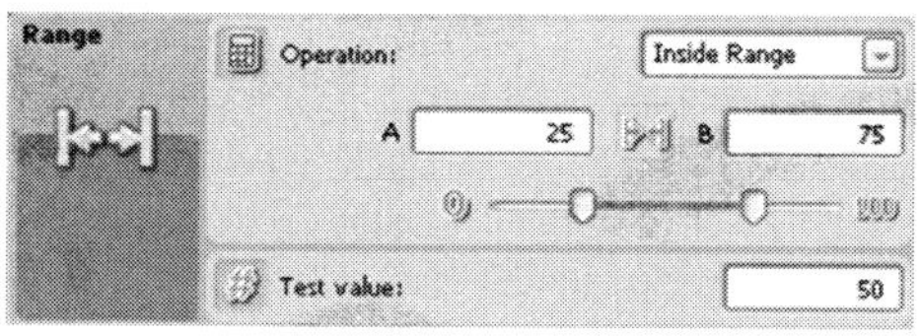

① Operation

콤보 상자에서 범위를 지정하는 방법을 설정할 수 있다. 가능한 값은 'Inside Range' 및 'Outside Range' 이다. 'Inside Range' 는 주어진 값이 범위의 내부에 존재하는지를 판단하기 위해 사용하며, 'Outside Range' 는 범위의 외부에 존재하는지를 판단하기 위해 사용한다. 범위에 대한 지정은 항목 'A' 와 'B' 를 통해 가능하다. 'A' 는 범위의 최소값, 'B' 는 범위의 최대값을 나타낸다. 이 값들은 키보드를 사용해 직접 입력할 수도 있지만 아래쪽에 위치한 슬라이드 바를 사용해 지정할 수 있다. 또한 데이터 플러그를 통해 전달할 수 있다.

② Test Value

범위를 판단하기 위한 입력값이다. 키보드를 사용해 직접 입력할 수도 있지만 데이터 플러그를 통해 전달할 수 있다.

2.2 데이터 허브의 플러그 특징

아이콘	플러그	자료형	유효한 값의 범위	의 미
	A	숫자	−2147483648~2147483647	범위의 최소값
	B	숫자	−2147483648~2147483647	범위의 최대값
	Test Value	숫자	−2147483648~ 2147483647	범위를 조사할 값
	Yes/No	논리값	참 혹은 거짓	범위 조사에 대한 결과

2.3 사용 예제

> 1에서 50 사이의 하나의 숫자를 무작위로 생성해 이 값이 10에서 30 사이에 존재하면 사운드 'Yes'를 재생하고 그렇지 않으면 사운드 'No'를 재생하라.

Data 그룹에서 Random 블록을 찾아 sequence beam 위에 놓고 다음과 같이 환경을 설정한다.

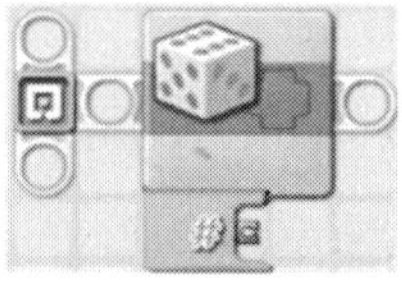

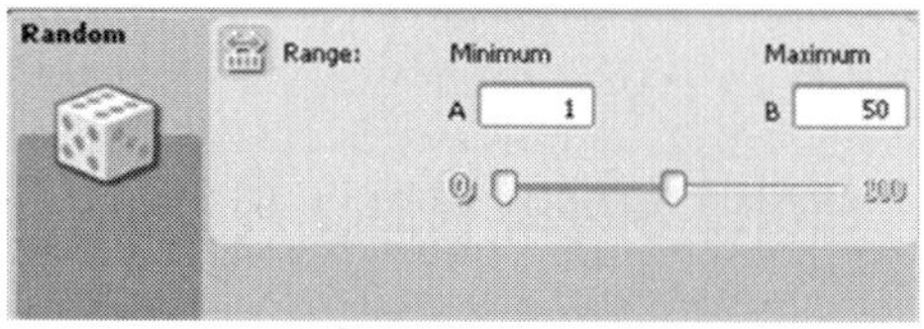

Range 블록을 추가하고 다음 그림과 같이 데이터 와이어를 Random 블록과 연결한다. 또한 그림과 같이 Range 블록의 환경을 설정한다. 'Inside Range' 를 선택하고 'A' 는 10, 'B' 는 30으로 지정한다.

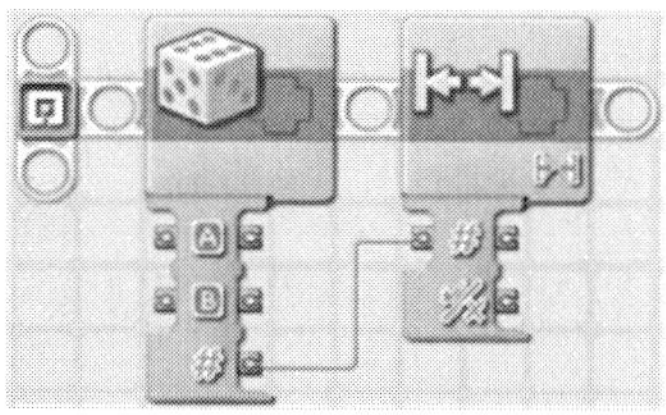

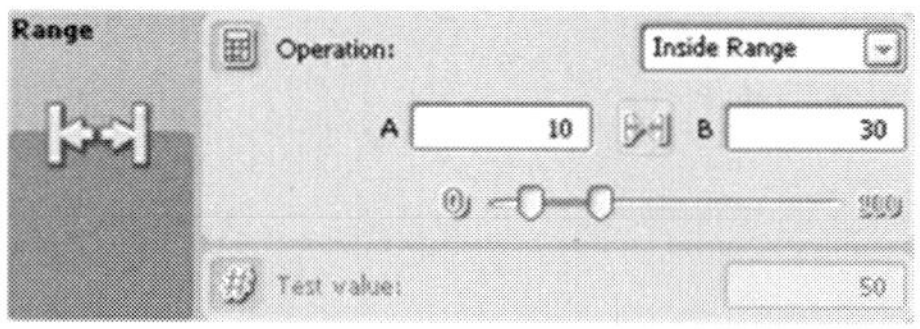

Common 그룹에서 Switch 블록을 찾아 추가하고 그림과 같이 range 블록과 데이터 플러그를 연결한다. 또한 그림과 같이 Switch 블록의 환경을 설정한다. Control 항목에서 'Value' 를 선택하고 Type 항목에서 'Logic' 을 선택한다.

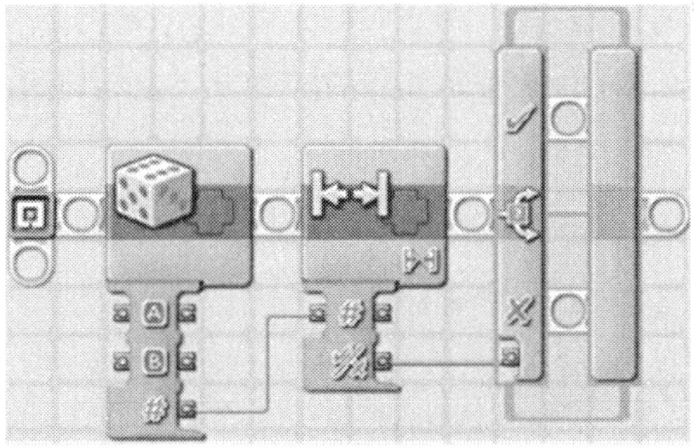

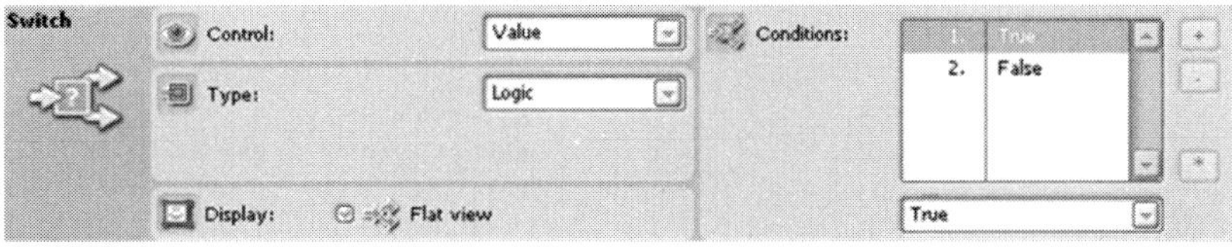

Common 그룹에서 Sound 블록을 찾아 Switch 블록의 각각의 경로에 추가한다. 랜덤값이 범위 내부에 존재하는 경우 실행되는 위쪽 경로에 포함된 Sound 블록의 환경 설정은 다음과 같다. Sound File 중에서 'Yes' 를 선택한다.

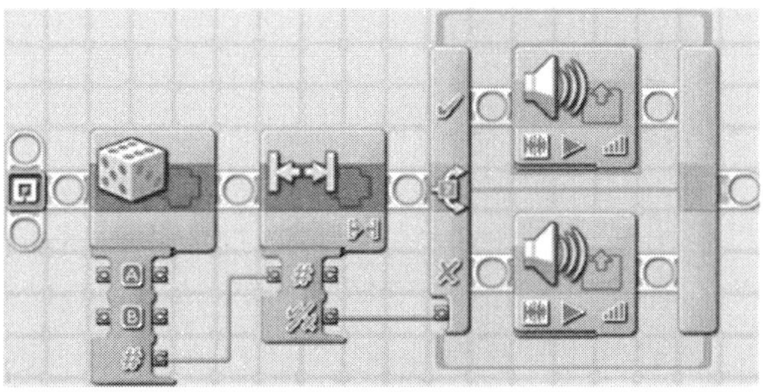

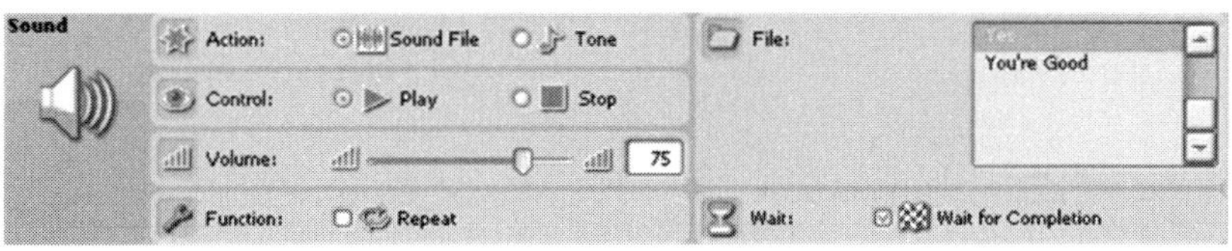

랜덤값이 범위 내부에 존재하는 경우 실행되는 아래쪽 경로에 포함된 sound 블록의 환경 설정은 다음과 같다. Sound File 중에서 'No'를 선택한다.

3 Logic 블록

Logic 블록논리 블록은 서로 다른 두 개의 논리값참 혹은 거짓에 대한 논리연산을 하기 위해 사용한다. 두 개의 논리값을 사용해 논리연산And, Or, Xor 및 Not을 수행한 뒤, 그 값을 판단해 논리값을 출력한다. Complete 팔레트의 Data 그룹에 포함되어 있다.

3.1 환경 설정 패널

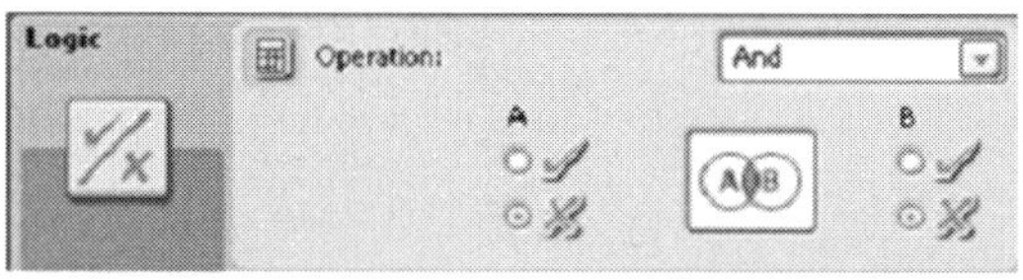

① Operation

콤보박스에서 논리연산을 지정할 수 있다. 가능한 값은 And, Or, Not, Xor 이다. 논리값에 대한 입력은 항목 'A'와 'B'를 통해 지정 가능하다.

3.2 데이터 허브의 플러그 특징

아이콘	플러그	자료형	유효한 값의 범위	의 미
	A	논리	True, False	입력 논리값
	B	논리	True, False	입력 논리값
	Yes/No	논리	True, False	논리 연산에 대한 결과

3.3 사용 예제

5장의 테스트 로봇을 사용해 터치 센서를 누르면 모터의 움직임을 멈추게 하라. 로봇의 모터는 B와 C 포트에 연결되어 있는 것으로 가정한다.

Flow 그룹에서 Loop 블록을 찾아 sequence beam 위에 놓는다. Control은 'Forever' 로 설정한다.

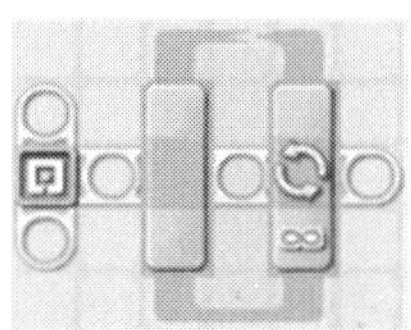

Loop 블록 내부에 Move 블록을 위치시키고 Port는 'B' 와 'C' 를 선택한다. Power는 '50' 으로 지정하며 Duration은 'Unlimited' 를 선택해 로봇을 계속 전진Forward하도록 한다.

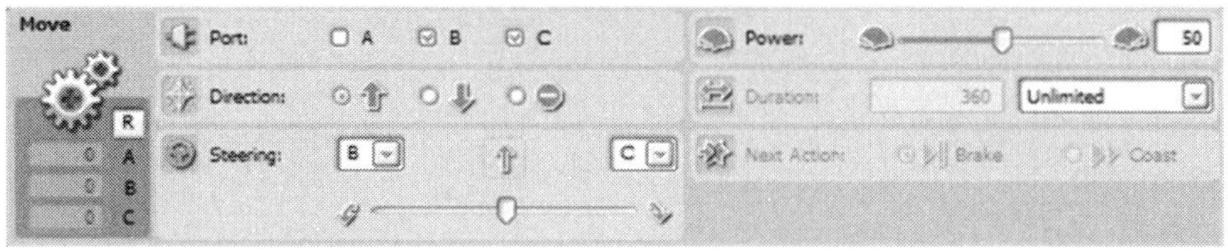

Loop 블록 내의 Move 블록 다음에 Touch Sensor 블록을 추가한다. Port는 '1' 번 포트를 선택하고 Action은 터치 센서의 버튼을 잠시 누르면 True값을 출력하도록 'Bumped' 를 선택한다.

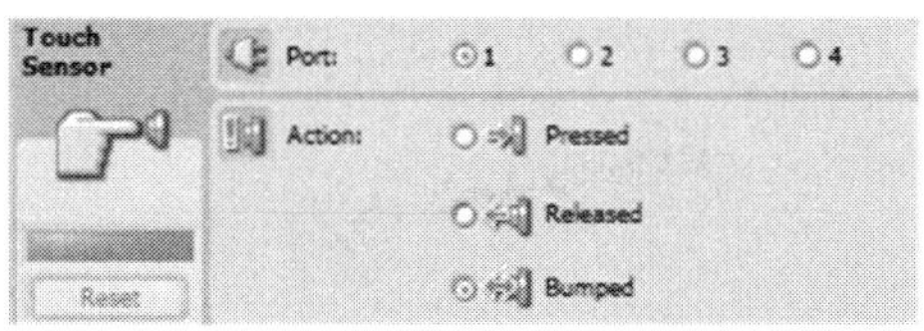

다음에 Logic 블록을 추가하고 데이터 플러그를 Touch Sensor 블록의 'A' 플러그와 연결한다. Logic 블록의 Operation은 'Or' 을 선택하고 항목 B는 'False' 를 지정한다.

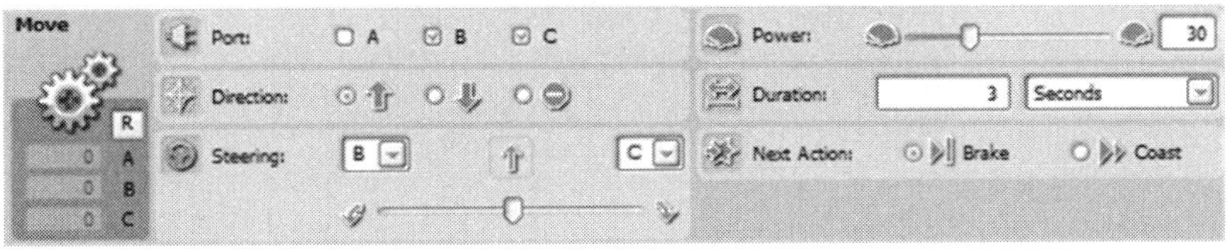

Flow 그룹의 Stop 블록을 Logic 블록 다음에 위치시키고 다음 그림과 같이 Logic 블록과 Stop 블록의 데이터 플러그를 연결한다. Stop 블록은 현재 움직이는 모터와 재생하는 사운드를 모두 정지하고 프로그램을 종료하는 기능을 갖는다.

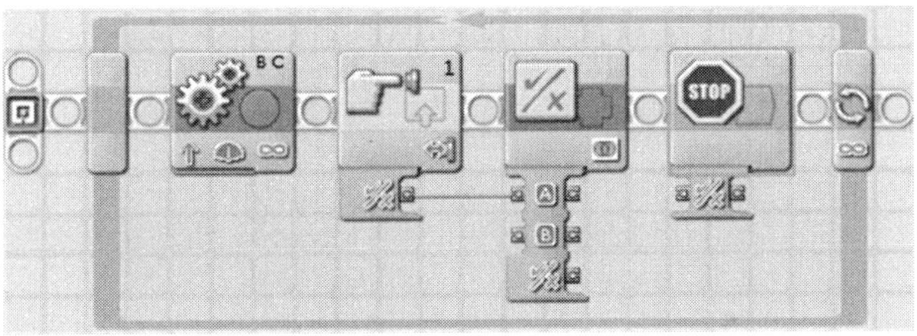

4 Variable 블록

Variable 블록변수 블록은 값을 저장해 필요한 위치에서 다시 사용할 수 있도록 변수를 생성하는 블록이다. Complete 팔레트의 Data 그룹에서 선택할 수 있다.

4.1 환경 설정 패널

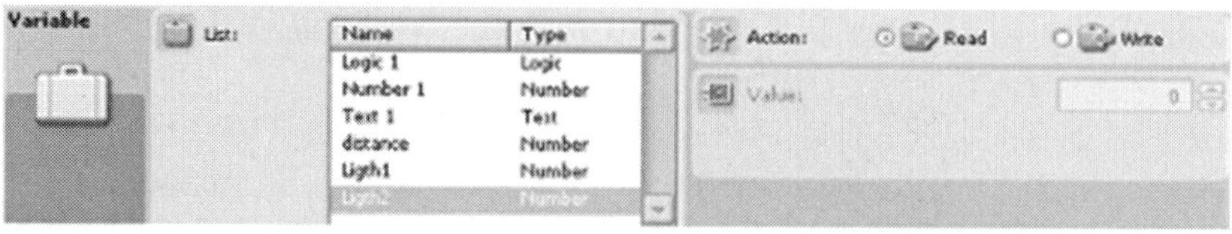

① List

List 창을 통해 변수 이름과 변수 타입을 선택할 수 있다. 새로운 변수를 추가하고 싶을 경우에는 [Edit > Define Variables] 메뉴를 사용한다. 새로 추가한 변수는 List 창에 자동으로 표시된다.

② Action

추가한 Variable 블록의 동작을 지정할 수 있다. 현재 위치에서 유효한 값을 Variable 블록에 저장('Write')하거나 이미 저장한 값을 읽는('Read') 것을 지정한다.

③ Value

Action이 Write 모드인 경우 Variable 블록에 저장할 값을 지정한다.

4.2 데이터 허브의 플러그 특징

아이콘	플러그	자료형	유효한 값의 범위	의 미
	Value	숫자, 텍스트, 논리값		읽거나 저장할 값

4.3 사용 예제

> 테스트 로봇의 출발 지점에서의 빛의 강도를 저장한 뒤 일정 거리를 움직인 후의 빛의 강도와 비교해 출발할 때의 빛의 강도가 크면 사운드 'Attention', 그렇지 않으면 사운드 'Try Again'을 재생하라. 로봇의 모터는 B와 C 포트에 연결된 것으로 가정한다.

Light Sensor 블록을 찾아 sequence beam에 놓고 Port를 '3' 번 포트로 설정한다.

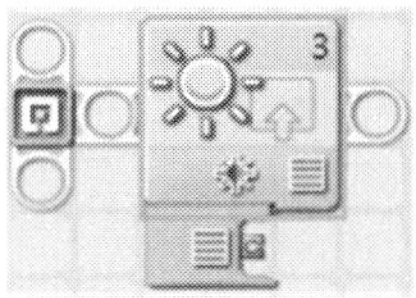

[Edit>Define Variables] 메뉴를 선택해 새로운 변수를 추가한다. [Define Variables] 대화상자의 Create 버튼을 클릭해 Name에 'Light', Datatype은 'Number' 를 선택한다.

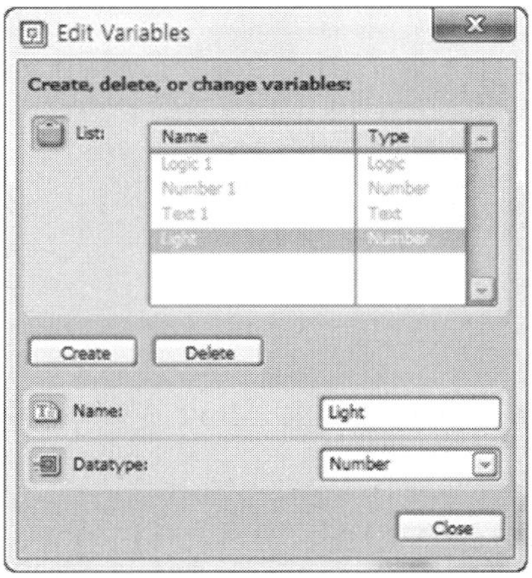

Variable 블록을 찾아 Light Sensor 블록 다음에 위치시킨 후 List에서 앞에서 추가한 'Light' 변수를 선택한다. Action에서는 'Write' 를 선택한다. 그리고 데이터 플러그를 사용해 Light Sensor 블록과 Variable 블록을 연결한다.

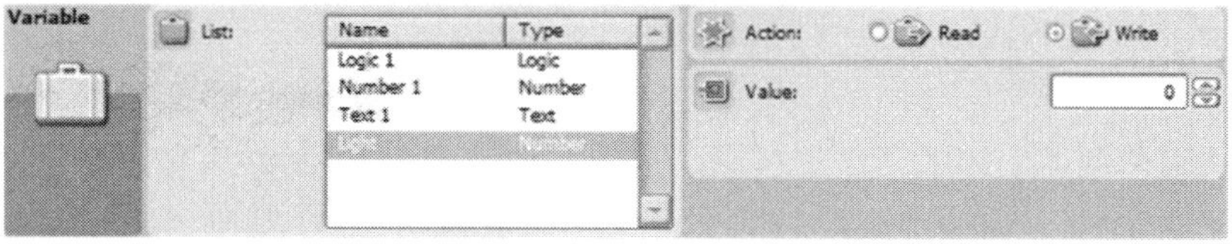

Move 블록을 Variable 블록 다음에 위치시킨 후 Duration에 '3' 을 입력하고 'Seconds' 를 선택해 3초 동안만 움직이게 한다. Power는 '30' 으로 지정한다.

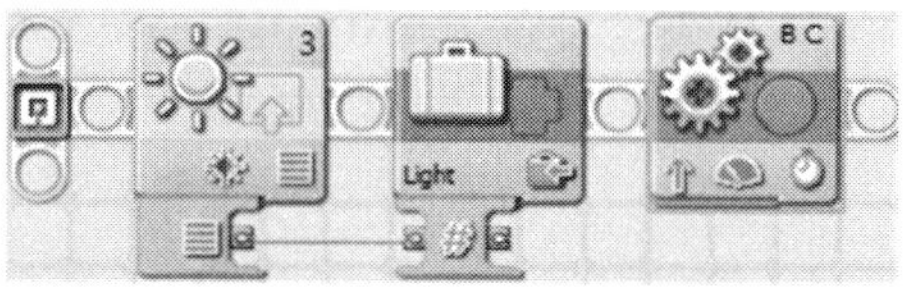

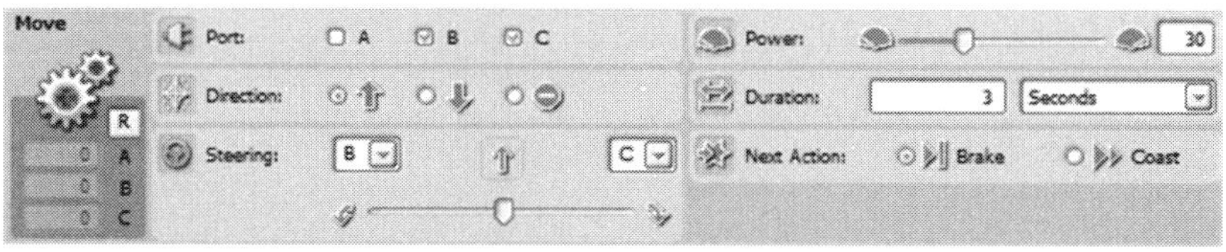

Light Sensor 블록을 Move 블록 다음에 위치시키고 다시 Variable 블록을 Light Sensor 블록 다음에 위치시킨다. Light Sensor 블록의 Port는 '3' 번 포트로 설정한다. Variable 블록은 List에서 'Light' 변수를 선택하고, Action에서 'Read' 를 지정한다.

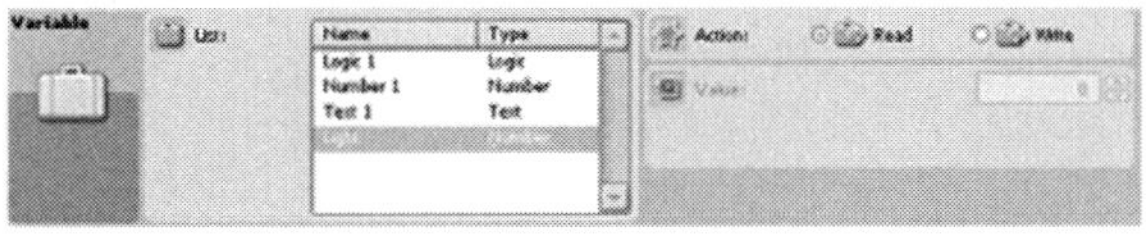

Compare 블록을 Variable 블록 다음에 추가하고 데이터 플러그를 사용해 다음 그림과 같이 Light Sensor 블록 및 Variable 블록과 연결한다. 이때 Variable 블록은 Compare 블록의 항목 'A' 와 연결하고 Light Sensor 블록은 항목 'B' 와 연결한다. Compare 블록의 Operation은 'Greater Than' 을 선택한다.

Switch 블록을 Compare 블록 다음에 추가하고 Compare 블록의 Result 플러그와 데이터 와이어를 연결한다. Switch 블록의 Control 항목에서 'Value' 를 선택하고, Type 항목에서 'Logic' 을 선택한다.

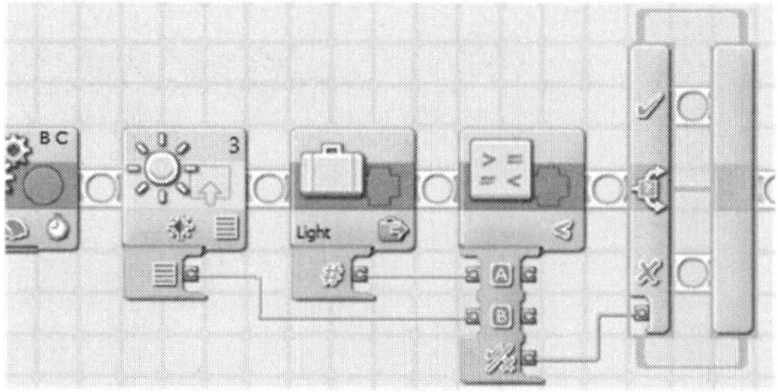

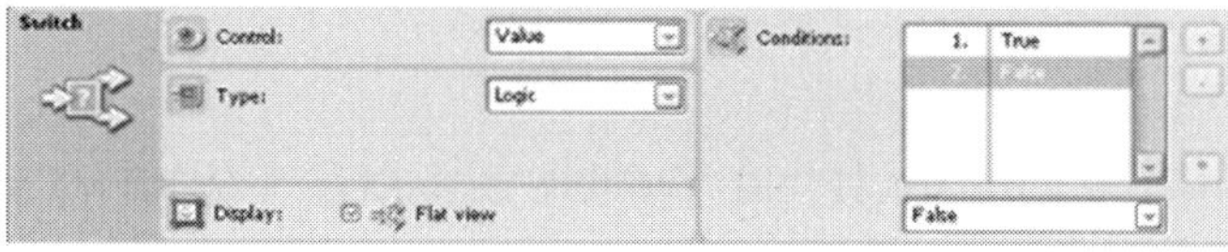

Sound 블록을 찾아 Switch 블록의 각각의 경로에 추가한다. 출발할 때의 빛의 강도가 셀 경우 위쪽 경로를 실행하며 그렇지 않을 경우 아래쪽 경로를 실행한다. 위쪽 경로의 Sound 블록은 Sound File 중에서 'Attention'을 지정하고, 아래쪽 경로의 Sound 블록은 Sound File에서 'Try Again'을 선택한다.

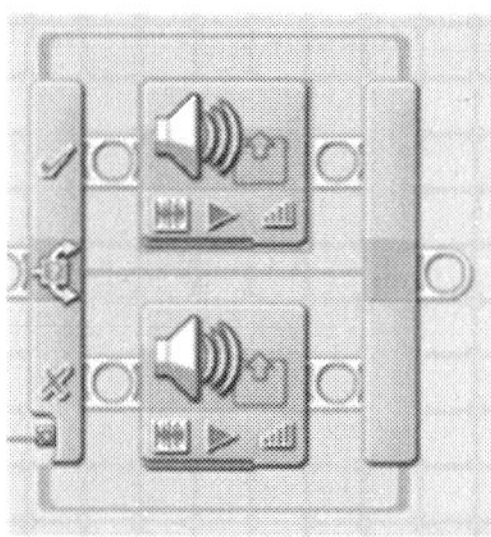

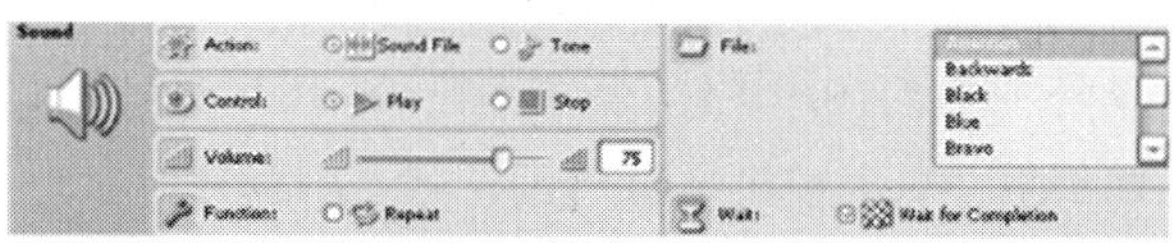

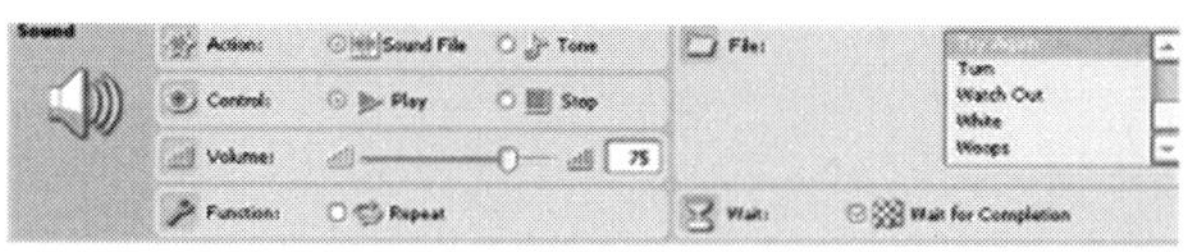

5 Text 블록

Text 블록텍스트 블록은 최대 3개의 문자열을 결합해 하나의 새로운 문자열을 생성하는 블록이다. 각 문자열은 숫자 혹은 기호를 모두 포함할 수 있다. 생성한 문자열은 Display 블록디스플레이 블록을 사용해 마인드스톰 컨트롤러의 LCD 패널에 출력할 수 있다. Text 블록을 사용해 마인드스톰의 센서에서 입력되는 값을 문자열로 변환해 출력하여 센서에서 입력되는 값을 확인하는 등의 작업을 수행할 수 있다. 이 블록은 Complete 팔레트의 Advanced 그룹에 위치한다.

5.1 환경 설정 패널

① Text

결합할 문자열의 내용을 A, B, C 항목에 지정할 수 있다. 데이터 허브를 통해 A, B, C에 대한 입력이 가능하다. 예를 들어, 데이터 허브를 통해 빛 센서의 출력값을 텍스트 블록의 Text B에 연결하고, Text A에 'Light=', Text C에 '%'를 입력한 경우 빛 센서의 값이 70이면 'Light=70%'의 결합된 문자열을 생성할 수 있다.

5.2 데이터 허브의 플러그 특징

아이콘	플러그	자료형	유효한 값의 범위	의 미
	A	Text	Text	입력 문자열
	B	Text	Text	입력 문자열
	C	Text	Text	입력 문자열
	T	Text	Text	A, B, C의 문자열들을 결합한 문자열

5.3 사용 예제

> 현재 빛의 강도를 입력 받아 마인드스톰 컨트롤러의 LCD 패널에 출력하라.

Sensor 그룹에서 Light Sensor 블록을 찾아 sequence beam 위에 놓은 후, Advanced 그룹에서 Number to Text 블록숫자를 문자열로 변환 블록을 찾아 Light Sensor 블록 다음에 위치한 후 다음 그림과 같이 데이터 플러그를 연결한다. Light sensor의 intensity 출력값은 숫자이므로 텍스트 자료형을 갖는 Text 블록의 입력 플러그에 직접 연결할 수는 없다. 만약 직접 연결한 경우에는 데이터 연결선이 회색으로 표시되어 정상적으로 연결되지 않은 것으로 나타날 것이다. 이를 위해 숫자를 문자열로 변환하는 Number to Text 블록을 사용한다.

Advanced 그룹에서 Text 블록을 찾아 다음 위치에 놓는다. Number to Text 블록의 Text 출력 플러그를 Text 블록의 B 입력 플러그에 연결한다. B 입력 플러그를 사용하기 위해서는 Text 블록의 데이터 허브를 확장해야 한다. Text 블록의 Text A는 'Light=', Text C는 '%'로 지정한다.

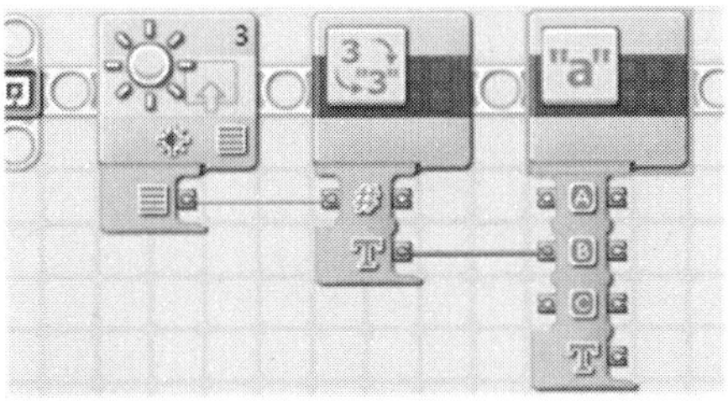

Action 그룹의 Display 블록을 추가한 후, Text 블록의 Combined Text 출력 플러그를 Display 블록의 Text 입력 플러그에 연결한다. Display 블록의 Action은 Text를 선택하고, Simple Text 항목의 기본 텍스트는 삭제한다.

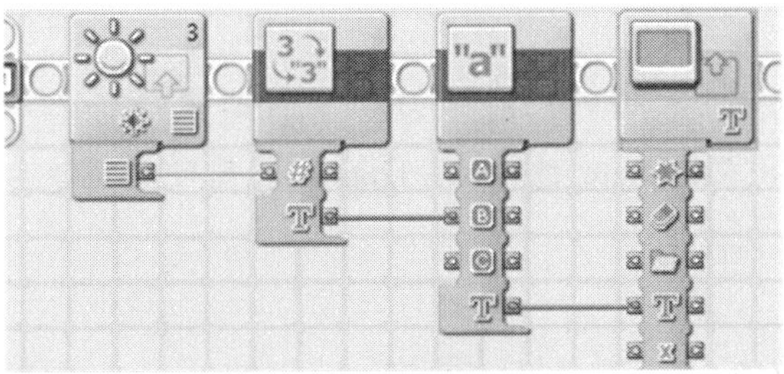

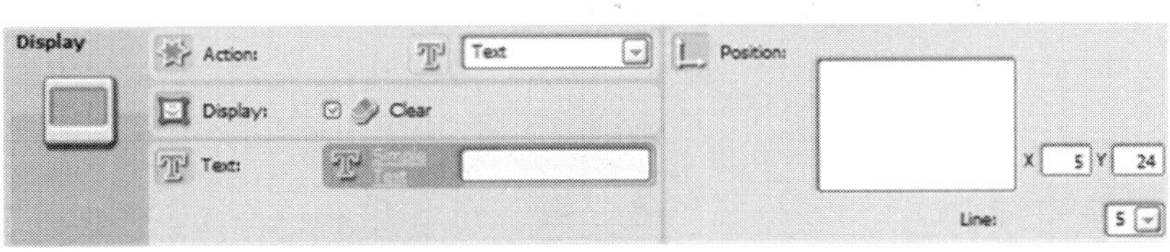

실행하면 센서값이 잠시 동안만 LCD 패널에 출력되고 프로그램이 종료하므로 그 값을 확인하기가 어렵다. 이를 해결하기 위해 Common 그룹에서 Wait 블록대기 블록을 추가하고 Control 항목을 Time으로 변경한다. 시간Seconds은 5로 지정한다.

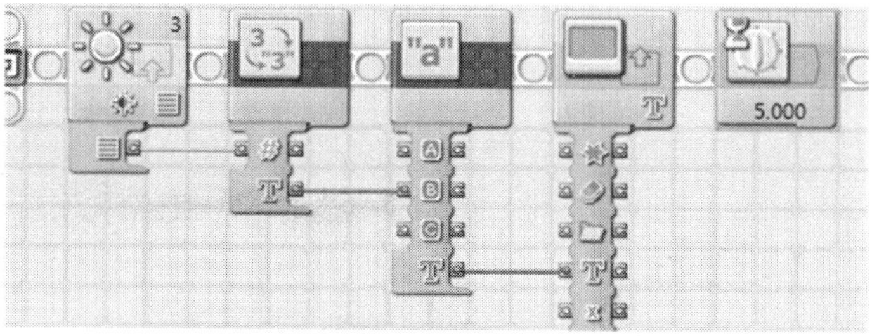

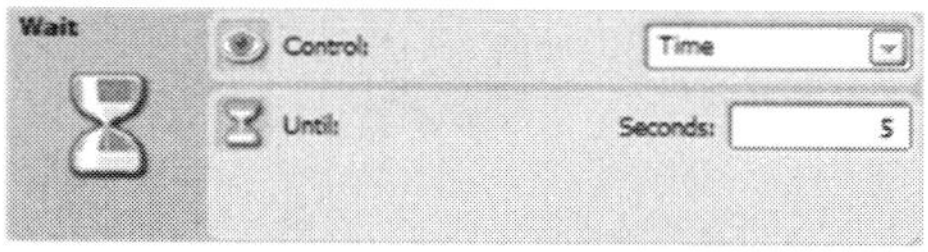

6 Math 블록

Math 블록연산 블록은 입력된 두 숫자에 대한 사칙연산 중 하나의 연산을 실행한다. Complete 팔레트의 Data 그룹에서 선택할 수 있다.

6.1 환경 설정 패널

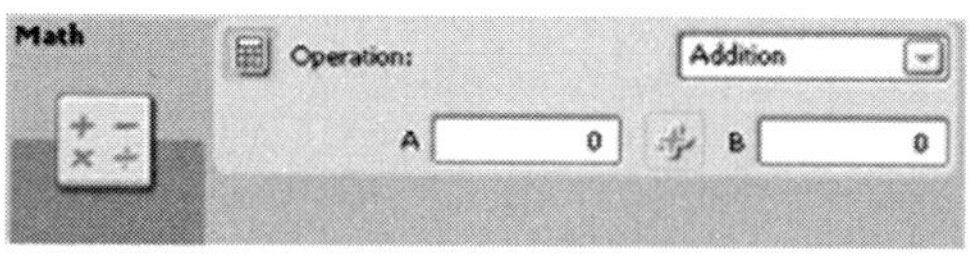

① Operation

콤보박스에서 사칙연산 중 하나의 연산을 선택할 수 있다. 가능한 값은 'Addition', 'Subtraction', 'Multiplication', 'Division' 이다. 'Addition' 은 더하기를 위해 사용하며 'Subtraction' 은 빼기, 'Multiplication' 는 곱하기, 'Division' 은 나누기를 위해 사용한다. 입력값들은 항목 'A' 와 항목 'B' 를 통해 가능하다. 이 값들은 키보드를 사용해 직접 입력이 가능하며 데이터 플러그 연결을 통한 전달도 가능하다.

6.2 데이터 허브의 플러그 특징

아이콘	플러그	자료형	유효한 값의 범위	의 미
	A	숫자	−2147483648~2147483647	입력값
	B	숫자	−2147483648~2147483647	입력값
	Result	숫자	−2147483648~2147483647	연산 후 결과값

6.3 사용 예제

> 테스트 로봇이 위치한 지역의 데시벨과 빛의 강도를 더하여 마인드스톰의 LCD에 출력하라.

Sound Sensor 블록과 Light Sensor 블록을 차례로 sequence beam에 위치하고 Port를 각각 '2번' 및 '3번' 으로 설정한다.

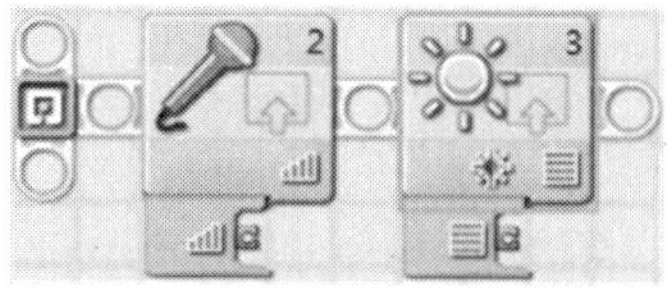

Math 블록을 Light Sensor 블록 다음에 추가시키고 Sound Sensor 블록의 Sound Level 플러그와 Math 블록의 'B' 를 연결하고 Light Sensor 블록의 intensity를 Math 블록의 'A' 와 연결한다. Math 블록의 Operation에서 'Addition' 을 선택한다.

Number to Text 블록을 Math 블록 다음에 위치시키고 Number 입력 플러그를 Math 블록의 Result 플러그와 연결한다.

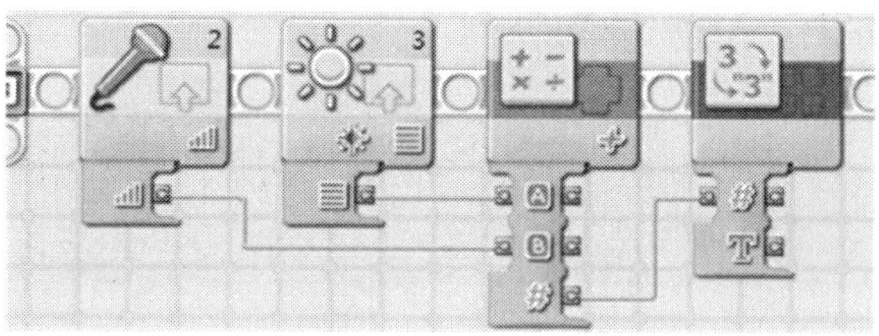

Display 블록을 Number to Text 블록 다음에 위치시키고 Text 입력 플러그를 Number to Text 블록과 연결한다. Display 블록의 Action에서 'Text'를 선택하고 Text에 입력된 기본 텍스트는 삭제한다.

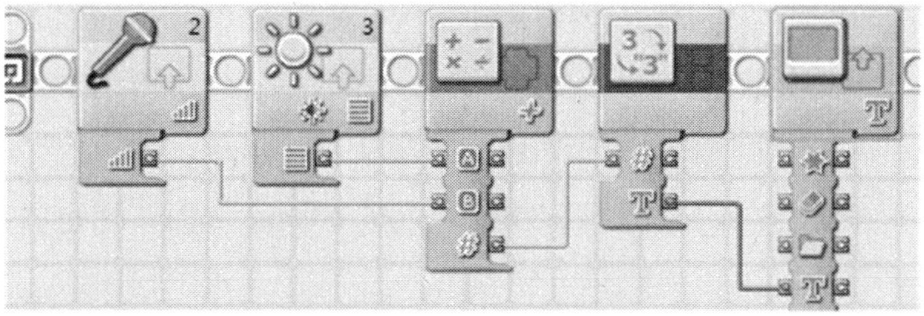

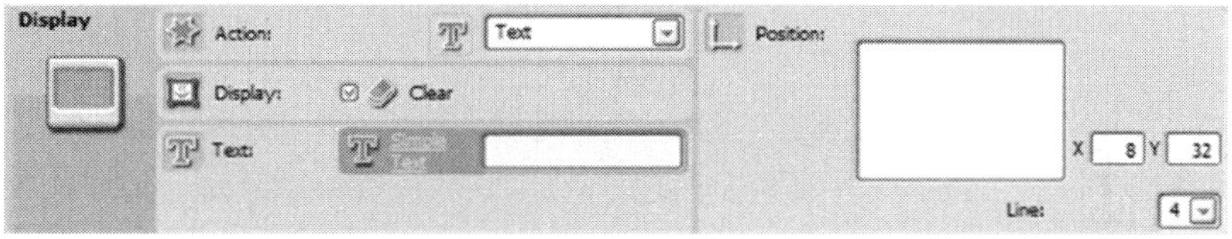

마지막에 Wait 블록을 추가하고 Control은 'Time', Seconds는 '3'으로 지정한다.

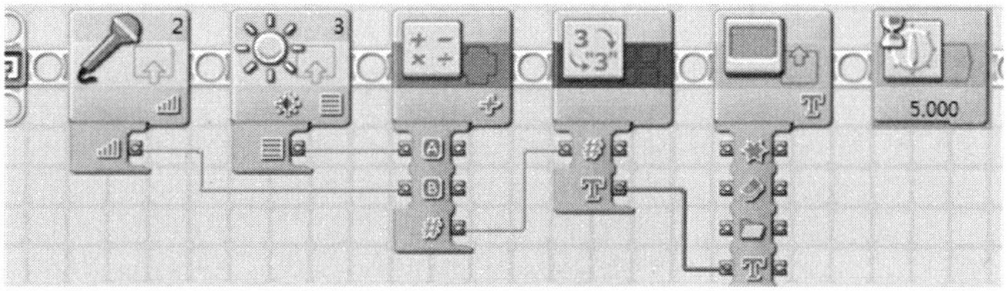

7 Keep Alive 블록

Keep Alive 블록활성화 블록은 마인드스톰이 Sleep 모드가 되지 않도록 유지시키는 블록이다. 마인드스톰은 일정 시간 동안 사용자의 명령 없이 정지해 있을 경우, Sleep 모드로 전환되는데 이런 경우를 원하지 않을 때 이 블록을 통해 설정해 주어야 한다. Sleep 모드로 전환되는 시간 설정은 마인드스톰의 메뉴를 통해 가능하다. 마인드스톰 컨트롤러의 [Settings > Sleep]에서 분 단위로 표시된다. 설정 가능 시간은 2, 5, 10, 30, 60, Never 순으로 변경된다.

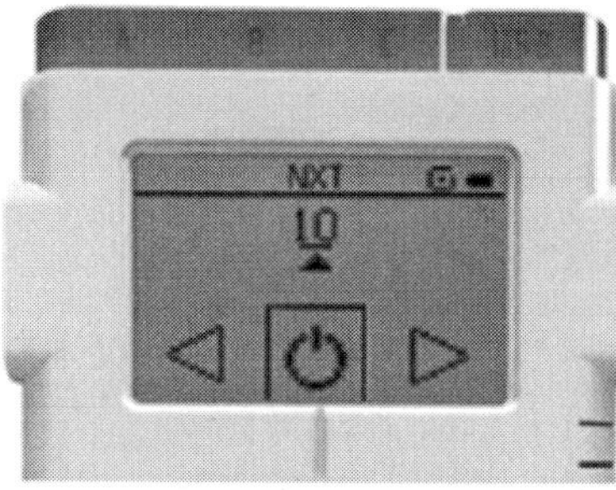

7.1 환경 설정 패널

– 설정할 수 있는 값은 없다.

7.2 데이터 허브 플러그의 특징

아이콘	플러그	자료형	유효한 값의 범위	의 미
	Time	숫자	0~4294967296	마인드스톰 메뉴에 설정한 Sleep 시간

7.3 사용 예제

> 테스트 로봇을 사용해 전진과 후진을 반복한다. 이때 Touch Sensor를 누르면 대기시간Sleep Time을 초기화한다. 로봇의 모터는 B와 C 포트에 연결된 것으로 가정한다.

전진과 후진을 반복하기 위해 두 개의 Move 블록을 추가한다. 첫 번째 Move 블록은 전진Forward, 두 번째 Move 블록은 후진Backward하도록 설정하며 Duration을 '3', 단위는 'Rotations'로 설정한다. 나머지 설정은 디폴트 값을 사용한다.

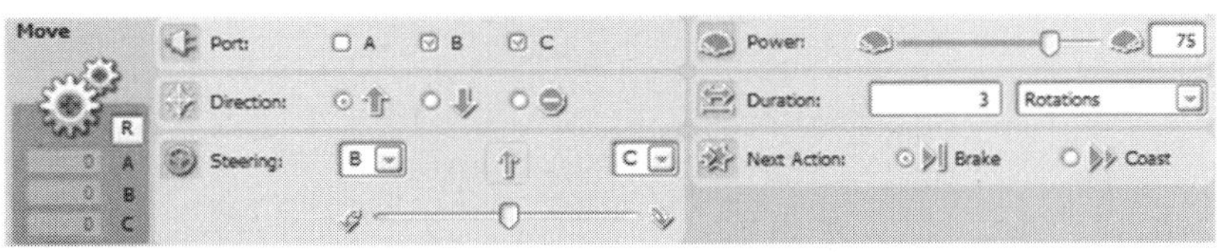

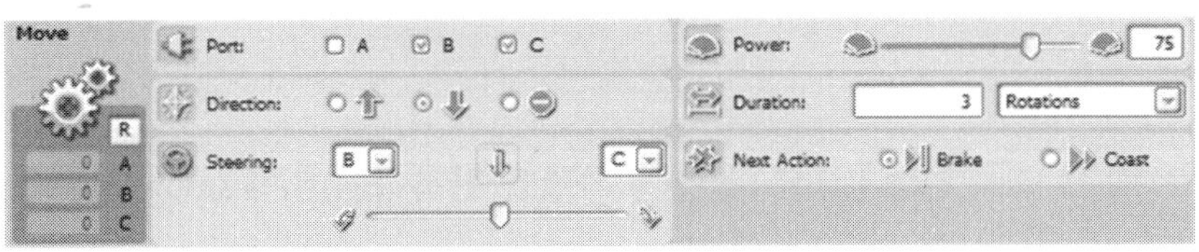

Switch 블록을 추가하고 Touch Sensor의 값을 조건으로 설정한다. 즉, Control을 'Sensor'로 설정하고 Sensor의 종류는 'Touch Sensor'로 설정한다. Action을 'Bumped'로 설정하여 버튼이 잠시 눌려졌을 때 '참'으로 작동하도록 설정한다. 그리고 Switch 블록의 위쪽 경로 내부에 Keep Alive 블록을 추가한다.

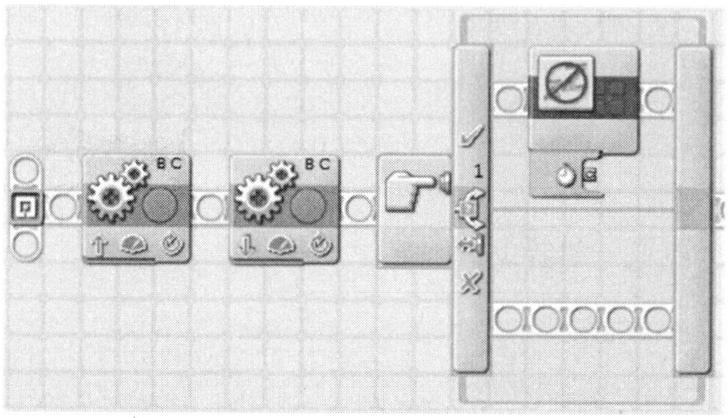

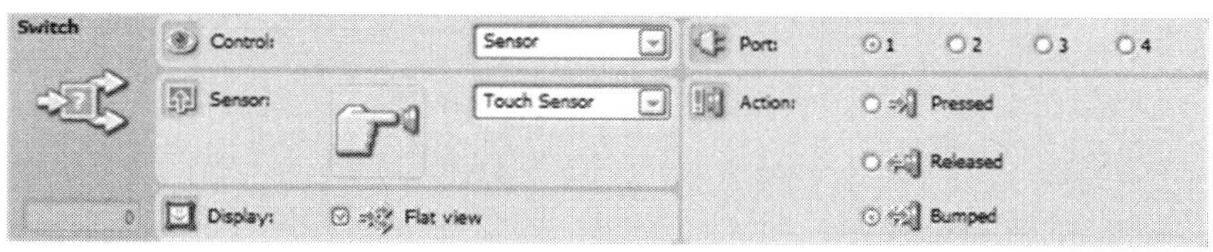

Switch 블록 내의 Keep Alive 목록 다음 위치에 Sound 블록을 추가한다. Action을 'Tone'으로 선택하고 Note에 'C' 음을 0.5초로 지정한다.

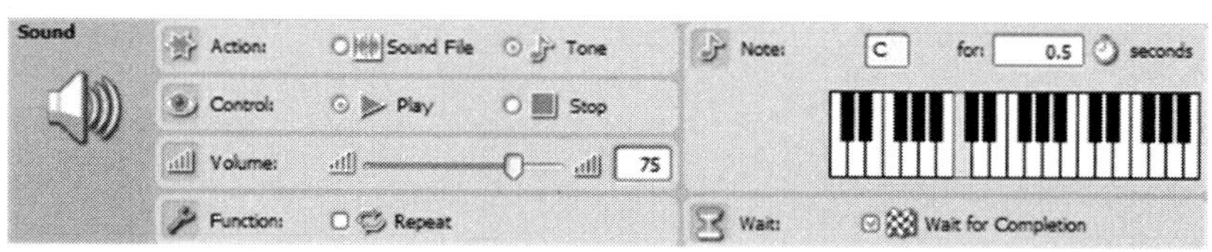

최종적으로 이 전체 과정을 반복하기 위해 Loop 블록을 사용한다. Loop 블

을 추가하고 지금까지 추가한 모든 블록을 Loop 블록 내부로 이동한다. 이때 Loop의 Control은 'Forever' 로 설정한다.

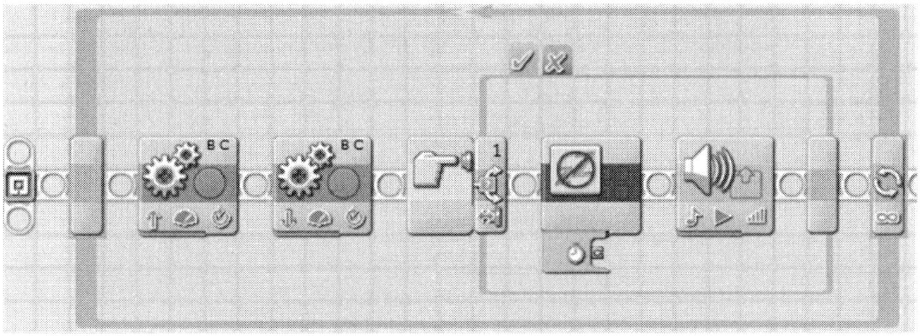

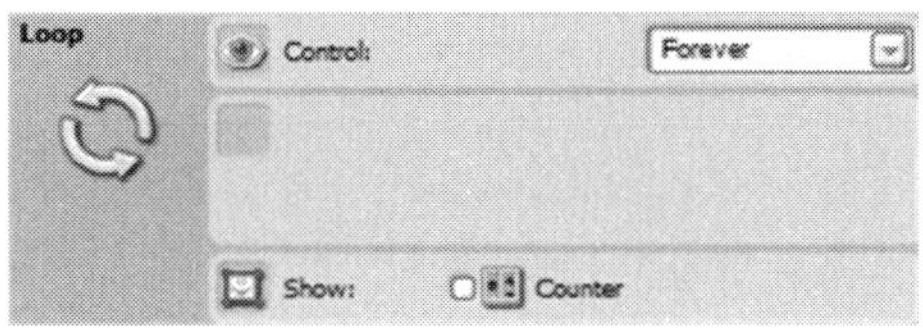

8 File Access 블록

File Access 블록파일 접근 블록은 파일에 접근할 때 사용하는 블록이며, 파일을 생성하고 파일에 데이터를 저장하거나 저장 데이터를 읽기 위해 사용한다. 예를 들면 미로 추적 로봇이 지나간 경로를 파일에 저장해 다음 시도에 지난 경로의 정보를 사용하도록 할 수 있다.

8.1 환경 설정 패널

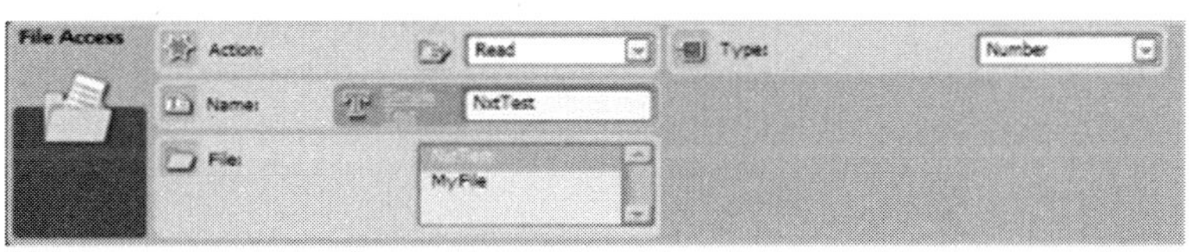

① Action

파일을 읽거나, 저장하는 타입을 결정하는 부분이며 세부 사항은 다음과 같다.

메 뉴	내 용
Read	파일을 읽는다.
Write	파일을 저장한다.
Close	파일을 닫는다.
Delete	파일을 지운다.

② Name

파일의 이름을 지정한다.

③ File

현재까지 사용한 파일들의 목록을 표시한다.

④ Type

파일의 형식을 결정하며, Text 또는 Number를 선택할 수 있다.

8.2 데이터 허브 플러그의 특징

아이콘	플러그	자료형	유효한 값의 범위	의 미	플러그 값이 무시되는 경우
	Filename	Text	최대 15자 문자형	파일 이름	
	Initial File Size	Number	0~32767	최초 생성시 파일의 사이즈	Action이 쓰기가 아니거나 파일이 존재하는 경우
	Text	Text		글자 쓰기	Action이 쓰기가 아닌 경우
	Number	Number	−2147483648 ~2147483647	숫자 쓰기	Action이 쓰기가 아닌 경우

	Error	Logic	True/False	Block에서 Error 발생 여부	
	Textout	Text		읽은 글자	Action이 쓰기가 아닌 경우
	NumberOut	Number	-2147483648 ~2147483647	읽은 숫자	Action이 쓰기가 아닌 경우

8.3 사용 예제

> Ultrasonic Sensor를 사용해 거리를 측정하고 그 결과를 파일에 저장한다. 1초에 한 번씩 파일에 저장하도록 하며 총 10번을 저장한다.

거리값을 입력받기 위한 Ultrasonic Sensor 블록을 추가한다. 이때 단위를 cm으로 하기 위해 Show 항목을 'Centimeters'로 설정한다. 센서는 '4번' 포트에 연결한다.

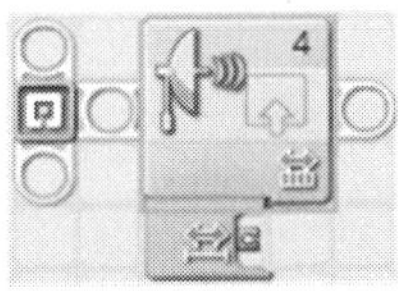

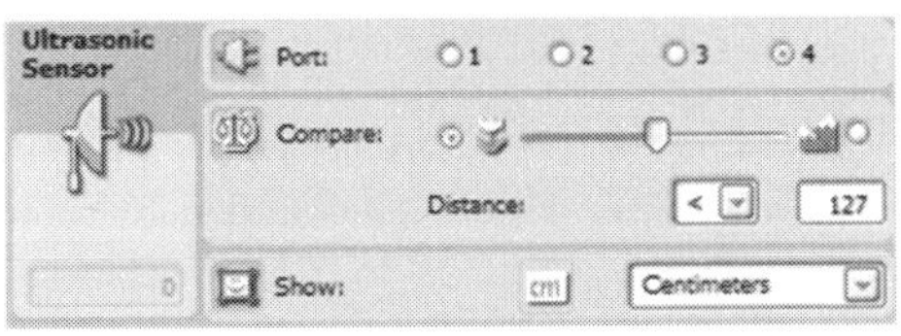

File Access 블록을 추가한 후 데이터 플러그를 사용해 Ultrasonic Sensor 블록의 Distance 항목과 File Access 블록의 Number 항목을 연결한다. Ultrasonic Sensor 블록의 값을 File Access 블록을 통해 파일에 저장하기 위해 File Access 블록의 Action을 'Write' 로 설정한다. 파일의 이름은 'FileTest' 로 지정한다. 입력값은 숫자이므로 Type을 'Number' 로 지정한다.

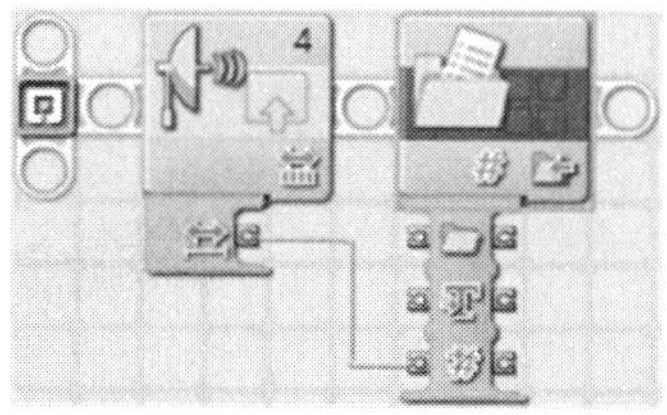

1초 단위로 거리를 측정하기 위해 Wait 블록을 추가하고 대기 시간을 '1초'로 설정한다. 이 과정을 10회 반복하기 위해 Loop 블록을 추가하고 모든 블록을 Loop 블록 내부로 이동한다. Loop 블록의 Control 항목을 Count로 변경하고 Until을 '10' 으로 설정한다. 또한 측정하는 간격을 확인하기 위해 Wait 블록 다음 위치에 Sound 블록을 추가한다. Sound 블록의 Action은 'Tone' 으로 지정하고 'A' 음을 0.1초 길이로 재생한다.

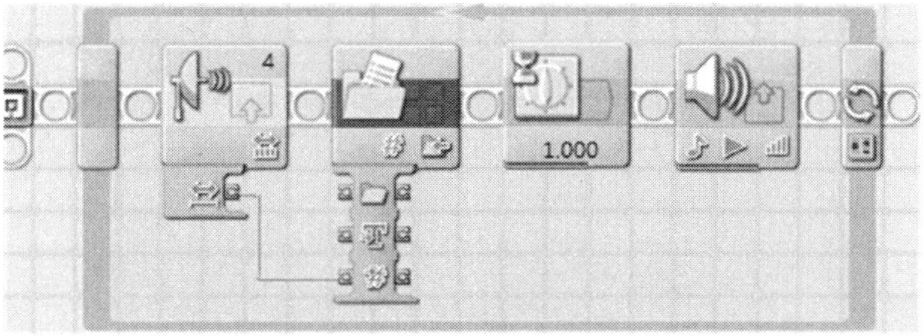

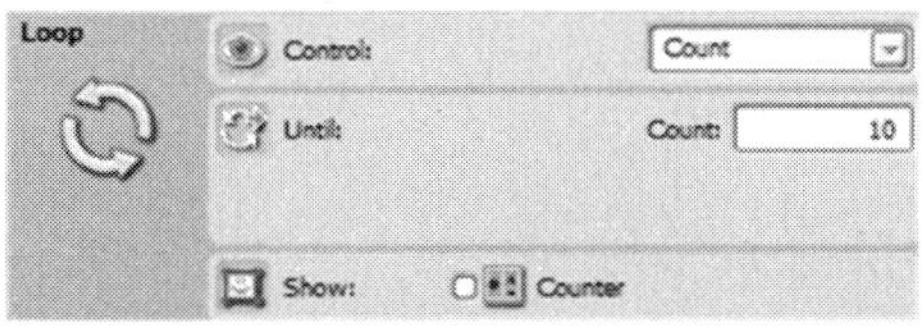

마지막으로 파일을 닫는 기능을 추가한다. Loop 블록의 외부에 새로운 File Access 블록을 추가한다. File Access 블록의 Action 항목은 'Close' 로 설정한다. 파일의 이름은 당연히 'FileTest' 로 설정한다.

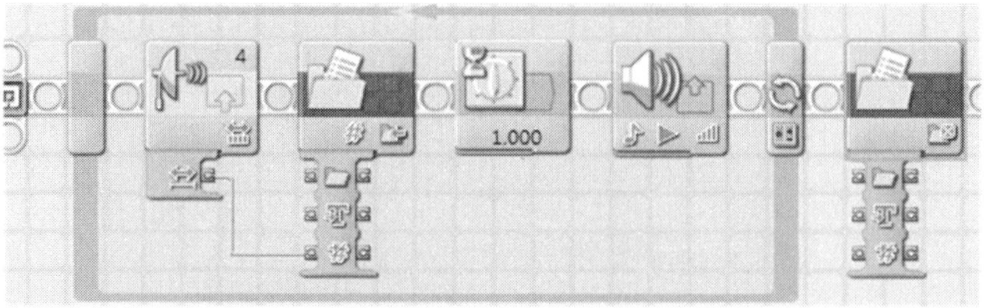

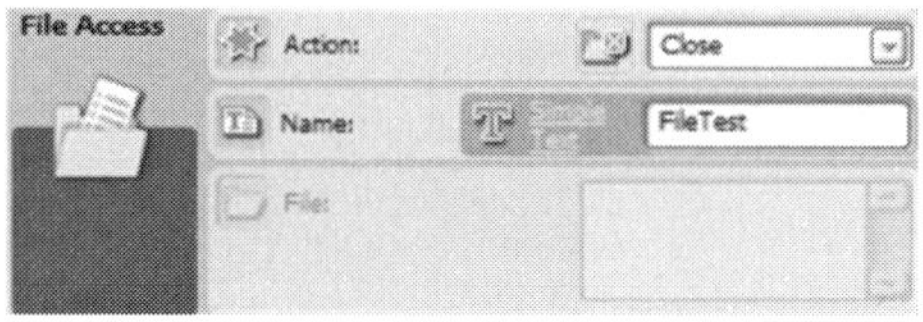

생성된 파일은 마인드스톰 내부 메모리에 저장되며 NXT Windows의 Memory 탭에서 확인할 수 있다. File Access 블록으로 생성한 파일은 Other 부분에 저장되며 Upload를 통해 PC로 복사할 수 있다.

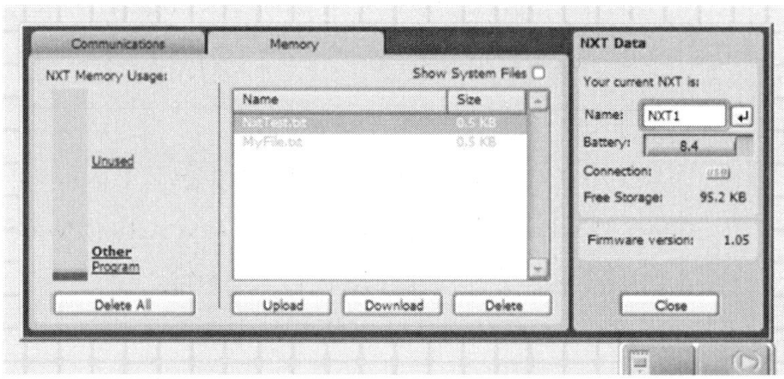

9 Calibration 블록

Calibration 블록캘리브레이션 블록은 마인드스톰의 Sound Sensor 및 Light Sensor의

최소값과 최대값의 범위를 재설정하기 위해 사용한다. 주변 환경의 변화에 따라 빛의 밝기나 소리의 크기 등이 변하는 것을 보정하기 위해 사용할 수 있다. 예를 들어, 라인을 추적하는 로봇이 조명의 변화에 의해 배경의 하얀색과 경로의 검은색에 대한 보정을 가능하도록 한다. Ultrasonic Sensor의 거리나 Touch Sensor의 눌림은 절대적인 값이므로 보정할 수 없다.

9.1 환경 설정 패널

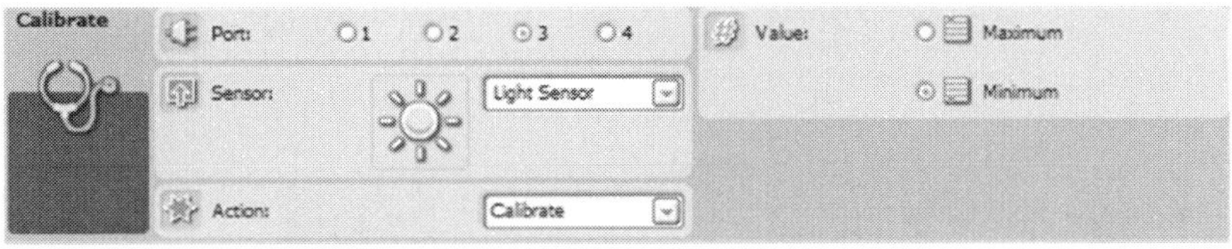

① Port

연결한 Sensor의 Port를 설정한다.

② Sensor

보정할 Sensor의 종류를 설정한다. Light 혹은 Sound Sensor를 선택할 수 있다.

③ Action

기존 값을 보정할 것인지 기존에 설정한 값을 삭제할 것인지 결정한다.

④ Value

보정할 값을 선택한다. Maximum이나 Minimum 중에서 선택할 수 있다.

9.2 데이터 허브 플러그의 특징

아이콘	플러그	자료형	유효한 값의 범위	의 미	플러그 값이 무시되는 경우
	Port	Number	1~4	Port 번호	Delete가 True인 경우
	Max/Min	Logic	True/False	True =Maximum value False =Minimum value	Delete가 True인 경우
	Delete	Logic	True/False	Ture=Delete False=Calibrate	

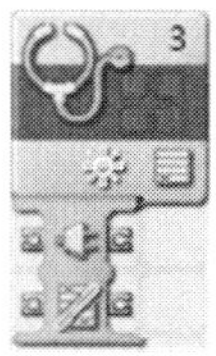

9.3 사용 예제

테스트 로봇의 Light Sensor에 설정된 기존의 Calibration값을 삭제하고, 마인드스톰의 테스트 패드를 사용해 Light Sensor의 최소값과 최대값을 재설정하라. 우선 최대값을 설정하고 다음으로 최소값을 설정한다. 다음 단계로의 진행을 위해 Touch Sensor를 사용한다. Light Sensor는 3번 포트에 연결되어 있다.

우선 Light Sensor에 대한 기존 Calibration값을 삭제한다. Calibration 블록을 추가하고 Sensor값을 'Light Sensor'로 설정한 뒤 Action의 값은 'Delete'를 선택한다.

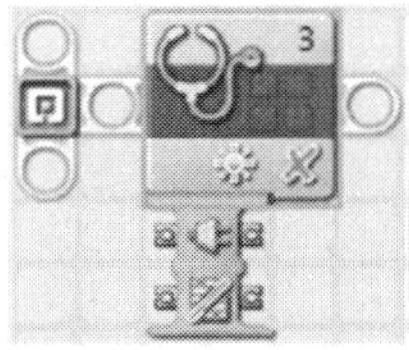

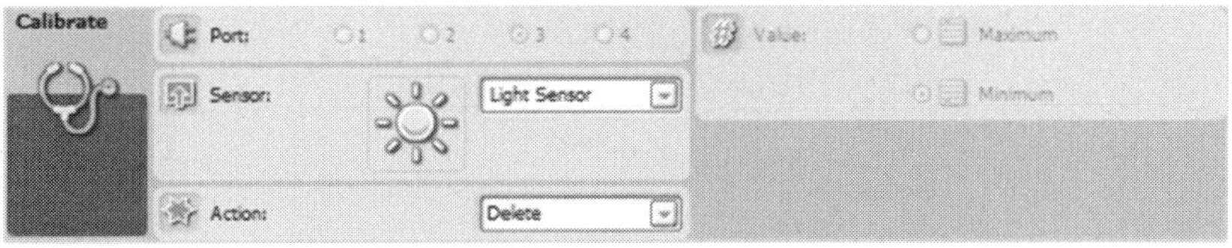

Light Sensor의 Maximum값을 설정해주기 위해 새로운 Calibration 블록을 추가하고 Action은 'Calibrate' 로 설정한다. Value를 'Maximum' 으로 설정한다.

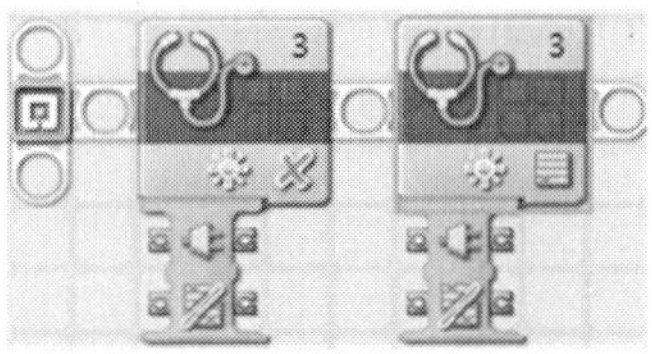

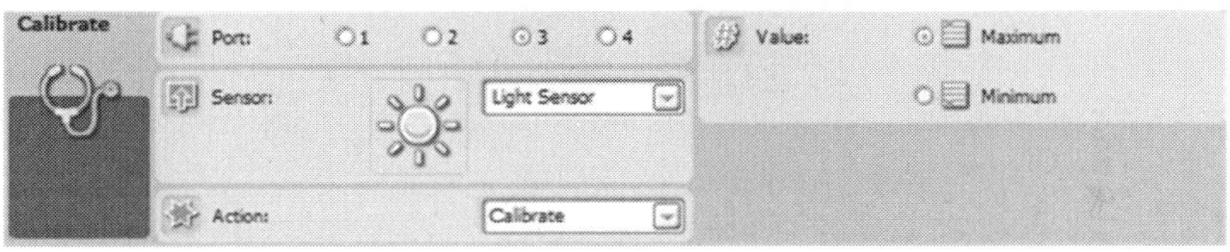

테스트 로봇의 Light sensor를 테스트 패드의 흰색 배경에 위치한 후 Touch Sensor를 누르면 현재의 값을 Light sensor의 maximum값으로 설정할 수 있도록 Wait 블록을 추가한다. Control은 'Sensor' , Sensor 종류는 'Touch Sensor' 를 선택한다. Port는 '1번' 으로 지정하고 Action은 'Bumped' 로 지정한다.

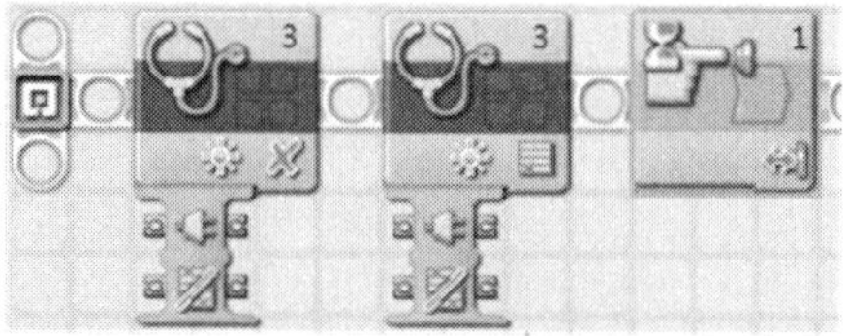

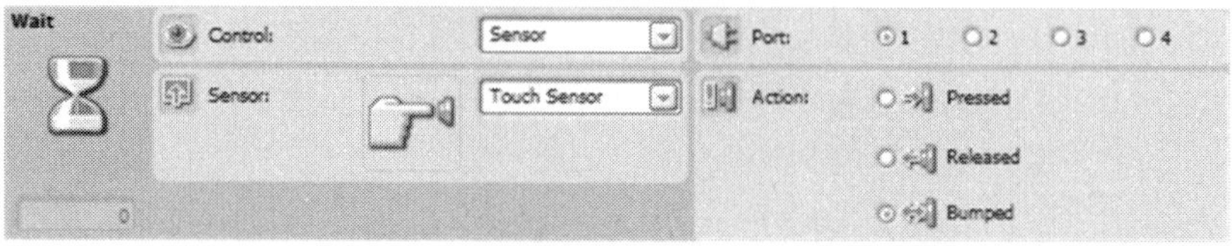

Light Sensor의 minimum값을 설정하기 위해 위와 같은 비슷한 과정을 반복한다. 새로운 Calibration 블록을 추가하고 Action은 'Calibrate' 로 설정한다. Value를 'Minimum' 으로 설정한다. 테스트 로봇의 Light Sensor를 테스트 패드의 검은색 경로 위에 위치한 후 Touch Sensor를 누르면 현재의 값을 Light sensor의 minimum값으로 설정할 수 있도록 Wait 블록을 추가하고 이전의 Wait 블록과 동일하게 환경을 설정한다.

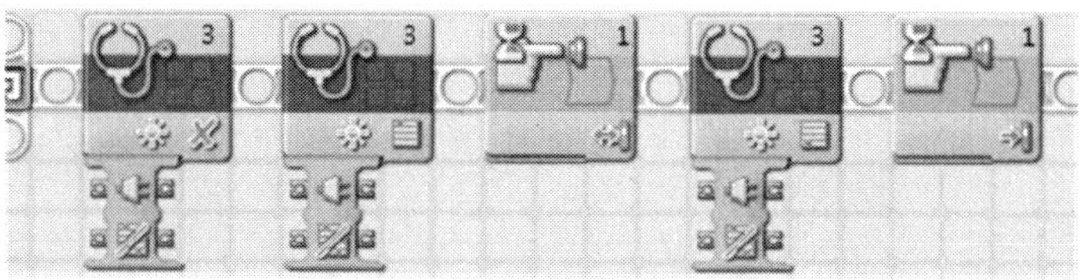

보정된 값은 NXT-G 프로그램의 [Tool > Calibrate sensor] 메뉴에서 다음과 같이 확인할 수 있다.

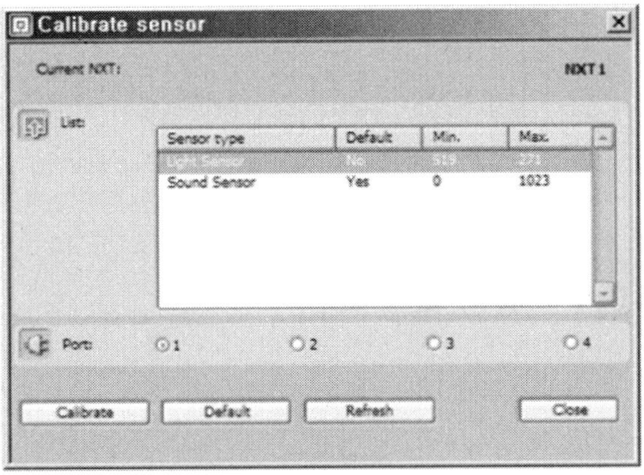

※ Touch Sensor를 정확하게 눌렀는지 확인하기 위해 Wait 블록 다음에 Sound 블록을 추가해 사운드를 확인하는 것이 좋다.

10 Reset Motor 블록

마인드스톰에서 서보모터를 동작시킬 경우에 기본적으로 에러 수정을 한다. 에러 수정은 정확한 값으로 모터를 회전하기 위해 사용하며, 이 기능을 무시하고자 할 때 Reset Motor 블록모터 초기화 블록을 사용한다. 이 블록은 Complete 팔레트의 Advanced 그룹에서 선택할 수 있다.

에러 수정 기능을 자세하게 살펴보자. 다음 그림과 같은 코드 예제가 있다. 이 예제에서는 Motor 블록과 Wait 블록을 반복한다. 세 개의 Motor 블록은 각각 360도 회전하도록 설정했다. 하지만 첫 번째 Motor 블록에서는 모터가 365도, 두 번째 Motor 블록에서는 모터가 367도를 회전했다면 마지막 Motor 블록에서는 설정된 360도가 아닌 348도를 회전하려고 시도한다. 이를 에러 수정 기능이라고 하며, 이를 통해 매우 정밀하게 움직임을 제어할 수 있다. 그런데 만약 Reset Motor 블록을 사용한다면 마지막 Motor 블록에서 348도가 아닌 360도를 회전하려고 할 것이다.

10.1 환경 설정 패널

① Port

Reset Motor를 적용할 포트를 선택한다. 다수의 모터를 선택할 수 있다.

10.2 데이터 허브 플러그의 특징

아이콘	플러그	자료형	유효한 값의 범위	의 미
	Reset A	Logic	True/False	Motor A를 리셋
	Reset B	Logic	True/False	Motor B를 리셋
	Reset C	Logic	True/False	Motor C를 리셋

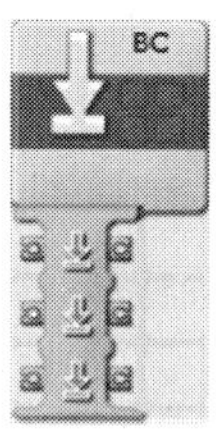

10.3 사용 예제

> 출력포트 A에 새로운 서보모터를 연결하고 서보모터를 동작시키는 과정에서 자동 에러 수정이 어떻게 사용되는지 살펴보자.

Motor 블록을 추가하고 Duration에 '360'을 입력하고, 단위를 'Degrees'로 지정한다.

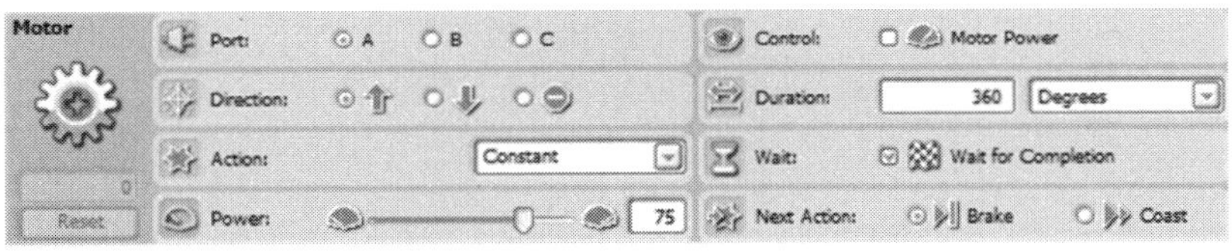

서보모터의 회전된 각도를 화면에 표시하기 위해 Number to Text 블록, Display 블록을 각각 하나씩 추가한다. Motor 블록의 'Degrees out' 플러그(데이터 허브의 가장 마지막 위치)를 이용해 서보모터의 회전 각도를 LCD 화면에 출력하도록 한다. 단 Display 블록은 Text 자료형만을 입력받을 수 있으므로 Number to Text 블록을 사용해 Motor 블록의 Number 출력을 Text로 변경한다. 이를 위해 Motor 블록의 'Degrees out' 출력 플러그를 Number to Text 블록의 'Number' 입력 플러그로 연결한다. 다시 Number to Text 블록의 'Text' 출력 플러그를 Display 블록의 'Text' 입력 플러그로 연결한다. Display 블록에서는 입력된 Text값을 출력해주기 위해 Action을 'Text'로 설정하고 디폴트 텍스트는 삭제한다.

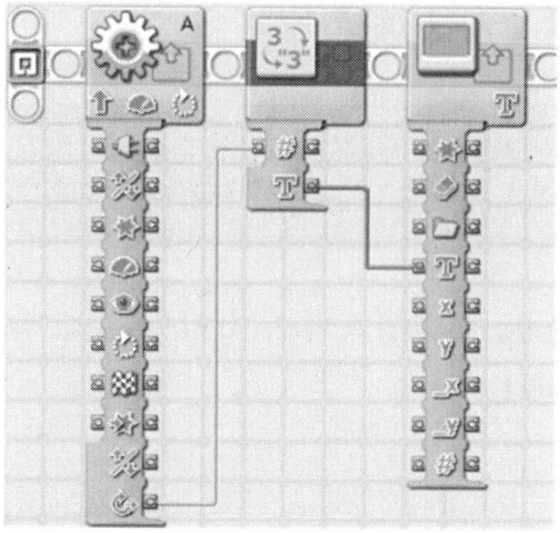

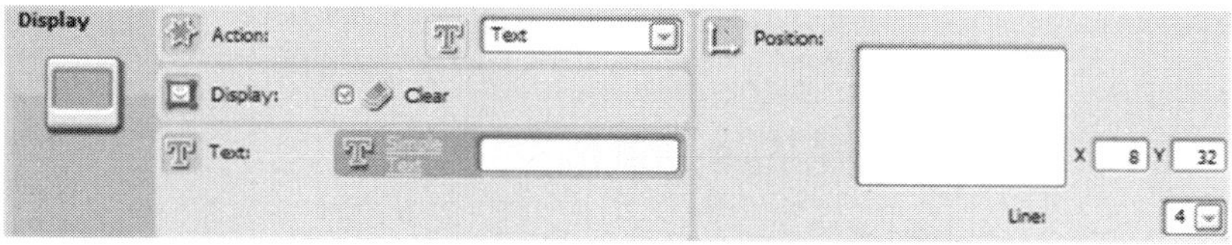

다음으로 Wait 블록을 추가해 서보모터가 회전한 각도를 확인할 수 있는 시간을 확보한다. 시간은 3초로 설정한다.

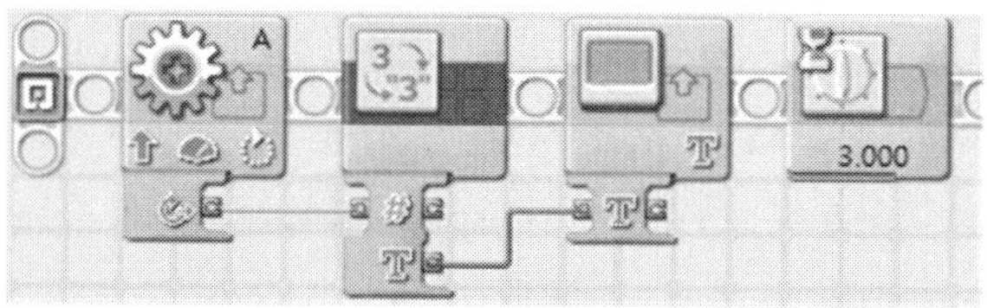

이 과정을 동일하게 두 번 더 반복해 총 3회 실행한다. LCD 화면에 출력되는 값을 확인하여 에러 수정 여부를 확인할 수 있다.

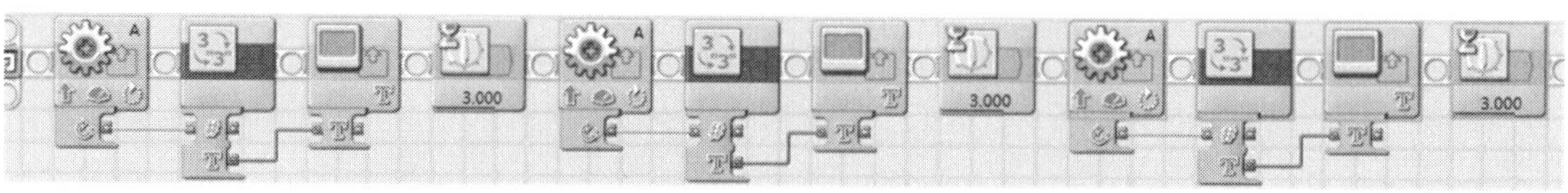

에러 수정 기능을 해제하기 위해 첫 번째 Motor 블록의 직후에 Reset Motor 블록을 추가한다. 이후 값의 변화를 관찰해보면, 에러 수정 기능을 사용하지 않음을 확인할 수 있다.

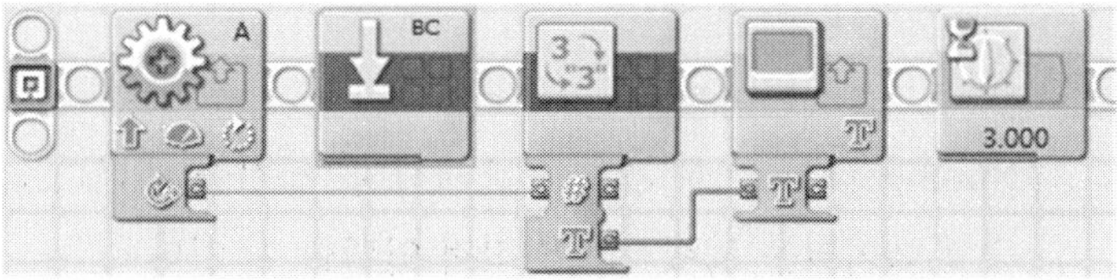

11 Send Message 블록

Message 블록메시지 블록은 블루투스Bluetooth를 사용해 무선으로 마인드스톰 간에 데이터를 전달할 수 있는 기능을 제공한다. Message 블록은 Send Message 블록메시지 전송 블록과 Receive Message 블록메시지 수신 블록으로 구성된다. Send Message 블록은 메시지를 전송하기 위한 목적으로 사용하며 Receive Message 블록은 메시지를 수신하기 위해 사용해 사용 방법은 비슷하다. 이 절에서는 Send Message 블록의 사용법을 살펴보고 다음 절에서는 예제를 통해 Send Message 블록과 Receive Message 블록이 함께 동작하는 방법을 살펴본다. Send Message 블록은 Action 그룹, Receive Message 블록은 Sensor 그룹에 위치한다.

11.1 환경 설정 패널

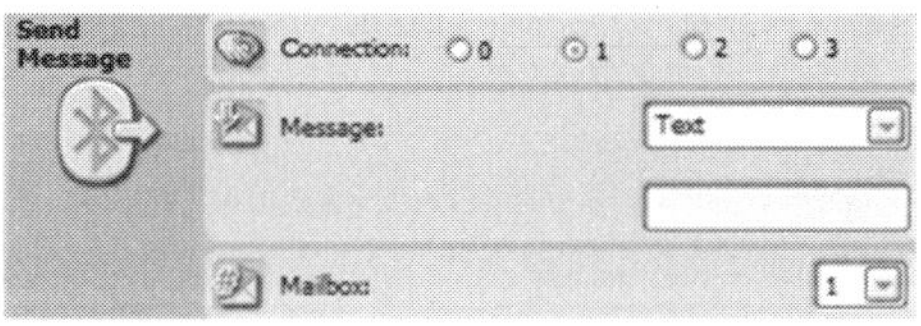

① Connection

한 대의 마인드스톰 컨트롤러는 다른 마인드스톰 컨트롤러뿐만 아니라 여러 종류의 Bluetooth 기기를 연결할 수 있으므로, 그들을 구분하기 위한 식별자이다.

② Message

전송할 데이터의 타입과 전송할 데이터를 결정한다. 타입에는 Text, Number, Logic 세 가지가 존재하며, 적절한 데이터 타입을 설정해야 한다. 전송할 데이터는 입력박스에 직접 입력할 수 있다.

③ Mailbox

두 기기를 연결 시 여러 형태의 데이터를 주고받을 경우가 있다. 예를 들면 Number 자료형인 Ultrasonic Sensor의 값과 Logic 자료형인 Touch Sensor의 값을 각각 전달할 수 있다. 이들 값은 Mailbox를 달리하여 구분할 수 있다. 1~10까지 모두 10개의 Mailbox가 존재한다. 각 Mailbox에는 5개까지의 메시지를 저장할 수 있다.

11.2 데이터 허브 플러그의 특징

아이콘	플러그	자료형	유효한 값의 범위	의 미
	Connection	Number	0~3	연결할 기기의 식별자
	Mailbox	Number	1~10	수신 마인드스톰에서 수신할 Mailbox 설정
	Text	Text	0~58 문자형	메시지를 보내는 부분
	Number	Number	-2147483648 ~2147483647	메시지를 보내는 부분
	Logic	Logic	True/False	메시지를 보내는 부분

⑫ Receive Message 블록

12.1 환경 설정 패널

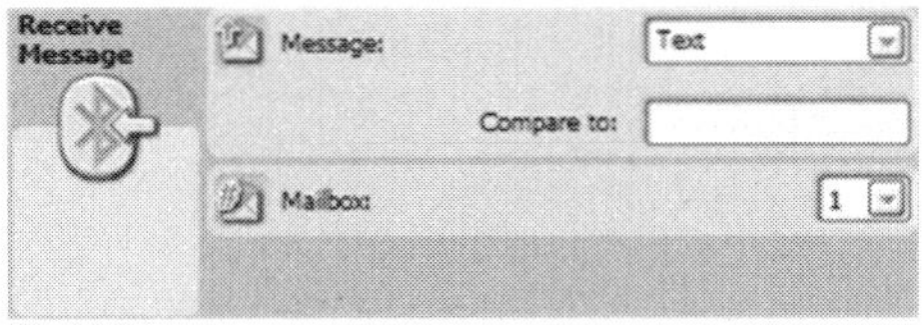

① Message

수신하고자 하는 Message의 자료형을 설정한다. Text, Number, Logic 세 가지 형태가 존재하며, 하단에는 수신한 데이터와 값을 비교할 수 있는 Compare to가 위치한다. 비교 결과는 데이터 허브 플러그의 Yes/No에서 Logic 형태로 출력이 된다.

② Mailbox

수신할 Mailbox를 선택한다. 송신부의 Mailbox 번호와 일치해야 한다.

12.2 데이터 허브 플러그의 특징

아이콘	플러그	자료형	유효한 값의 범위	의 미
	Mailbox	Number	1~10	수신할 Mailbox 설정
	Text in	Text	0~58 문자형	값에 대한 비교
	Number in	Number	-2147483648 ~2147483647	〃
	Logic	Logic	True/False	〃
	Message Received	Logic	True/False	메시지 수신 여부 수신시 True

	Yes/No	Logic	True/False	비교의 결과
	Text out	Text	0~58 문자형	메시지 데이터
	Number out	Number	−2147483648 ~2147483647	〃
	Logic out	Logic	True/False	〃

12.3 사용 예제

> 두 대의 마인드스톰 컨트롤러를 사용해 위치적으로 떨어진 두 지점 간의 밝기를 비교한다. 송신부 컨트롤러는 Light Sensor를 사용해 밝기를 측정해 전송한다. 수신부 컨트롤러는 Message를 수신한 후 Light Sensor를 사용해 측정한 자신의 밝기값과 비교해 서로 다른 Sound가 재생한다.

송신부

Light Sensor 블록을 이용해 측정된 값을 Send Message 블록을 통해 전송한다. 우선 Light Sensor 블록과 Send Message 블록을 하나씩 추가한다. Light Sensor 블록의 'intensity' 출력 플러그를 Send Message 블록의 'number' 입력 플러그에 연결한다. Send Message 블록의 Connection은 '1' 번으로 설정하고 Message의 자료형은 "Number"로 지정한다. Mailbox는 '1' 번으로 설정한다.

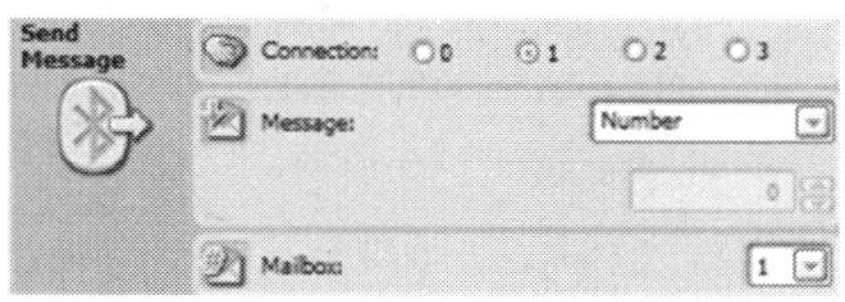

수신부

Receive Message 블록을 통해 전송받은 값과 수신부의 Light Sensor의 값을 비교하는 부분이며, Receive Message 블록의 Compare to는 값의 일치 여부만 확인 가능하다. 따라서 Compare 블록을 사용해 전달된 값과 현재의 값을 비교한다. Receive Message 블록의 Message의 자료형은 'Number'로 설정하고, '1'번 Mailbox를 설정한다. Compare 블록의 Operation은 'Greater than'으로 지정한다. Receive Message 블록의 Number Out 플러그는 Compare 블록의 B 입력 플러그에 연결하고 Light Sensor 블록의 Intensity 출력 플러그는 Compare 블록의 A 입력 플러그에 연결한다.

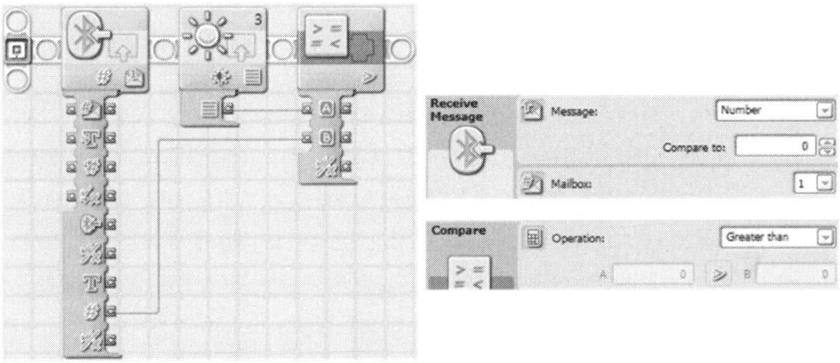

다음으로 Switch 블록을 사용해 비교값에 따라 서로 다른 Sound File을 재생할 수 있도록 설정한다. Switch 블록의 Control 항목은 'Value'를 선택하고 Type은 'Logic'을 선택한다. Compare 블록의 Result 출력 플러그와 Switch 블록의 입력 플러그를 연결하여 Compare 블록의 처리 결과에 따라 Switch 블록의 실행 경로를 결정한다. 각 Sound 블록은 서로 다른 Sound File을 설정한다.

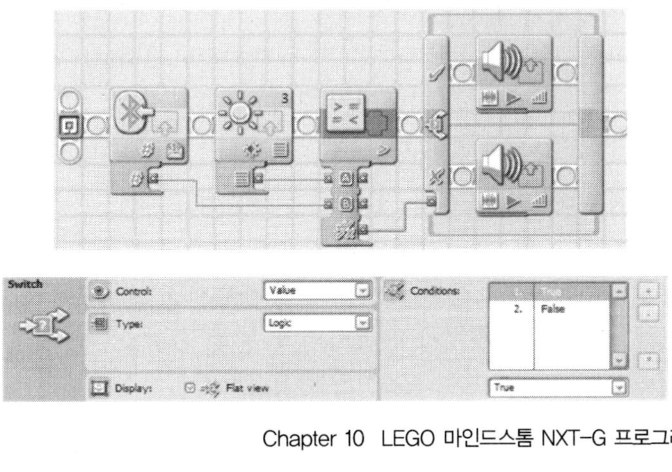

Chapter 11 실습 예제

이 장에서는 각종 센서들을 종합적으로 활용할 수 있는 실습 예제를 제시하고 이를 따라해 봄으로써 앞서 학습한 NXT-G 프로그래밍 블록들의 활용 능력을 향상시킬 수 있도록 했다. 먼저 범퍼카 제작을 통해 터치 센서 및 초음파 센서를 활용할 수 있도록 했고, 라인트레이서 제작을 통해 빛 센서의 활용 능력을 향상시킬 수 있도록 했다. 경로 주행 예제를 통해서는 빛 센서의 활용뿐만 아니라 방향 전환, 최단 경로 주행 등 다양한 경험을 할 수 있도록 했으며, 청소 로봇을 통해 빛 센서와 초음파 센서를 활용한 장애물 감지 및 제거 방법을 경험할 수 있도록 했다.

1 터치 센서를 이용한 범퍼카!!

터치 센서를 이용해 주행 중 부딪치면 방향을 전환하는 범퍼카를 만들어보자. 이 연습을 통해 모터와 터치 센서의 활용 방법을 습득할 수 있다. 로봇은 5~6장의 로봇을 그대로 사용할 수 있다. 터치 센서는 1번 포트와 연결되어 있고 모터는 A 포트와 C 포트에 연결되어 있다고 가정한다.

범퍼카는 평상시에는 앞으로 주행한다. 주행 도중에 터치 센서가 부딪치는 경우 눌러짐 뒤로 이동 후 방향을 전환하고 다시 평상시와 같이 앞으로 주행하면 되며, 이와 같은 과정을 반복 수행하면 된다.

이를 위한 프로그램은 [그림 11-1]과 같다. 여기서는 방향 전환 시 항상 오른쪽으로 전환한다고 가정했다. 터치 센서가 부딪치면 A모터와 C모터를 모두 일정 시간 동안 역방향으로 진행시킨 후 일정 시간 동안 C 모터만을 전진시켜 오른쪽으로 방향을 전환하게 된다. 터치 센서가 부딪치지 않으면 A모터와 C모터 모두 앞으로 회전한다. 이 프로그램과는 다른 다양한 방식으로 프로그램을 작성하도록 하라.

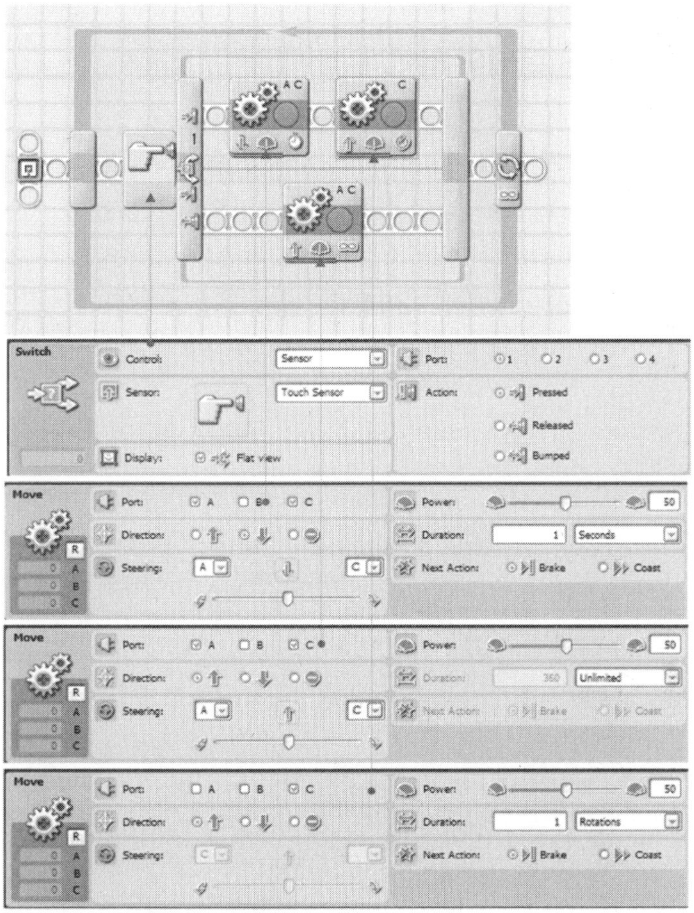

그림 11-1 범퍼카 프로그램

랜덤 블록을 사용하면 방향 전환 시 임의의 방향오른쪽 또는 왼쪽으로 전환하는 범퍼카를 만들 수 있다. [그림 11-1]을 수정해 임의의 방향으로 전환하는 범퍼카를 완성해보라.

그리고 터치 센서 대신 초음파 센서를 사용해 일정 거리 이내에 장애물이 나타나는 경우 방향을 전환하는 범퍼카도 만들 수 있으며, 이 경우 역시 [그림 11-1]과 유사하므로 이를 수정해 만들어보도록 하라.

2 라인 트레이서

첫 번째 실습 예제에서는 5~6장에서 제작한 로봇을 사용해 그동안 학습한 NXT-G 프로그래밍 블록을 종합적으로 활용할 수 있는 기회를 제공한다. 라인 트레이서Line tracer란 지정된 경로를 벗어나지 않으며 그 경로를 따라 지속적으로 움직이는 로봇을 의미한다. 이번 실습 예제를 위한 로봇의 경로는 마인드스톰 NXT 키트에 포함된 테스트 패드test pad를 사용한다. 테스트 패드는 [그림 11-2]와 같다.

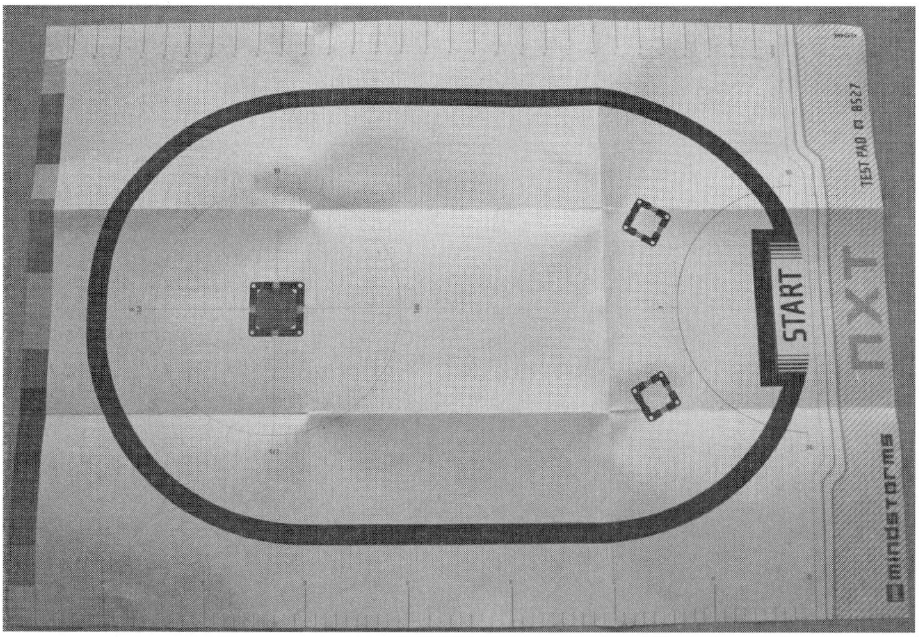

그림 11-2 테스트 패드

2.1 경로 주행을 위한 알고리즘

경로 주행을 위해서는 마인드스톰 NXT에 포함된 여러 가지 센서들 중에서 빛 센서를 사용한다. 테스트 패드에서 확인할 수 있듯이 배경은 흰색이고 경로는 검은색으로 표시된다. 빛 센서는 빛의 밝기 정도를 구분하기 위한 목적으로 사용하며 이를 활용해 로봇이 배경으로부터 경로를 구분하도록 할 수 있다.

8장에서 제작한 로봇은 한 개의 빛 센서를 장착하고 있다. 경로 주행은 한 개 혹은 두 개의 빛 센서를 사용하도록 개발할 수 있다. 또한 개의 빛 센서를 사용하는 경우에는 두 가지의 알고리즘이 가능하다. 이 절에서는 우선 한 개의 빛 센서를 사용하는 두 가지 알고리즘에 대해 살펴보고 다음으로 두 개의 빛 센서를 사용하는 알고리즘을 살펴본다.

한 개의 빛 센서를 사용하는 첫 번째 주행법은 경로선 위에서 출발하고 두 번째 주행법은 경로선 위나 진행 방향 경로의 왼쪽 배경에서 출발하며 두 개의 빛 센서를 사용하는 주행법은 두 개의 빛 센서 사이에 경로가 존재하도록 로봇의 위치를 지정해 출발한다. 두 개의 빛 센서를 사용하면 한 개의 빛 센서를 사용하는 경우에 비해 로봇의 움직임을 조금 더 자연스럽게 표현할 수 있다.

주행법의 복잡도를 비교하면 두 개의 빛 센서를 사용하는 방법과 하나의 빛 센서를 사용하는 두 번째 주행법은 비슷하지만 하나의 빛 센서를 사용하는 첫 번째 방법은 이들에 비해 조금 복잡하다.

1) 한 개의 빛 센서를 사용하는 알고리즘

하나의 빛 센서를 사용하는 경우에도 로봇의 주행 동작을 크게 두 가지의 다른 형태로 만들 수 있다. 첫 번째 주행법은 [그림 11-3] (a)와 같이 경로를 기준으

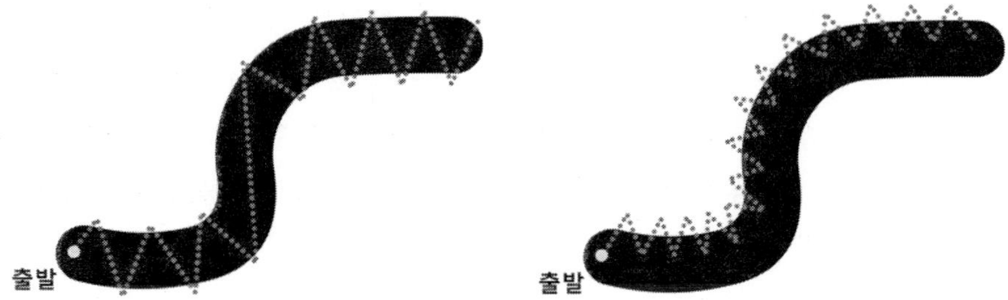

(a) 첫 번째 주행법 (b) 두 번째 주행법

그림 11-3 주행법 비교

로 로봇이 크게 좌, 우로 회전하며 경로를 벗어나지 않고 움직이게 하는 것이다. 또 다른 방법은 [그림 11-3] (b)와 같이 경로의 한쪽 경계를 기준으로 작은 범위로 좌, 우로 회전하며 움직이는 방법이다.

① 첫 번째 주행법을 위한 알고리즘

첫 번째 주행법을 위한 알고리즘의 개념도는 [그림 11-4]와 같다. 로봇은 경로선 위에서 출발해 우선 좌측 방향으로 비스듬하게 움직인다. 좌측 방향으로 비스듬하게 움직이는 것을 여기에서는 편의상 좌회전으로 표현한다. 로봇이 검은색의 경로선에 있는 경우에는 계속 좌회전한다. 일정 거리 이상 이동하면 로봇은 경로선을 벗어나 흰색의 배경에 도달할 것이다. 이 경우에는 이동 방향을 바꾸어 우측 방향으로 비스듬하게 움직인다. 우측 방향으로 비스듬하게 움직이는 것을 역시 편의상 우회전으로 표현한다.

잠시 이동한 로봇은 다시 경로선 위로 복귀한다. 이 경우에도 로봇은 방향을 바꾸지 않고 계속 우회전을 한다. 일정 거리 이상 이동하면 로봇은 경로선을 벗어나 흰색의 배경에 도달할 것이다. 이 경우에 로봇은 이동 방향을 바꾸어 좌회전을 한다. 이 과정을 계속적으로 반복하면 로봇은 경로를 따라서 전진할 수 있다.

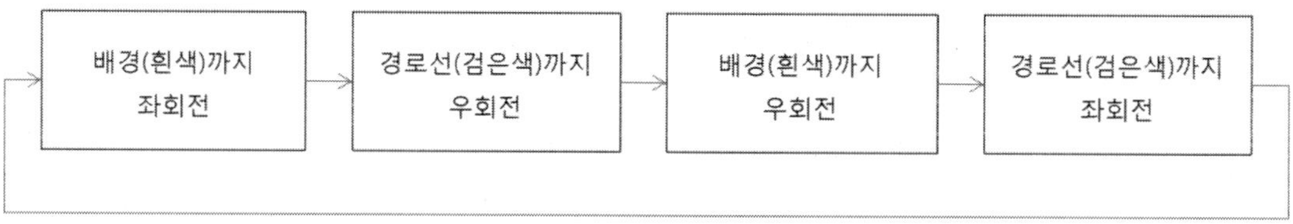

그림 11-4 첫 번째 주행법에 대한 개념도

개념도는 비교적 간단하지만 이것은 알고리즘으로 표현하면 조금 복잡하다. 알고리즘은 의사코드pseudo code나 흐름도flow chart를 사용할 수 있는데, 여기에서는 흐름도를 사용한다. 첫 번째 주행법에 대한 알고리즘은 [그림 11-5]와 같다.

알고리즘은 시작하면 멈추지 않고 무한 반복한다. 따라서 로봇을 정지하기 위해서는 사용자가 강제 종료해야 한다. 알고리즘은 크게 두 개의 영역으로 구분할 수 있다. 왼쪽 영역은 로봇이 경로선 위에 위치한 경우에 대한 처리이고

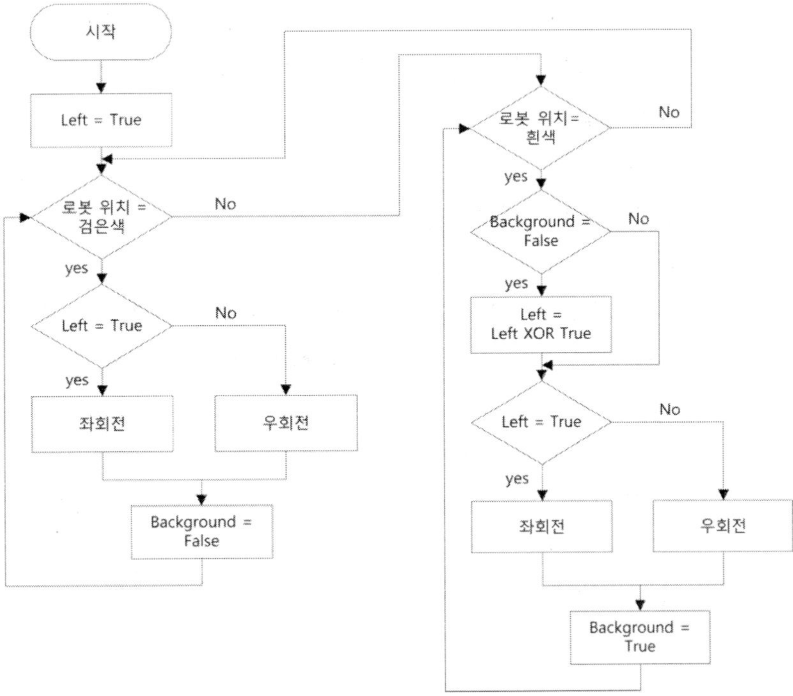

그림 11-5 **첫 번째 주행법에 대한 알고리즘**

오른쪽 영역은 로봇이 배경 위에 있는 경우에 대한 처리 과정이다. 로봇이 경로선 위에 위치한 경우라고 할지라도 좌회전과 우회전을 모두 할 수 있으므로 이에 대한 구분을 위해 Left 변수를 사용한다. Left 변수는 참True 혹은 거짓False 값을 가질 수 있으며 참인 경우에는 로봇이 좌회전, 거짓이면 우회전한다.

첫 번째 주행법의 개념도에서 살펴보았듯이 로봇이 경로선을 벗어나 배경을 만나면 진행 방향을 변경한다. 반면 배경에서 경로선 위로 복귀하는 경우에는 진행 방향을 그대로 유지한다. 따라서 현재 로봇의 위치가 배경인지 아닌지를 구분하기 위해 Background 변수를 사용한다. Background 변수는 참True 혹은 거짓False 값을 가질 수 있으며 참인 경우에는 로봇이 배경에 위치하며, 거짓이면 경로선 위에 위치하는 것을 의미한다. 로봇이 배경으로 벗어나는 시점에서는 진행 방향을 변경한다. Background 변수의 실제 용도는 로봇이 배경으로 벗어난 시점인지 아니면 배경에 머물러 있었던지를 구분하기 위함이다. 로봇이 경로선 위에 있다가 막 배경으로 벗어난 경우에 Background 변수는 거짓값을 갖는다. 하지만 로봇이 이전에도 배경에 위치한 경우에는 Background 변수가 참인 값을 갖는다.

로봇이 경로선을 벗어나 배경에 위치한 것이 확인되었는데 Background 변수가 참이면 로봇의 진행 방향을 변경한다. 로봇의 진행 방향은 Left 변수가 나타내므로 Left 변수의 값이 참좌회전이면 거짓우회전으로 변경하고 거짓우회전이면 참좌회전으로 변경한다. 이 과정은 Exclusive OR XOR 연산을 사용한다. Left 변수값과 참True을 XOR하면 Left 변수값을 반전할 수 있다[1].

② 두 번째 주행법을 위한 알고리즘

두 번째 주행법을 위한 알고리즘은 [그림 11-6]과 같다. 첫 번째 주행법에 비해 무척 간단하다. 로봇의 현재 위치가 경로선 위이면 좌회전하고 배경 위이면 우회전을 하면서 전진한다.

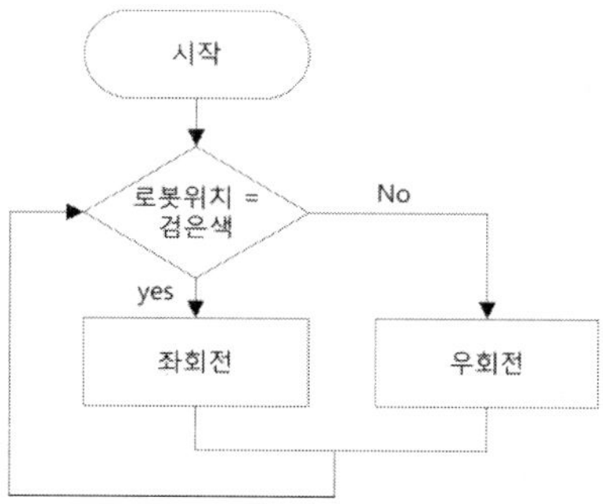

그림 11-6 두 번째 주행법에 대한 알고리즘

2) 두 개의 빛 센서를 사용하는 알고리즘

두 개의 빛 센서를 사용하면 주행법이 비교적 간단하면서도 한 개의 빛 센서를 사용할 때와 비교해 로봇이 조금 더 부드러운 움직임을 갖도록 할 수 있다. 두

[1] XOR의 논리값 : 0 XOR 0 =0, O XOR 1=1, 1 XOR 0 =1, 1 XOR 1=0

개의 빛 센서를 사용해 좌회전 코스와 우회전 코스를 구분할 수 있다. 좌회전 코스에서는 좌측 센서가 검은색을 감지하며 우회전 코스에서는 우측 센서가 검은색을 감지한다.

빛 센서가 감지한 값에 따라 [그림 11-7]과 같이 로봇의 동작을 구분할 수 있다. 1번 센서와 2번 센서가 모두 흰색이면 전진, 1번 센서가 흰색, 2번 센서가 검은색이면 좌회전, 1번 센서가 검은색, 2번 센서가 흰색이면 우회전, 1번 센서와 2번 센서가 모두 검은색이면 기타 상황이다. 두 개의 빛 센서를 사용하는 경우에 대한 알고리즘은 [그림 11-8]과 같다.

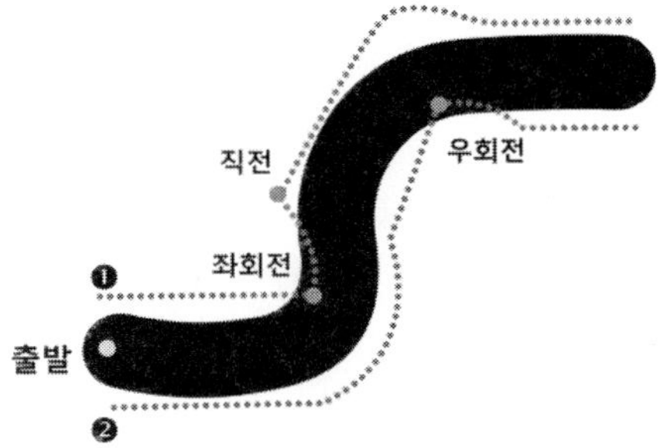

(a) 주행법

센서 위치		동작
❶	❷	
흰색	흰색	직진
흰색	검은색	좌회전
검은색	흰색	우회전
검은색	검은색	기타(직진)

(b) 동작 구분

그림 11-7 센서값에 따른 로봇 동작 구분

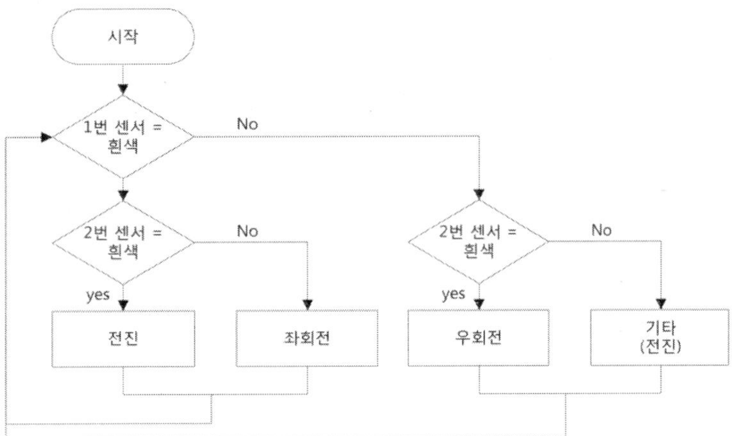

그림 11-8 알고리즘

2.2 NXT-G 프로그램 작성

주어진 알고리즘을 사용해 NXT-G 프로그램을 개발하자. NXT-G 프로그램은 크게 두 개의 단계로 구성한다. 처음 단계에서는 로봇의 실행 환경에 따른 조명의 변화를 수용하기 위해 빛 센서에 대한 캘리브레이션calibration을 수행한다. 두 번째 단계에서는 캘리브레이션한 빛 센서를 사용해 주어진 알고리즘에 따라 로봇을 움직이게 한다. 한 개의 빛 센서를 사용하는 첫 번째 주행법을 함께 살펴보고 나머지 두 가지 주행법은 연습문제로 남긴다.

캘리브레이션을 수행하는 과정에 대해 살펴보자. [그림 11-9]와 같이 Complete pallette를 선택하고 Sensor 그룹에서 Light Sensor 블록을 추가해 빛 센서를 활성화한다. Port는 3번을 선택하고 나머지 옵션은 기본값을 사용한다.

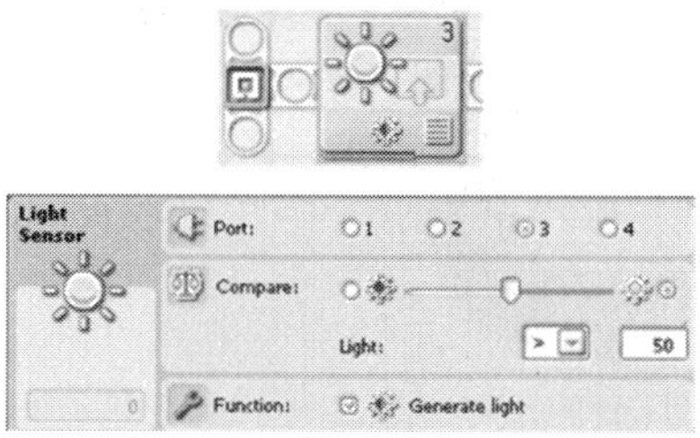

그림 11-9

다음으로 흰색 배경에 대한 밝기를 보정하기 위해 사용자가 로봇을 흰색 배경에 위치하도록 지시하는 문장을 LCD 창에 출력한다. [그림 11-10]과 같이 Common 그룹에서 Display 블록을 모두 4개 추가하고 각각 3~6번째 라인에 메시지를 출력하도록 한다. 각 Display 블록에는 순서대로 그림과 같이 옵션을 설정한다.

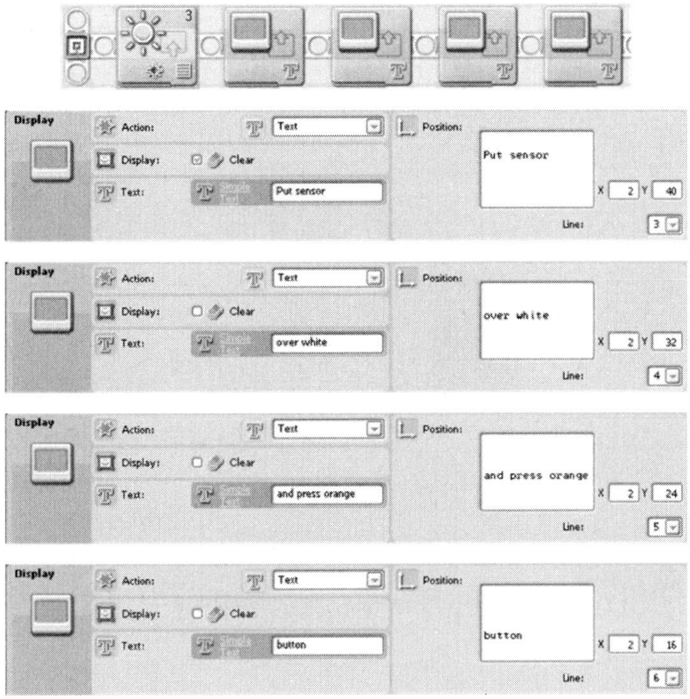

그림 11-10

메시지를 출력한 후 사용자가 로봇을 배경에 위치할 때까지 기다리기 위해 Common 그룹에서 Wait 블록을 추가한다. [그림 11-11]과 같이 Wait 블록은 NXT controller의 오렌지색 Enter 버튼을 누를 때까지 대기하도록 설정한다.

그림 11-11

오렌지색의 Enter 버튼을 누르면 빛 센서에 대한 캘리브레이션을 수행한다.

[그림 11－12]와 같이 Advance 그룹에서 Calibrate 블록을 추가하고 3번 포트의 빛 센서에 대한 최대값Maximum을 보정Calibration하도록 지정한다.

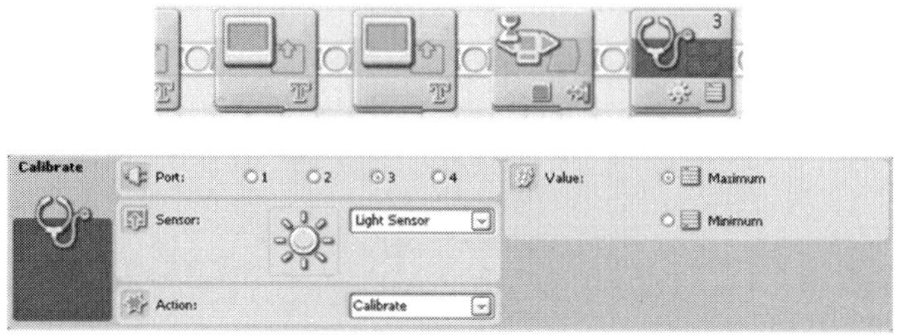

그림 11－12

빛 센서에 대한 보정이 끝난 것을 알 수 있도록 사운드를 재생한다. [그림 11－13]과 같이 Common 그룹에서 Sound 블록을 추가하고 C음을 연주하도록 지정한다.

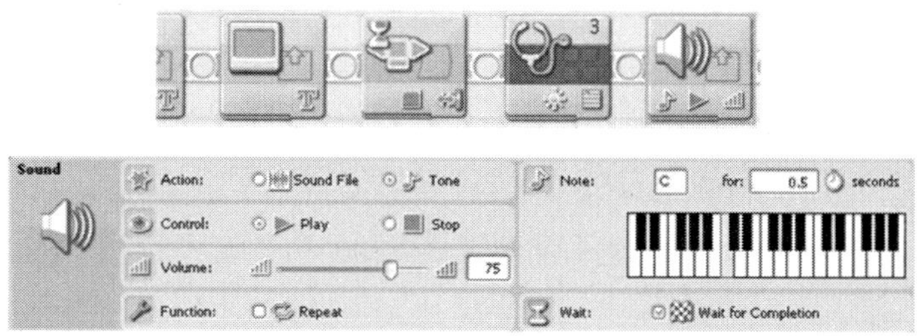

그림 11－13

다음 과정은 이전 과정과 유사하게 로봇을 경로선 위에 위치하도록 지시하고 빛 센서의 최소값에 대한 보정을 수행한 후 보정이 끝났음을 알리는 사운드를 재생한다. [그림 11－14]와 같이 작성한다.

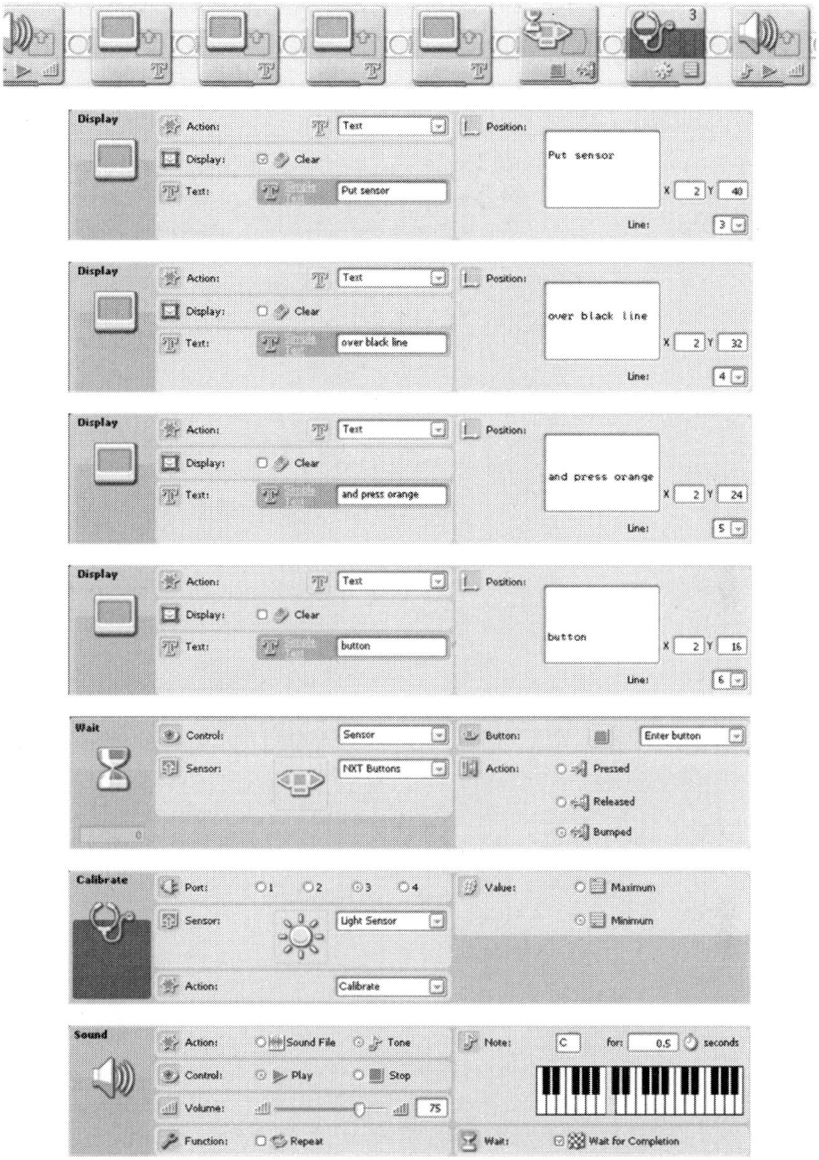

그림 11-14

로봇을 경로선 위에 위치하도록 지시하고 기다릴 수 있도록 설정한다. [그림 11－15]와 같이 오렌지색 버튼을 누르면 경로를 따라 출발하도록 한다.

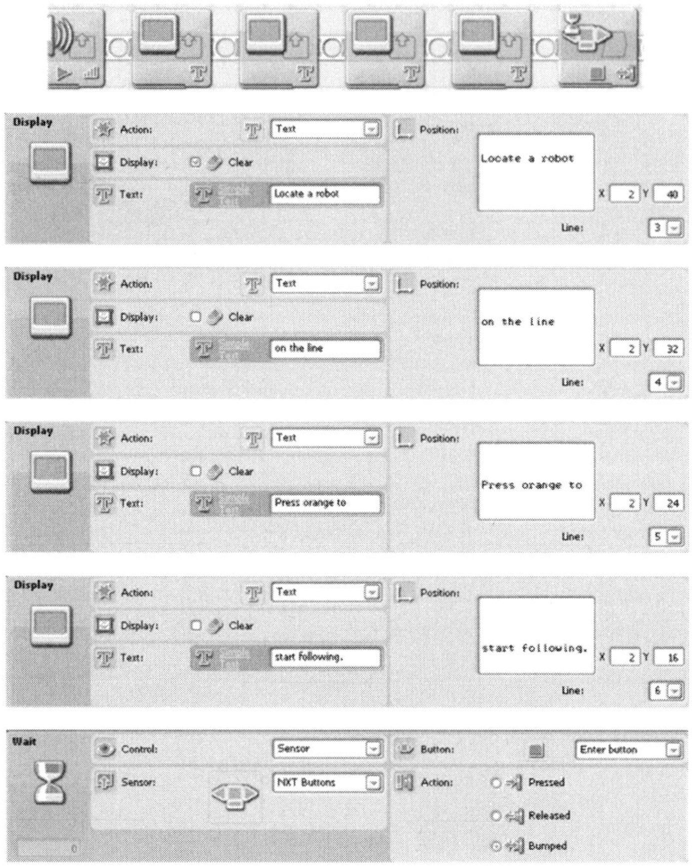

그림 11－15

로봇이 경로를 주행하기 위해 필요한 Left 변수를 추가한다. 변수의 추가는 [Edit>Define Variables] 메뉴를 사용한다. [그림 11－16]과 같이 'Edit Variables' 대화상자에서 'Create' 버튼을 클릭하고 'Name' 에 'Left', 'Datatype' 은 'Logic' 으로 지정한다. 뒤에서 사용할 Background 변수도 함께 추가한다. 이 변수의 'Datatype' 은 역시 'Logic' 으로 지정한다.

그림 11-16

Left 변수의 값을 초기화하기 위한 Variables 블록을 Data 그룹에서 선택하여 추가한다. [그림 11-17]과 같이 이 변수의 값을 참[True]로 설정한다. 변수의 값을 새롭게 설정하기 위해 'Action' 옵션을 'Write'로 지정한다.

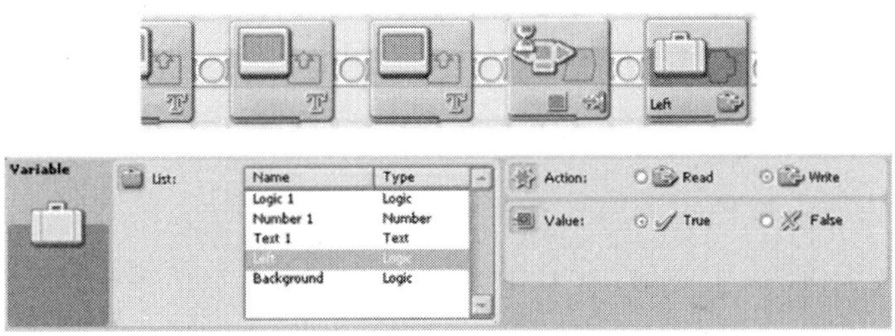

그림 11-17

다음 단계부터는 로봇이 경로를 주행하는 과정이다. [그림 11-18]과 같이 Flow 그룹에서 Loop 블록을 추가하고 'Controls' 옵션을 'Forever'로 지정한다. Loop 블록 내부에 Switch 블록을 다시 추가하고 3번 포트에 있는 Light Sensor를 설정한다.

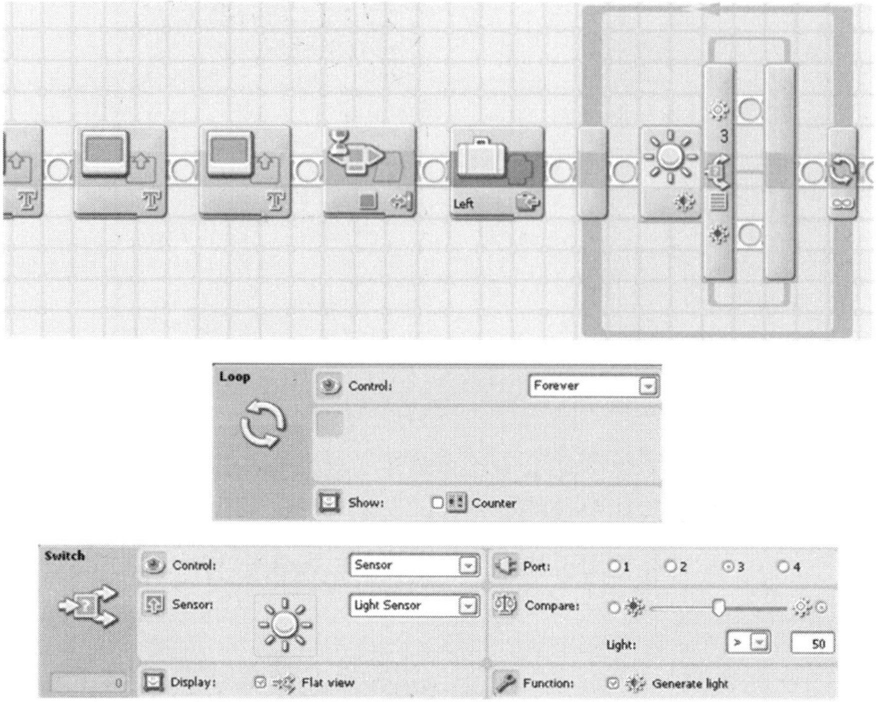

그림 11-18

빛 센서의 값이 검은색경로선인 경우 Left 변수의 값에 따라 좌회전 혹은 우회전을 하도록 지정한다. [그림 11-19]와 같이 Variables 블록을 Switch 블록 내부에 추가하고 변수 종류는 Left를 설정하며 'Action' 옵션은 'Read'로 지정한다. 다음에 Switch 블록을 다시 하나 추가하고 'Control' 옵션은 'Value', 'Type' 옵션은 'Logic'으로 설정한다. 그리고 Variables 블록의 데이터 허브에 존재하는 Value의 출력 플러그output plug를 Switch 블록의 입력 플러그input plug에 연결한다.

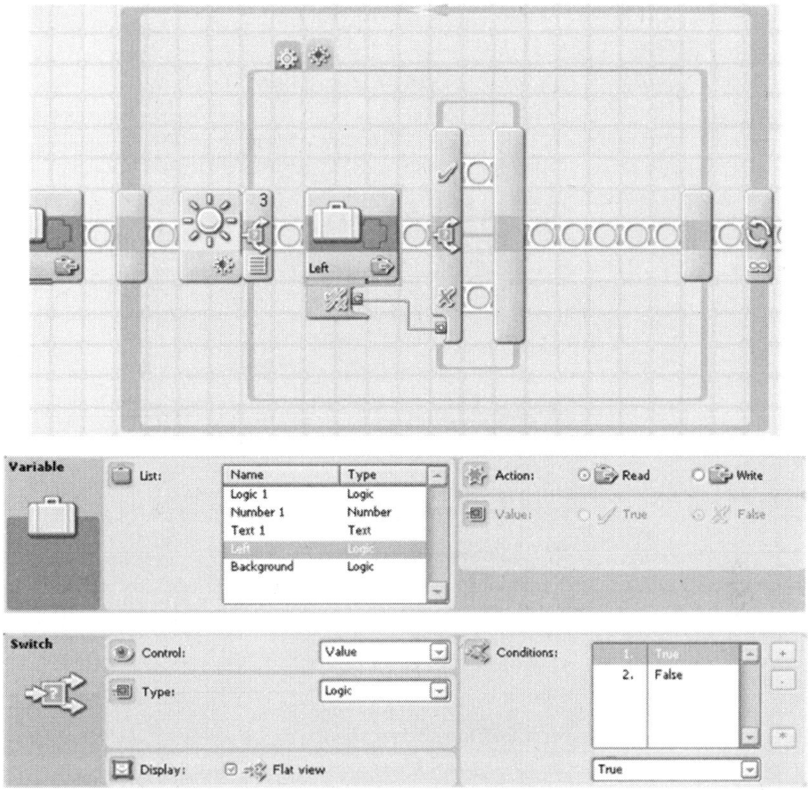

그림 11－19

Left 변수의 값이 참인 경우 로봇을 좌회전하도록 설정하고 LCD 화면에 적절한 이미지를 출력한다. 이를 위해 [그림 11－20]과 같이 Action 그룹에서 Motor 블록을 두 개 추가한다. 첫 번째 Motor 블록은 포트 B로 지정하고 방향Direction은 전진forward, Power는 50으로 설정한다. 두 번째 Motor 블록은 포트 C를 지정하고 방향Direction은 정지Stop로 설정한다. 또한 Display 블록을 추가하고 'Action' 옵션은 'Image', 'File' 옵션은 'Left02'를 선택한다.

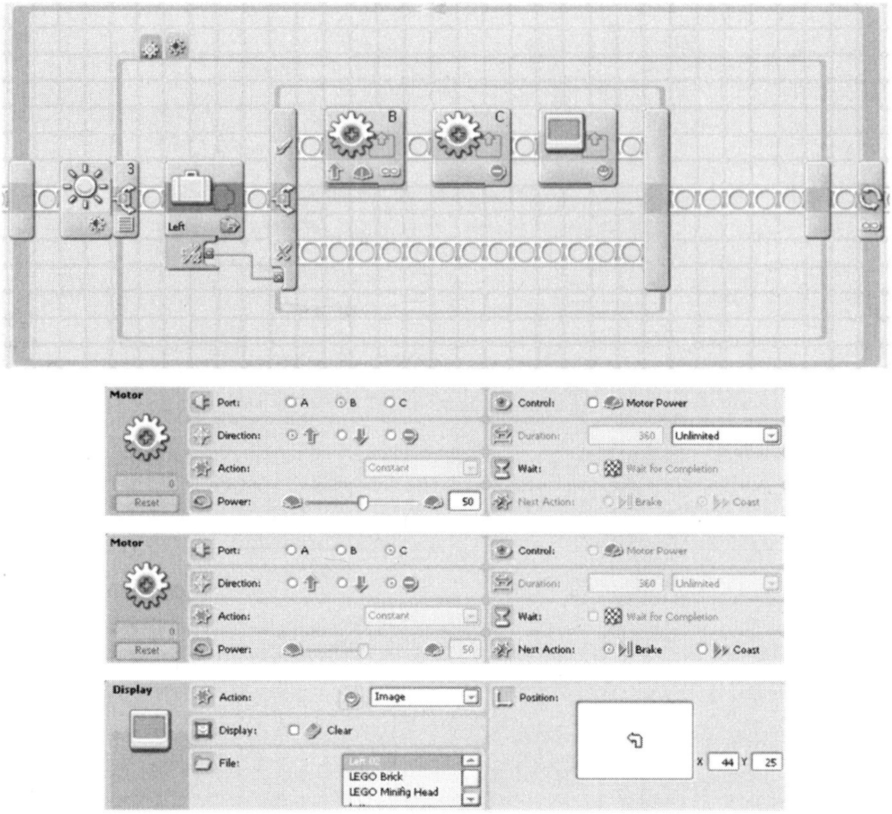

그림 11-20

Left 변수의 값이 거짓인 경우 로봇은 우회전하도록 설정하고 LCD 화면에 적절한 이미지를 출력한다. 이를 위해 [그림 11-21]과 같이 Action 그룹에서 Motor 블록을 두 개 추가한다. 첫 번째 Motor 블록은 포트 B로 지정하고 방향Direction은 정지Stop로 설정한다. 두 번째 Motor 블록은 포트 C를 지정하고 방향Direction은 전진forward, Power는 50으로 설정한다. 또한 Display 블록을 추가하고 'Action' 옵션은 'Image', 'File' 옵션은 'Right02'를 선택한다.

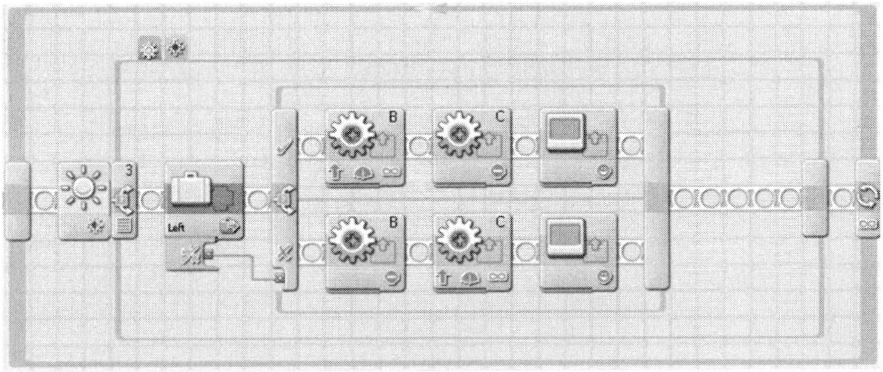

그림 11-21

[그림 11-22]와 같이 Switch 블록 이후에 Variables 블록을 다시 추가하고 Background 변수의 값을 False로 설정한다.

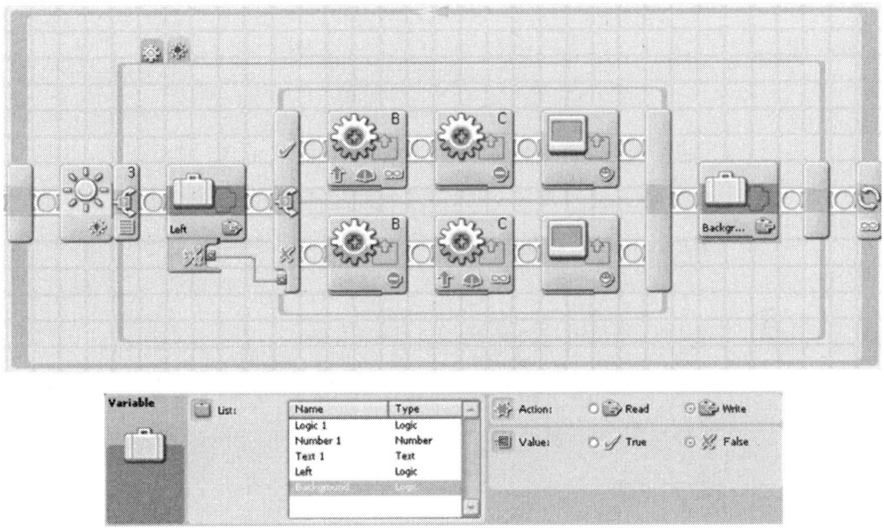

그림 11-22

빛 센서의 값이 흰색 배경인 경우 Left 변수의 값에 따라 좌회전 혹은 우회전을 하도록 지정한다. 경로선에서 바로 직전에 벗어난 경우 진행 방향을 변경한다. 경로선을 직전에 벗어난 것을 확인하기 위해 Background 변수의 값을 확인한 후 거짓인 경우 Left 변수의 값을 반전한다. [그림 11 –23] 과 같이 Variables 블록을 추가해 Background 변수의 값을 읽기용으로 설정한다. 그리고 Switch 블록을 추가하고 'Control' 은 'Value', 'Value' 는 'Logic' 으로 설정한다. Switch 블록은 Background 변수의 값에 따라 실행 경로를 결정할 수 있도록 Variables 블록의 출력 플러그를 Switch 블록의 입력 플러그에 연결한다.

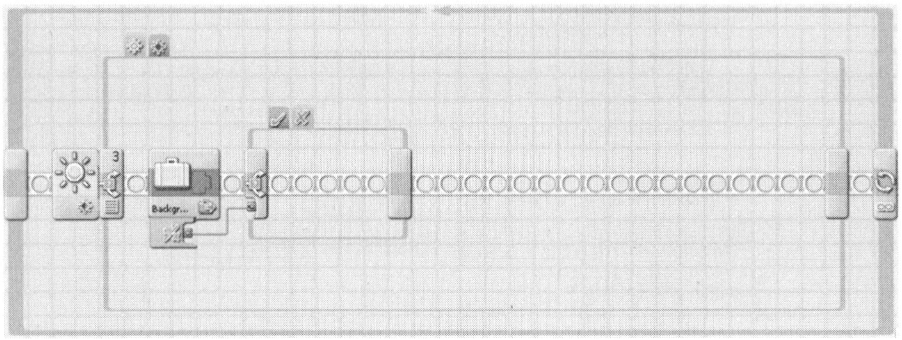

그림 11–23

Switch 블록 내부에서 Left 변수의 값을 반전한다. [그림 11 –24] 와 같이 Variables 블록을 추가하여 Left 변수의 값을 읽을 수 있도록 지정한다. Data 그룹에서 Logic 블록을 추가하고 연산Operation을 'XOR' 로 지정하고 B 값을 참True으로 설정한다. A의 값은 이전 Variables 블록의 Left 변수값을 사용하기 위해 이들을 데이터 와이어로 연결한다.

연산의 결과를 다시 Left 변수에 저장하기 위해 Variables 블록을 다시 하나 추가하여 'Action' 은 'Write' 로 지정하고 Logic 블록과 데이터 와이어로 연결한다.

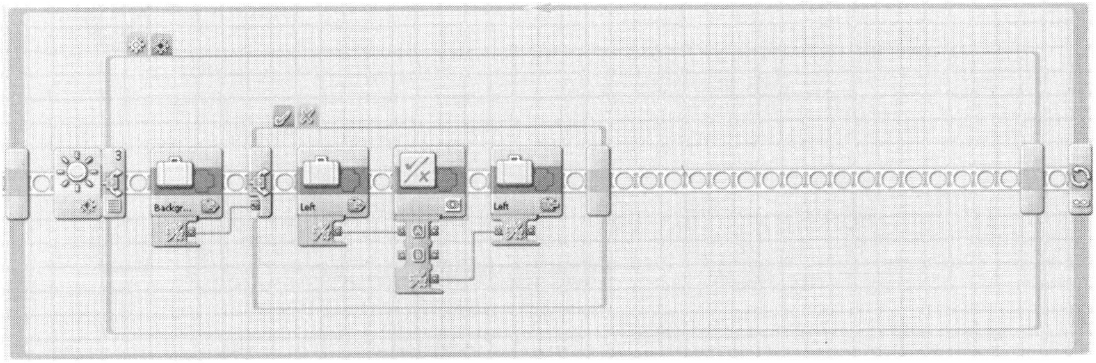

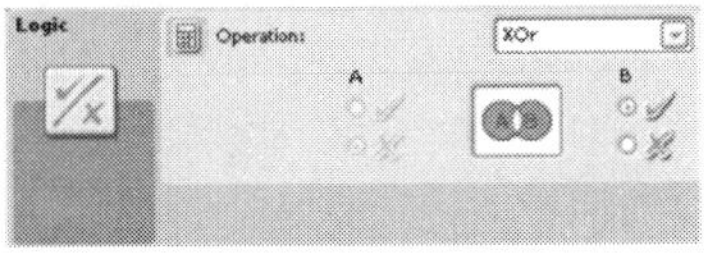

그림 11-24

이후 과정은 빛 센서의 값이 검은색인 경우와 동일하다. [그림 11-25]와 같이 Variables 블록을 추가하고 변수는 Left를 지정하고 'Action' 옵션은 'Read'로 지정한다. 다음에 Switch 블록을 추가하고 'Control' 옵션은 'Value', 'Type' 옵션은 'Logic'으로 설정한다. 그리고 Variables 블록의 Value에 대한 출력 플러그를 Switch 블록의 입력 플러그에 연결한다. Left 변수의 값이 참인 경우에 해당하는 경로(그림에서는 상단)에 Motor 블록을 두 개 추가한다. 첫 번째 Motor 블록은 포트 B로 지정하고 방향Direction은 전진forward, Power는 50으로 설정한다. 두 번째 Motor 블록은 포트 C를 지정하고 방향Direction은 정지Stop로 설정한다. 또한 Display 블록을 추가하고 'Action' 옵션은 'Image', 'File' 옵션은 'Left02'를 선택한다. Left 변수의 값이 거짓인 경우에 해당하는 경로(그림에서는 하단)에 다시 Motor 블록을 두 개 추가한다. 첫 번째 Motor 블록은 포트 B로 지정하고 방향Direction은 정지Stop로 설정한다. 두 번째 Motor 블록은 포트 C를 지정하고 방향Direction은 전진forward, Power는 50으로 설정한다. 또한 Display 블록을 추가하고 'Action' 옵션은 'Image', 'File' 옵션은 'Right02'를 선택한다. Switch 블록 이후에 Variables 블록을 다시 추가하고 Background 변수의 값을 True로 설정한다.

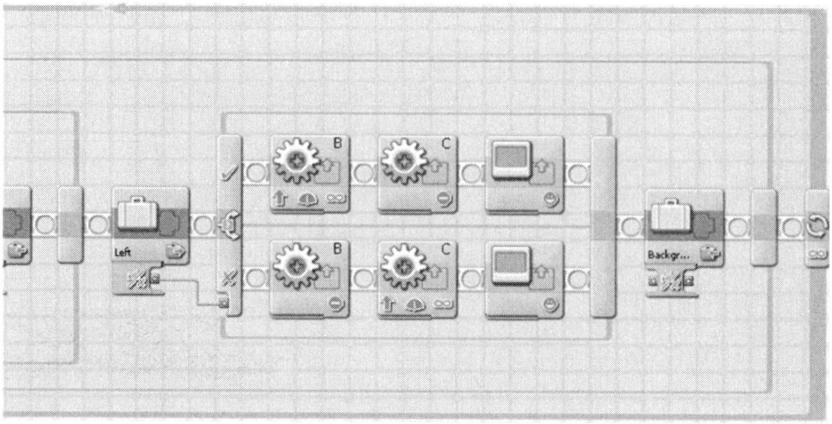

그림 11-25

파일을 최종 저장하고 마인드스톰 NXT로 코드를 전송해 실행 결과를 확인한다.

3 라인 감지를 이용한 경로 주행

[그림 11-26]과 같은 지도가 존재한다. 로봇은 Start 위치로부터 Goal 위치까지 이동할 수 있어야 하는데 라인의 감지를 통해 자신이 어느 위치에 있는지를 인식할 수 있다. 이 연습을 통해 로봇의 직선 이동, 빛 센서를 이용한 라인 감지, 방향 전환, 최단 경로의 개념 등의 지식을 습득할 수 있을 것이다.

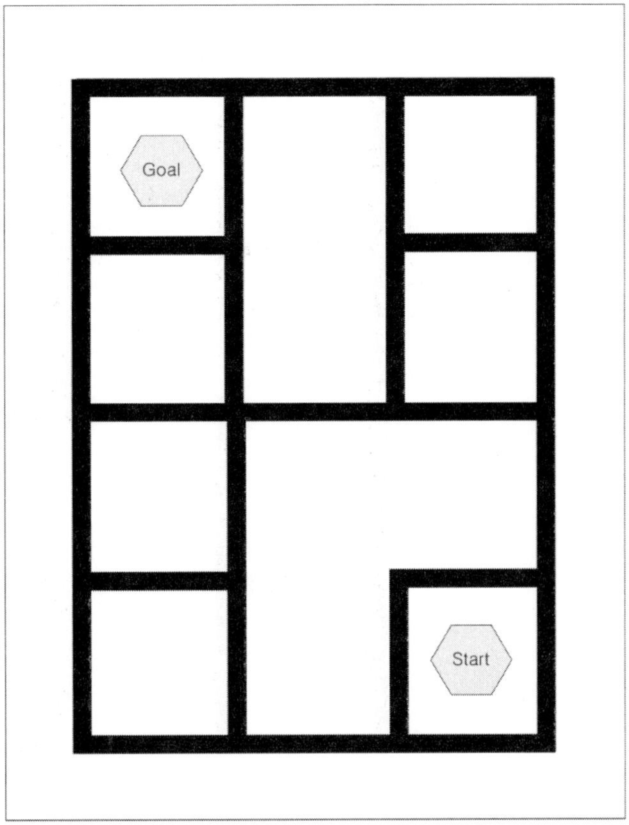

그림 11-26 경로 주행 테스트 맵

로봇은 5~6장에서 사용한 로봇을 그대로 사용할 수 있다. 그중에서 빛 센서만 활용할 것이므로 사실상 다른 센서들은 불필요하다. 빛 센서는 3번 포트에 연결되어 있는 것으로 가정한다.

우선 Start 위치로부터 Goal 위치까지의 최단 경로를 생각해보자. 인접한 방 사이의 이동은 라인 감지만으로 인식이 가능하다. 따라서 [그림 11-27]과 같이 다음 3가지의 최단 경로가 도출될 수 있다.

① Up → Up → Up → Left → Left

② Up → Left → Up → Left → Up

③ Left → Left → Up → Up → Up

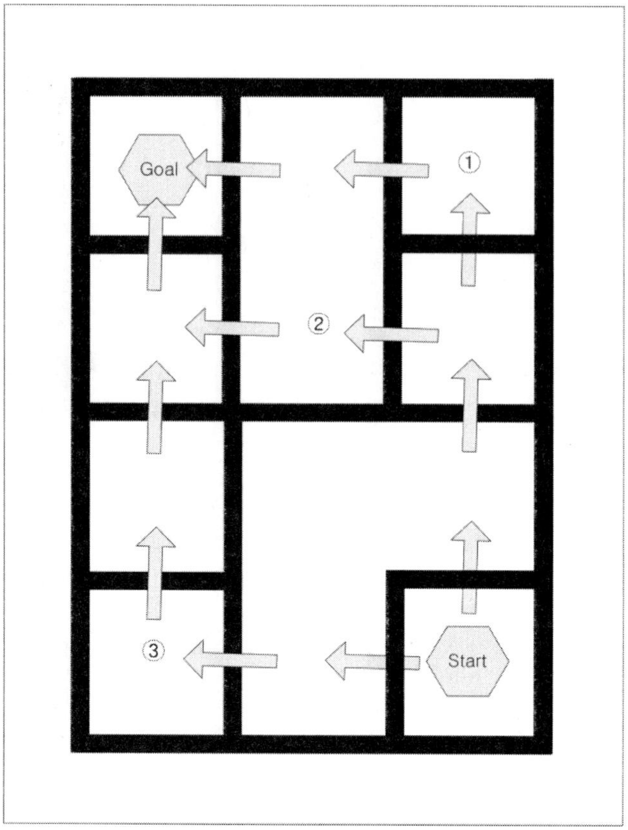

그림 11-27　최단 경로

이 중에서 경로 ①을 통해 Goal 위치까지 이동해 보도록 하자. 이를 위한 프로그램을 작성하기 위해서는 다음과 같은 절차가 필요하다.

① 첫 번째 라인을 지날 때까지 앞으로 이동

② 두 번째 라인을 지날 때까지 앞으로 이동

③ 세 번째 라인을 지날 때까지 앞으로 이동

④ 왼쪽으로 방향 전환

⑤ 네 번째 라인을 지날 때까지 앞으로 이동

⑥ 다섯 번째 라인을 지날 때까지 앞으로 이동

NXT-G를 이용한 프로그래밍 결과는 [그림 11-28]과 같다. 라인을 감지하여 다음 위치로 이동하기 위해 우선 검정색이 시작되는 부분을 감지했고 그 다음에는 흰색이 시작되는 부분을 감지했다. 검정색을 빠져나와 흰색이 된 후에 일정 시간 0.8초 동안 계속 주행해 다음 위치의 중앙부까지 이동하도록 했다. 그리고 잠시 대기한다. 이와 같은 과정을 3회 반복한 후 방향을 왼쪽으로 전환하기 위해 일정 시간 동안 0.8초 C모터는 역방향으로, A모터는 정방향으로 회전한다. 그 후 다시 2회를 반복해 다음 위치로 이동하면 Goal에 도달한다.

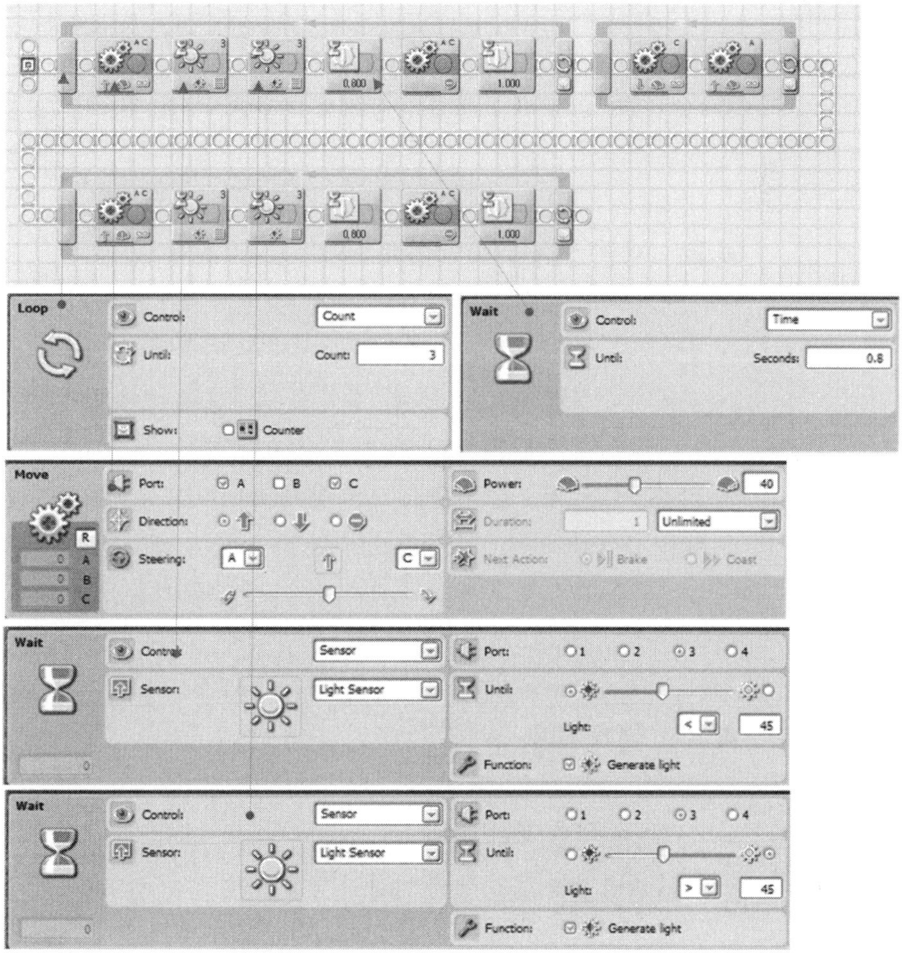

그림 11-28 경로 주행 프로그램

테스트를 위해 주행판의 Start 위치에 로봇을 위치시키되 빛 센서가 중앙에 오도록 하고 Up을 향하도록 한 후 프로그램을 수행한다.

[그림 11-28]의 프로그램을 수정해 경로 ②와 ③ 각각을 통해 Goal까지 이동해보라.

4 실생활에 유용한 청소 로봇

4.1 목표

주어진 영역 안에서 장애물을 감지해 피하면서 청소를 하는 로봇 제작

4.2 제한 요소

- 쓰레기/폐지 등의 물체를 담아 모을 수 있는 로봇을 제작해야 함
- 장애물을 감지하면 피해가면서 주어진 청소 작업을 해야 함
- 일정 시간 동안 청소를 한 후, 동작을 멈추도록 해야 함
- 어두워진 환경에서는 작동을 하지 않아야 함
- 로봇은 모든 청소를 마치고 모든 물체(쓰레기 또는 폐지)를 담아야 함
- 빠른 시간 내에 많은 영역을 청소할 수 있어야 함
- 주어진 레고 부품 안에서 제작(간단 요소 사용 가능)해야 함

4.3 설계 내용

- 실생활에서의 편의를 얻는 방법
- 쓰레기에 대한 처리 방법
  - 일정 공간을 로봇 내에 만들어 담는 방법
  - 일정 영역에 쓰레기를 옮겨놓고 다시 복귀하여 수행하는 방법
  - 경고음을 울려 주인을 부르는 방법

- 어두워진 환경에 대한 감지 방법
- 타이머를 적절한 수치로 조절해 영역에 대한 조절 방법
  - 영역에 대한 순회 방법 알고리즘 방법
- 장애물과 쓰레기를 구별하는 방법

4.4 청소 영역 규격

- 아크릴 소재 또는 하드보드지 벽면을 제작 : 120cm×90cm
- 벽면의 투명을 제외한 다른 색상

청소 영역

- 아크릴 판을 사용해 벽면을 제작
- 투명이 아닌 소재를 사용해 거리센서 사용 가능하도록 제작
- 벽면을 20cm 높이로 한정(20cm 넘는 높이에 대해 보조 벽면을 추가 부착)

장애물

- 색 하드보드지를 이용해 사각 기둥 모양으로 제작
- 가로(20cm)×세로(50cm) 길이로 제작 (식탁 다리와 같은 기능)
- 지정된 영역에 배치하여 고정된 장애물로서 역할

쓰레기 및 폐지

- 종이를 뭉쳐서 사용
- 다른 소재로서 휴지나 작은 물체를 사용해 임의 영역에 배치

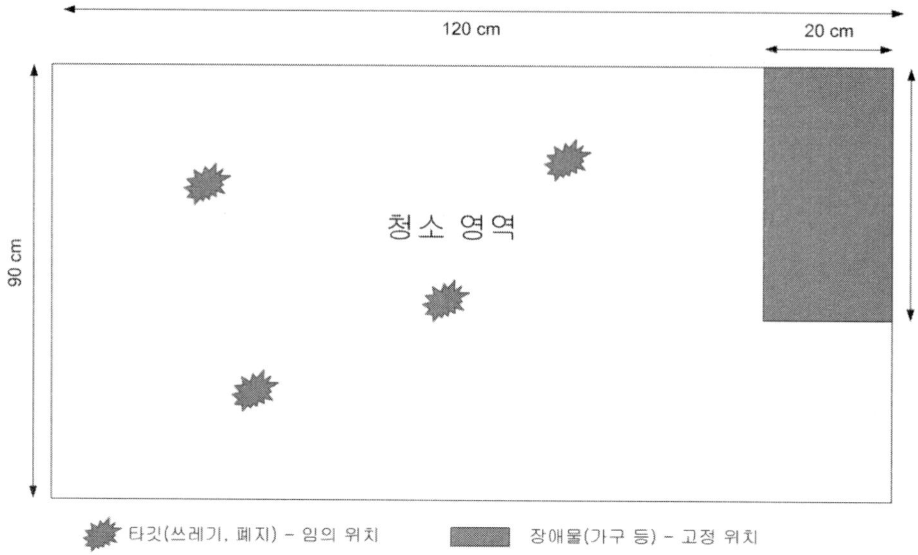

그림 11-29　경기장 구상도

예제 모형

전체적 모형도

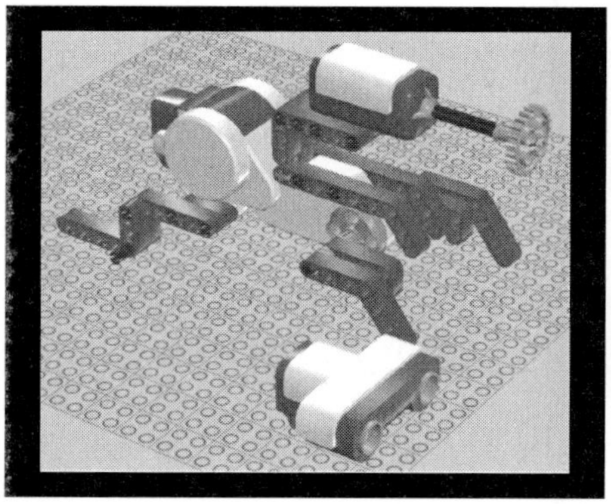

몸체 앞 부분

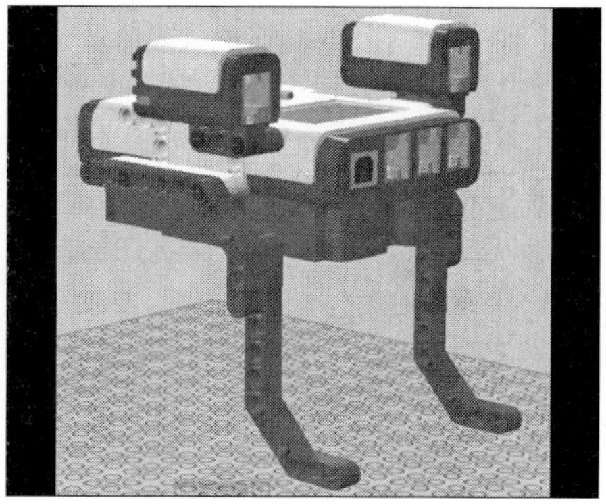

몸체 부분

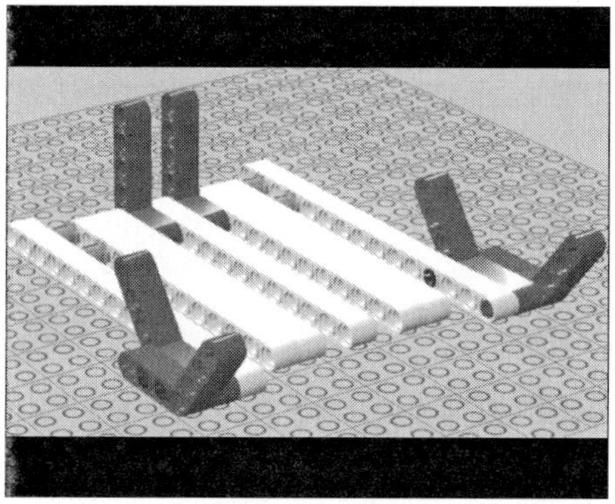

몸체 바닥 부분

동력 바퀴 부분

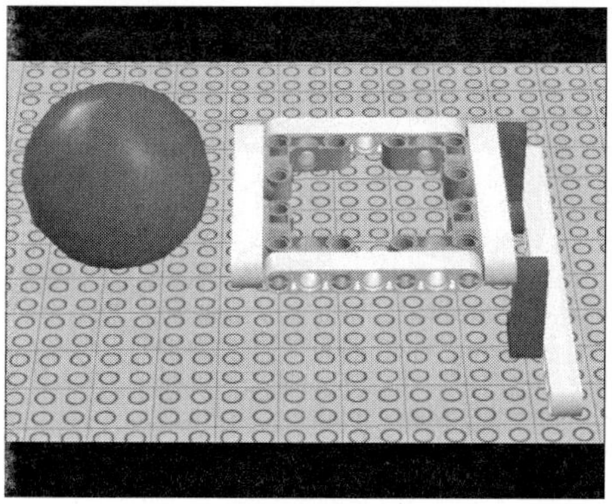

뒷 바퀴 부분

측면 모형도

제작 순서도

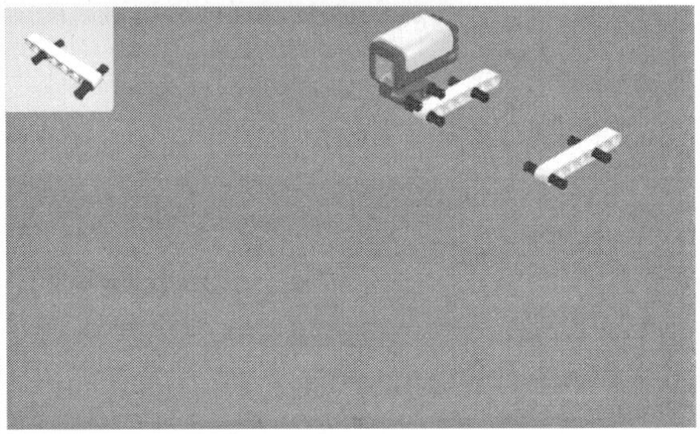

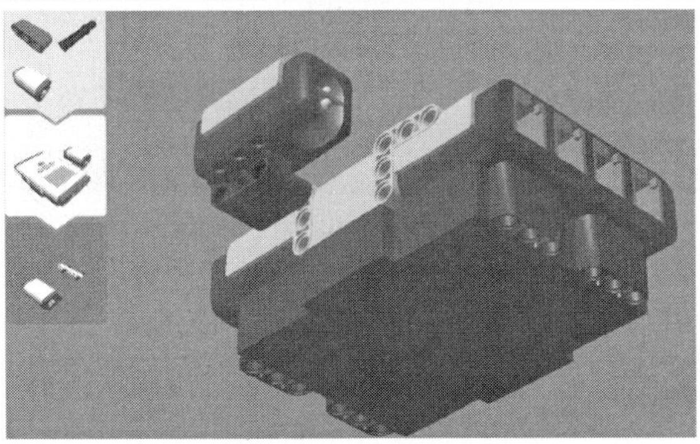

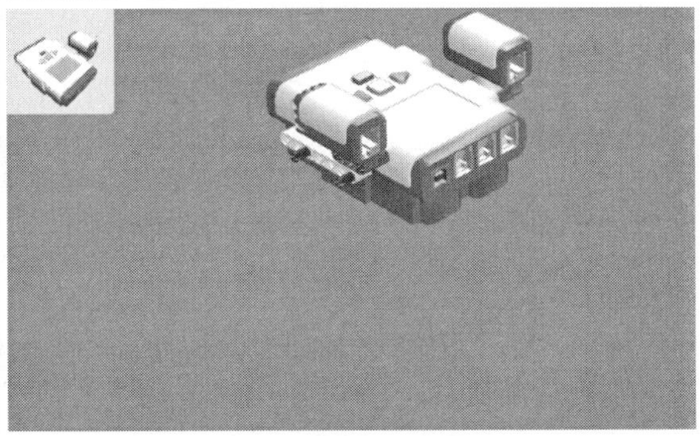

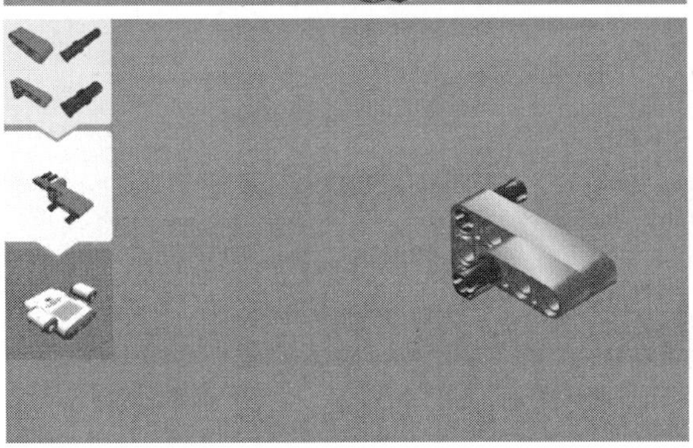

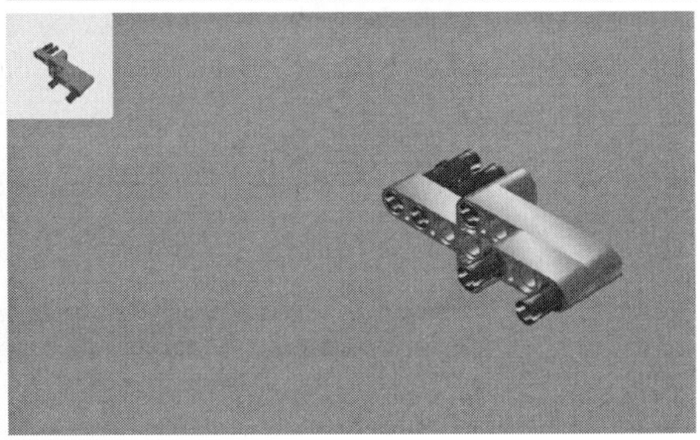

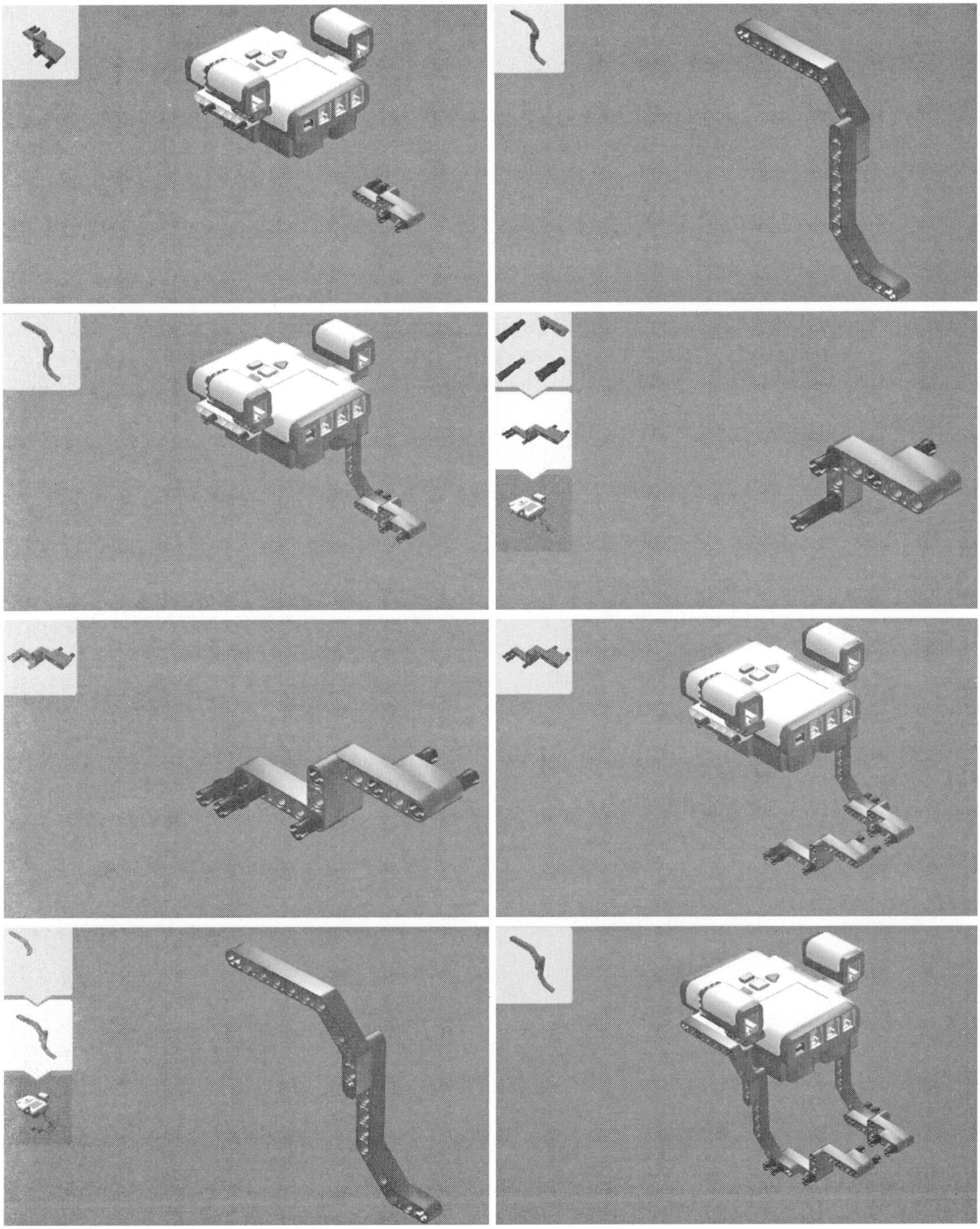

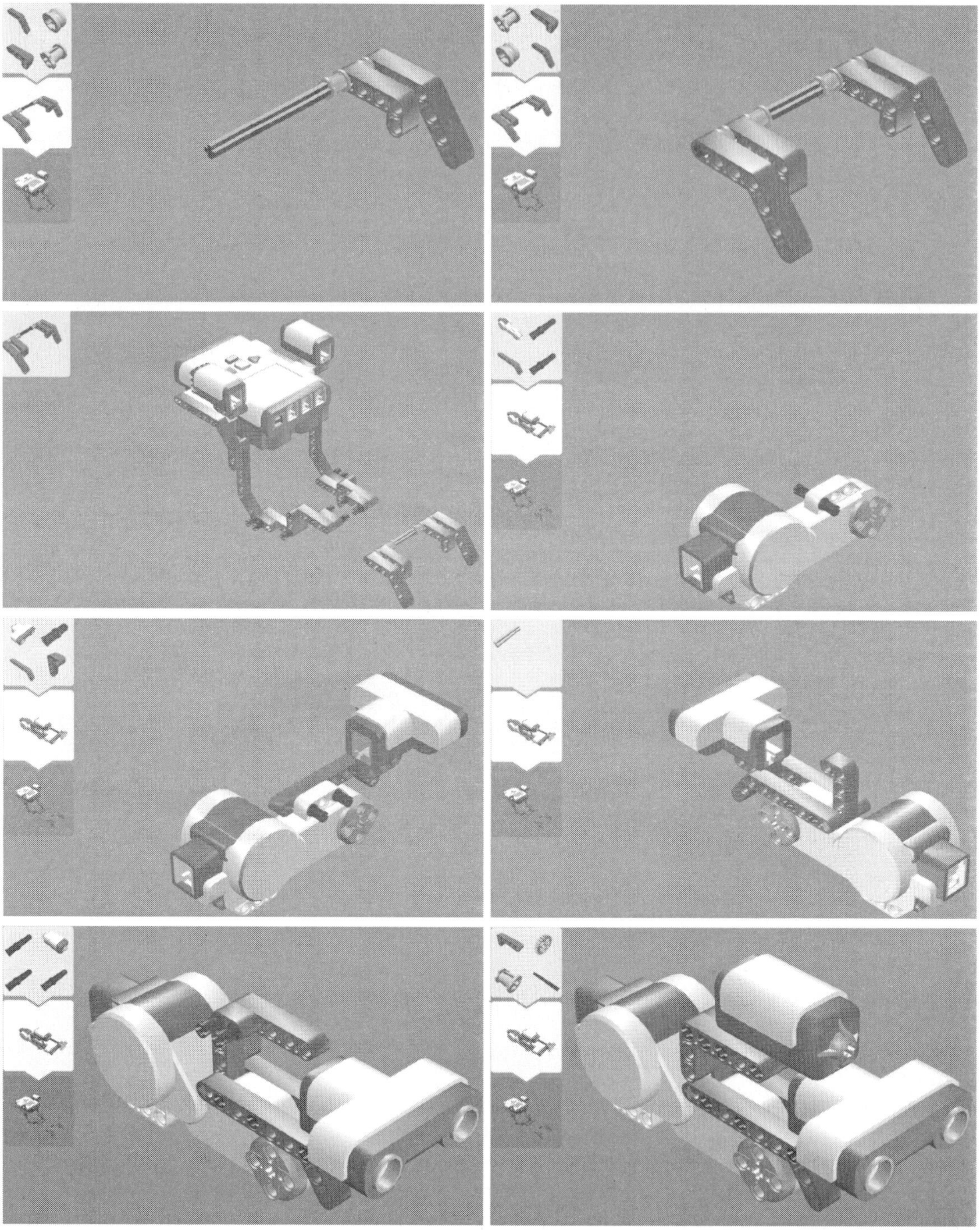

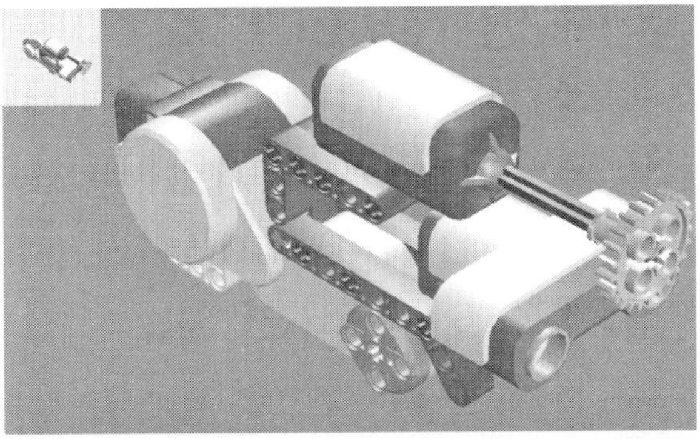
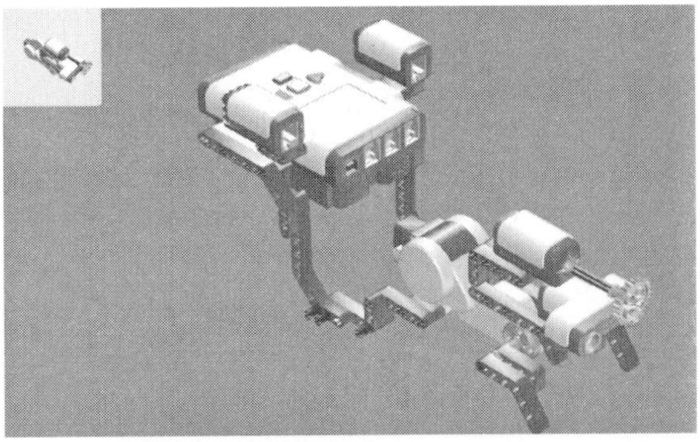
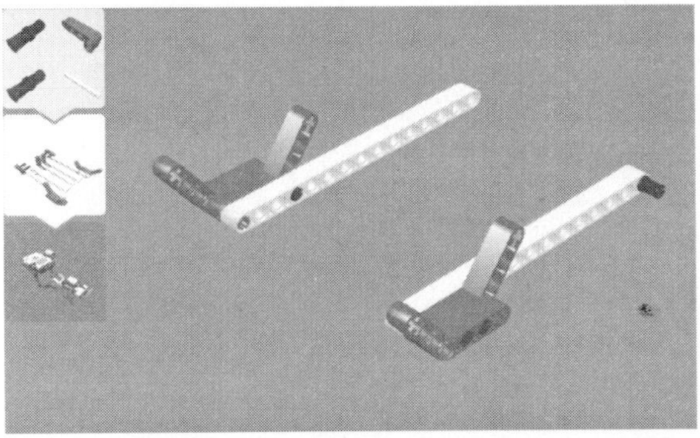
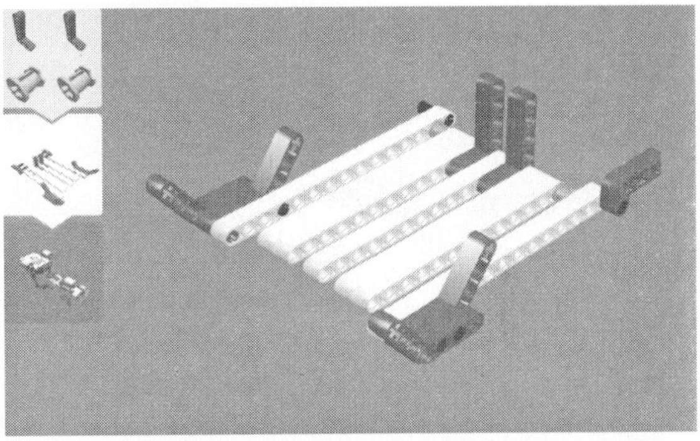
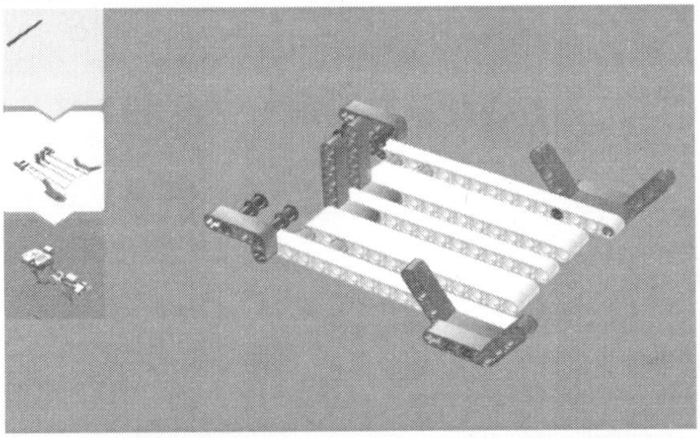

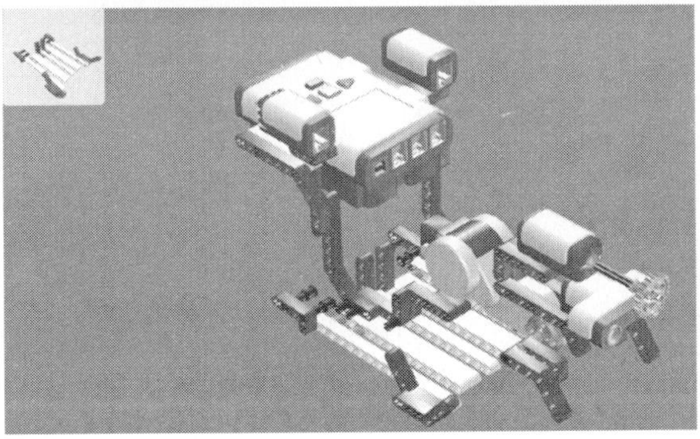
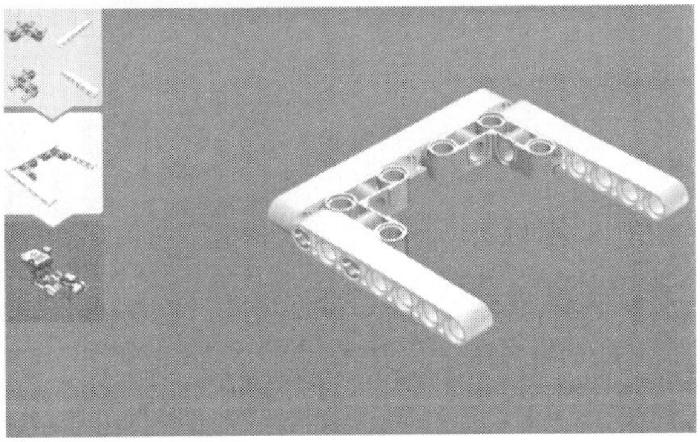

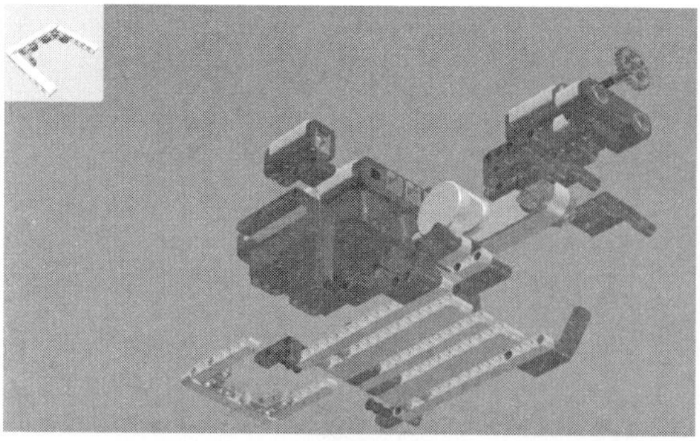

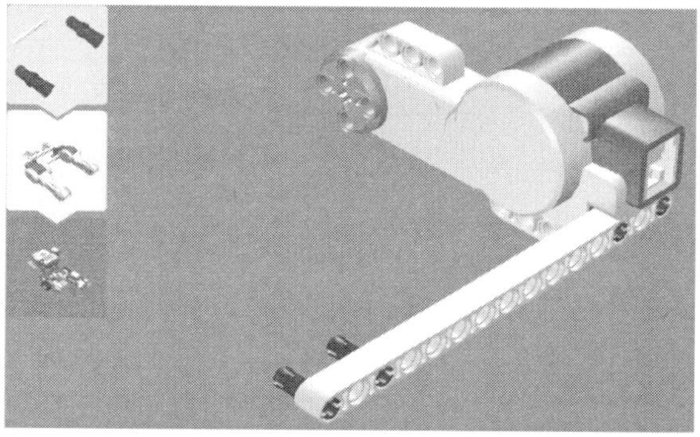
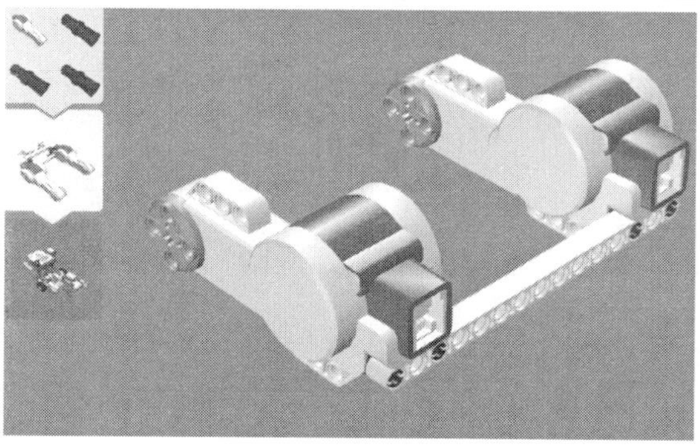
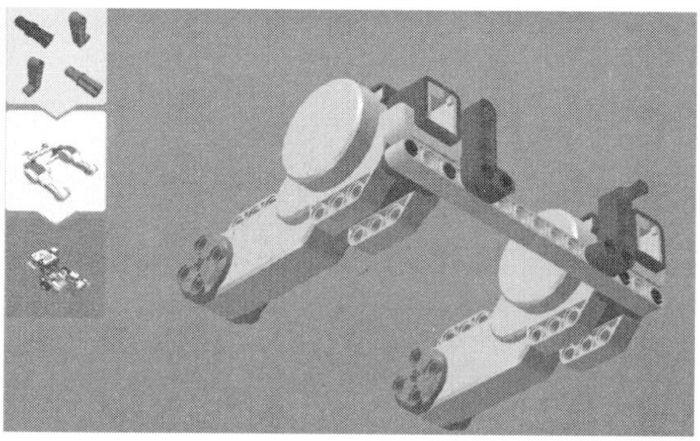

프로그래밍

1

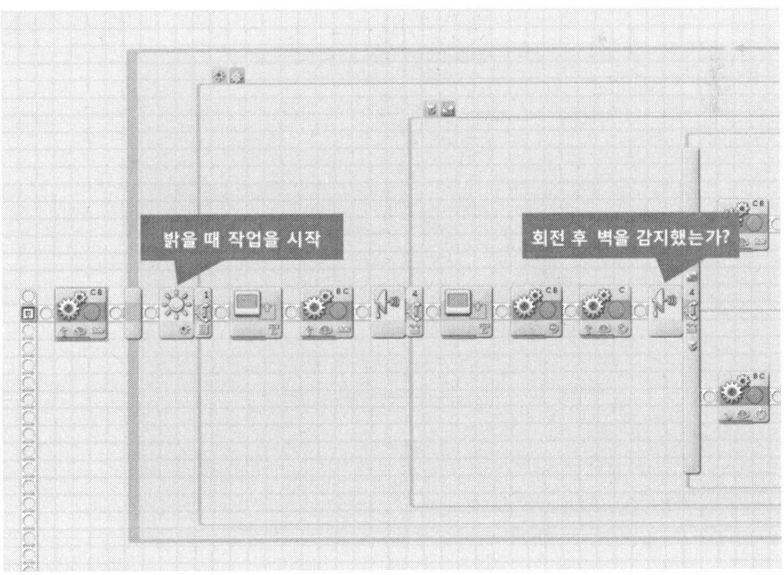

2

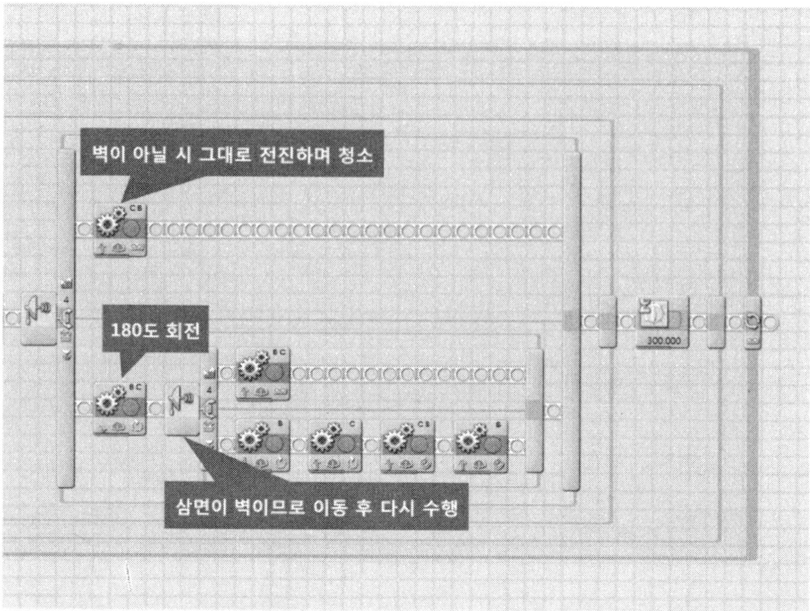
벽이 아닐 시 그대로 전진하며 청소
180도 회전
삼면이 벽이므로 이동 후 다시 수행

3

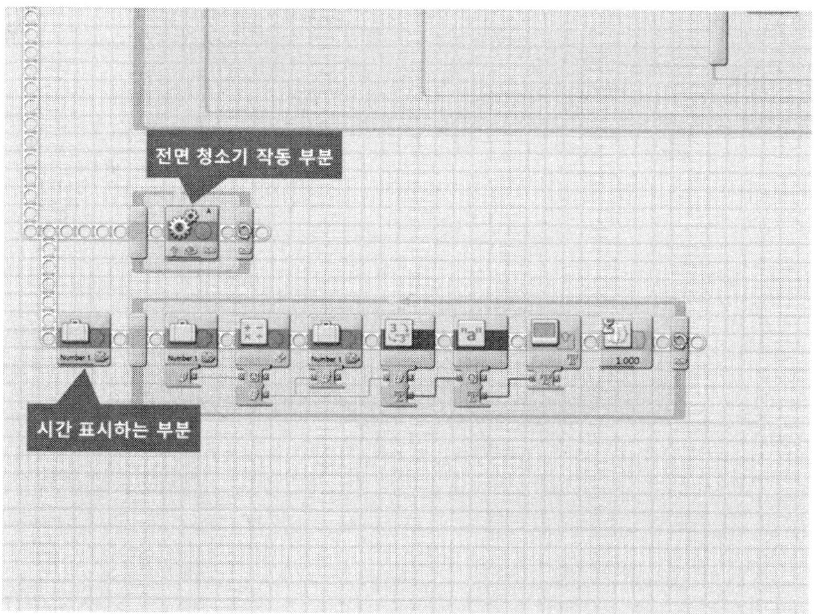
전면 청소기 작동 부분
시간 표시하는 부분

1 길 찾는 초반부

전면 벽 또는 장애물 감지

라이트 센서로 빛 감지(낮/밤 구분)

2 길 찾는 후반부

전면/측면/벽 감지

지정된 시간 동안 정지

3 청소기 작동 부분

블록 세부 설정

1

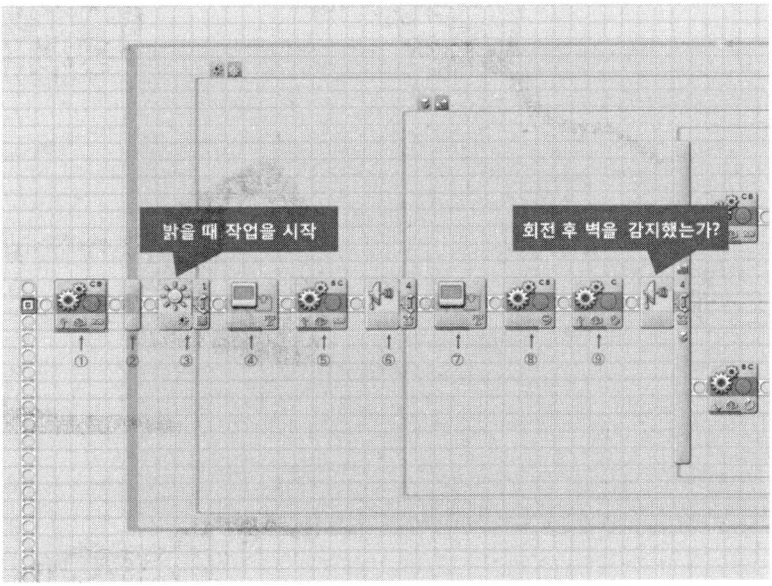

① 이동을 위한 모터 설정

② 무한 동작을 할 수 있도록 루프 만듦

③ 조명이 밝은지에 대한 센서값을 측정하는 Switch 사용

④ 청소 시작이라는 간단한 메시지 표시

⑤ 전진

⑥ 전면에 벽이 있는지 감지

⑦ 벽/장애물 발견

⑧ 전진 바퀴 멈춤

⑨ 좌측으로 회전

①

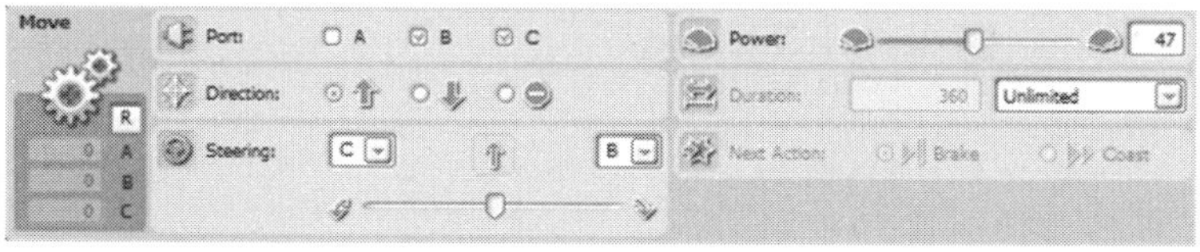

②

③

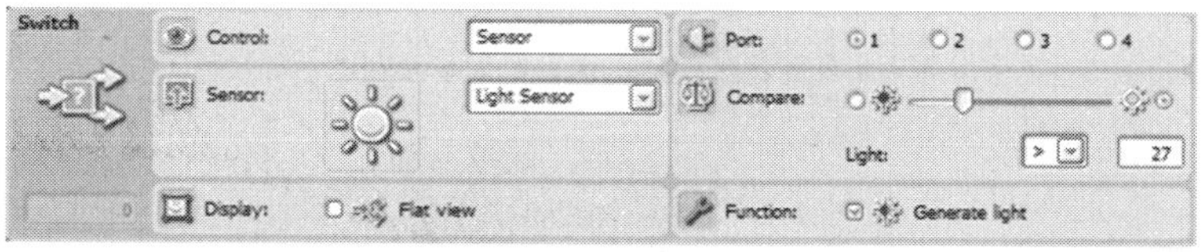

④

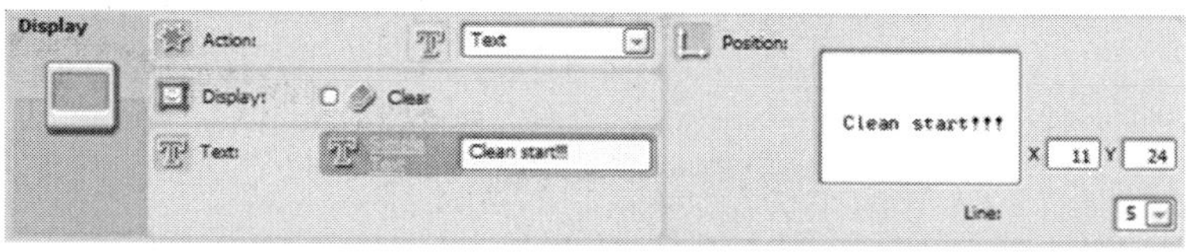

⑤

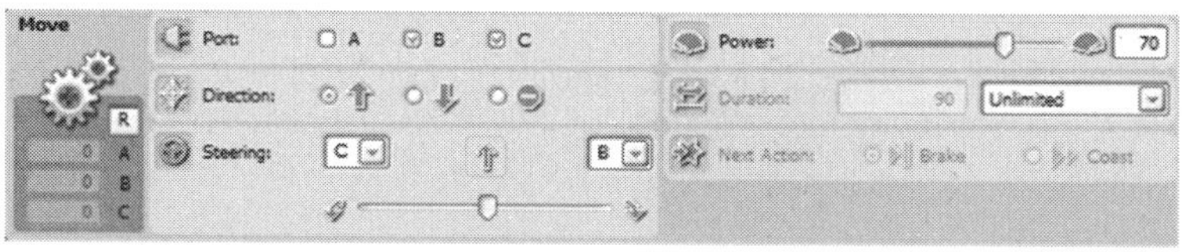

⑥

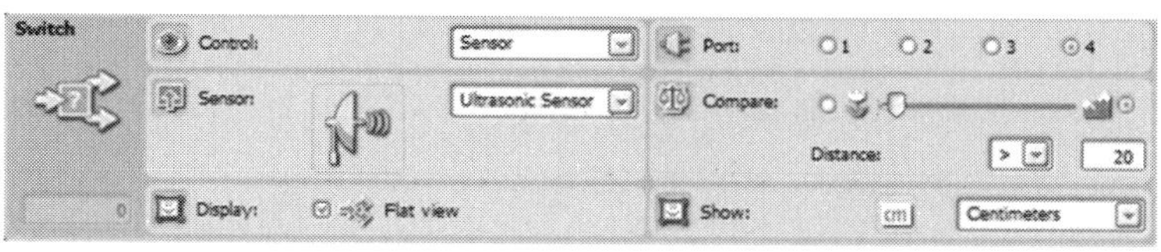

⑦ 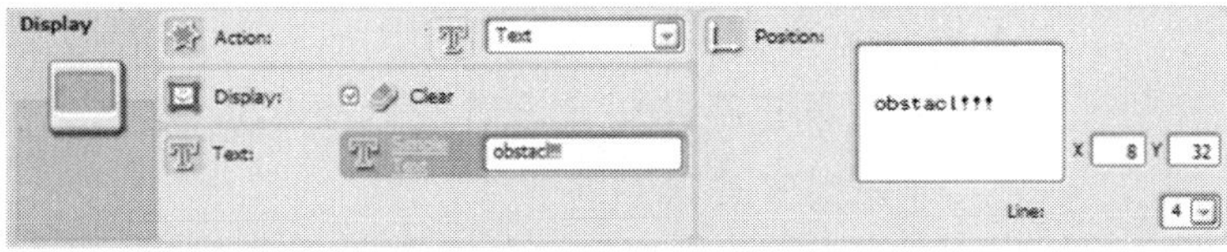

⑧ 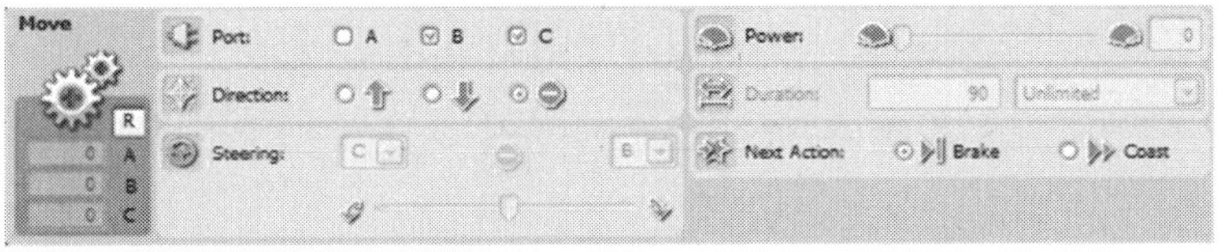

⑨ 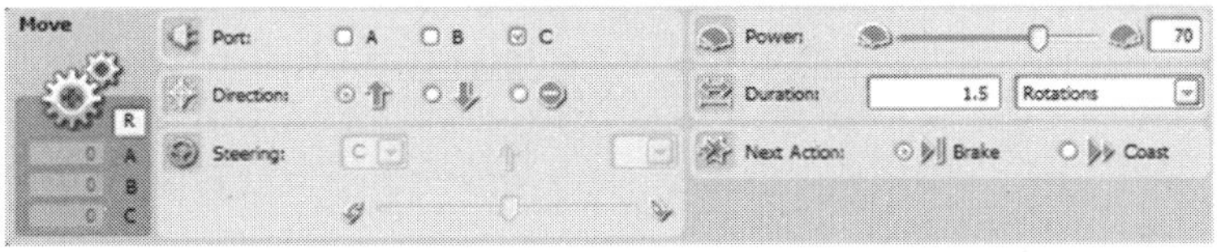

2

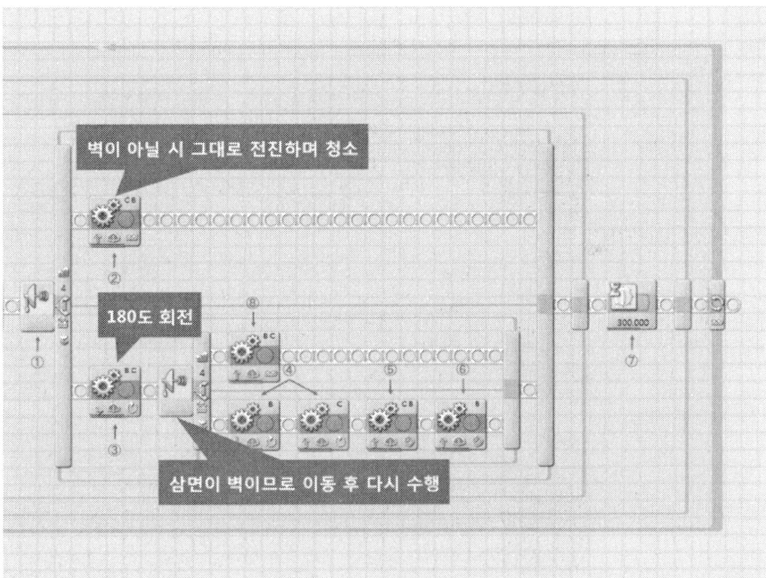

① 벽면 감지

② 회전 후 벽이 없으면 전진

③ 벽이 있으면 180도 제자리 회전

④ 180도 회전 후 벽이 있으면 왔던 곳으로 돌아서 선다.

⑤ 2바퀴 정도 물러 나옴

⑥ 임의 방향으로 회전

⑦ 300초간 기다렸다가 다시 청소 수행

⑧ 회전 후 벽이 없으면 전진

①
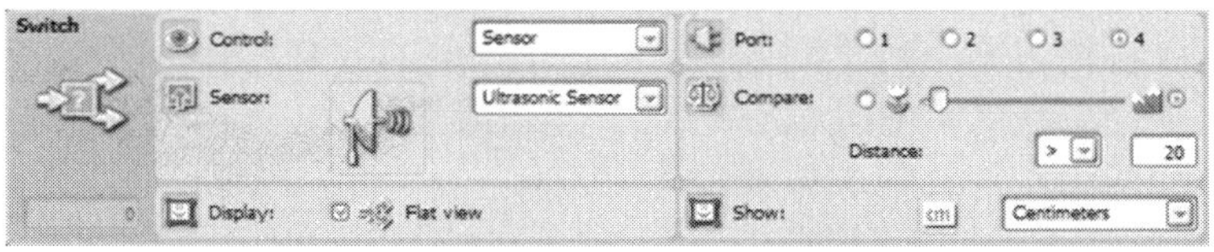

②
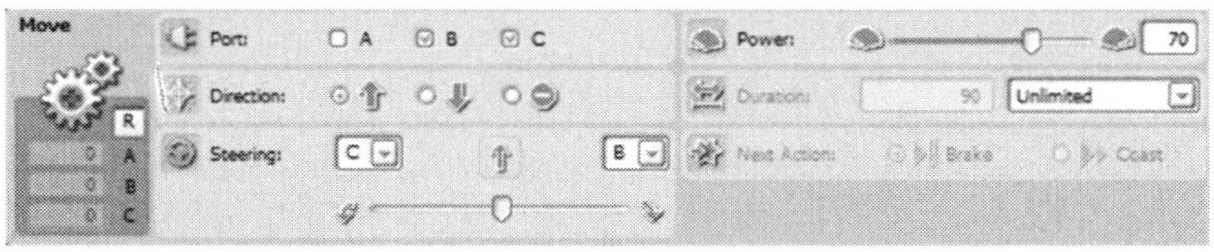

③
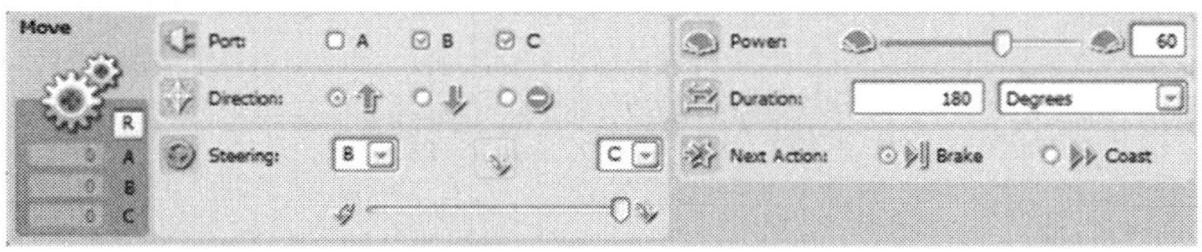

④
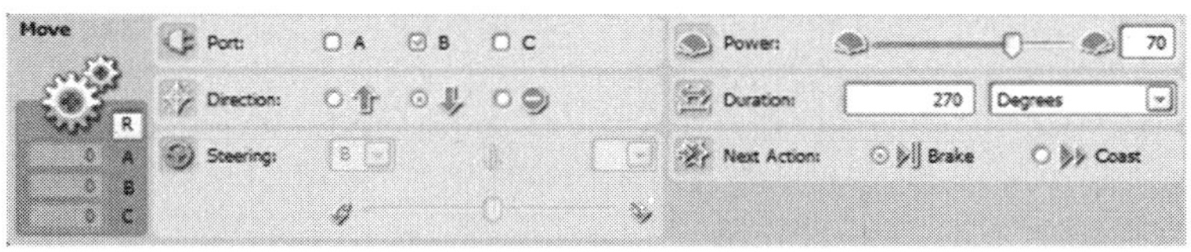

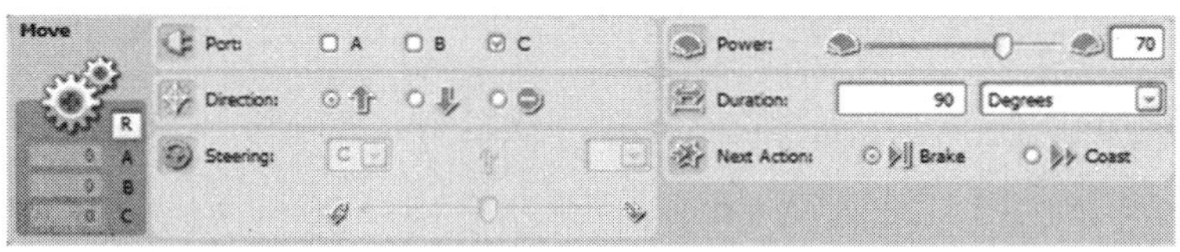

⑤
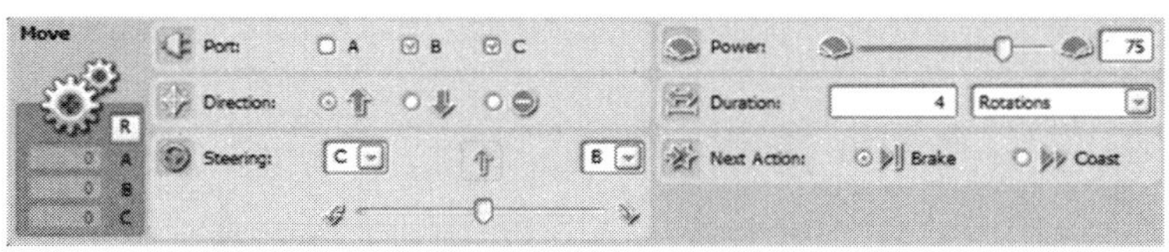

⑥ 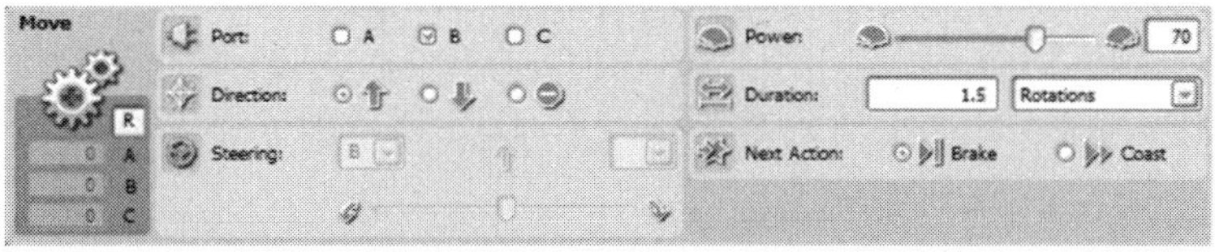

⑦ 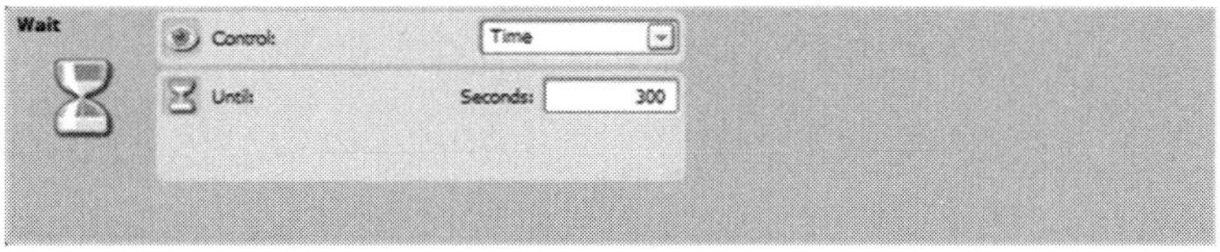

⑧ 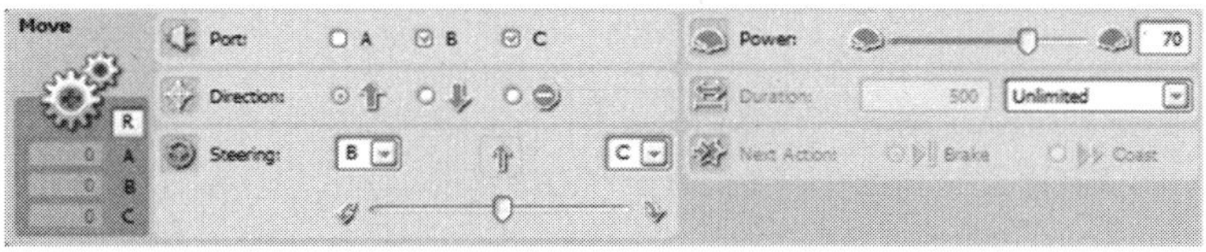

※ 각 값은 몇 번의 테스트를 통해 맞춰진 값으로 레고마다 모터의 세기나 위치, 지형, 모터의 세기에 따라 달라질 수 있다.

3

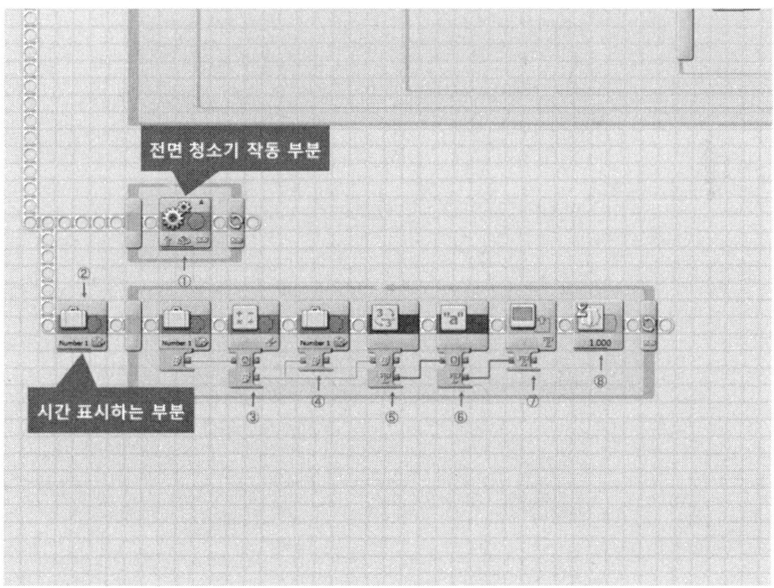

① 갈고리 부분은 항상 작동되도록 함

③ 변수값을 초기화 함

② 변수값에 +1

④ 결과값을 변수에 저장

⑤ 디스플레이하기 위해서 Text로 변환

⑥ 텍스트 조합하기

⑧ 화면에 표시

⑦ 시간 1초간 정지

①
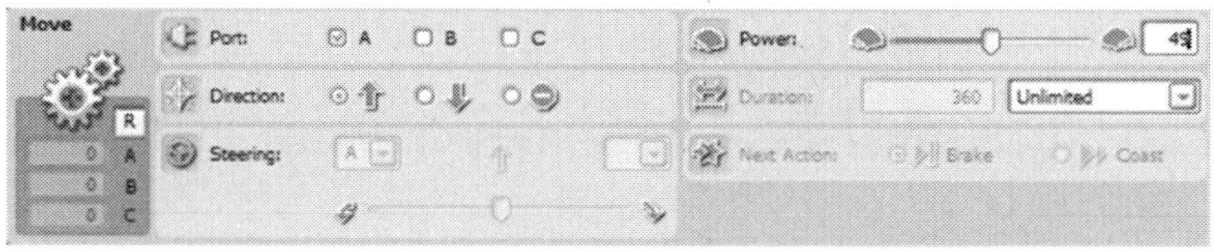

②
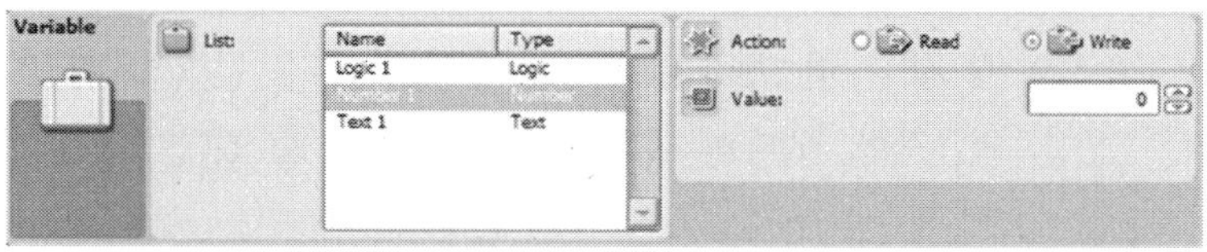

③
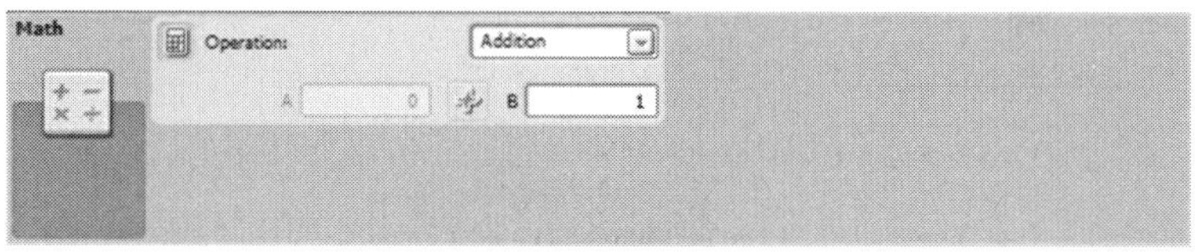

④
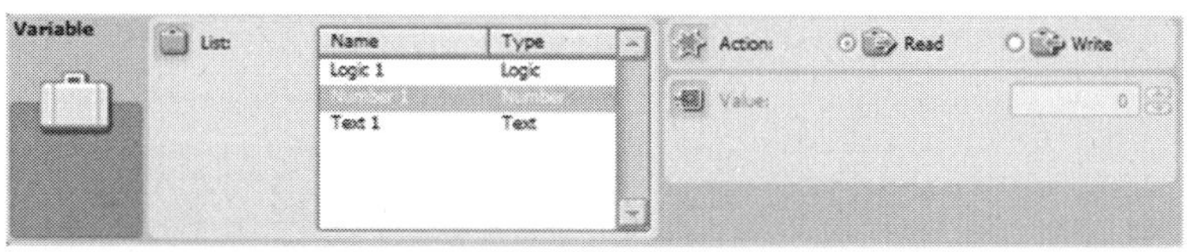

⑤

⑥
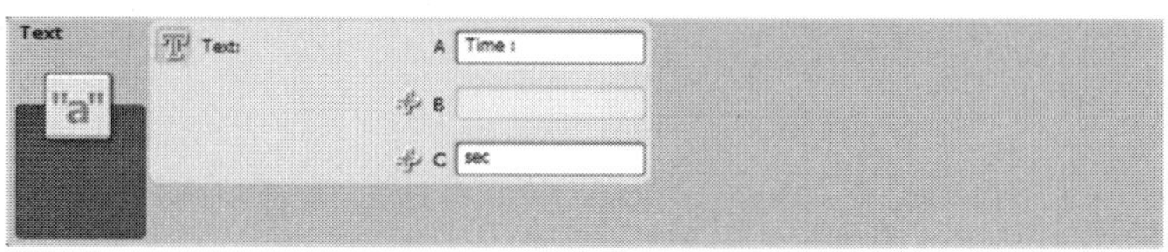

⑦

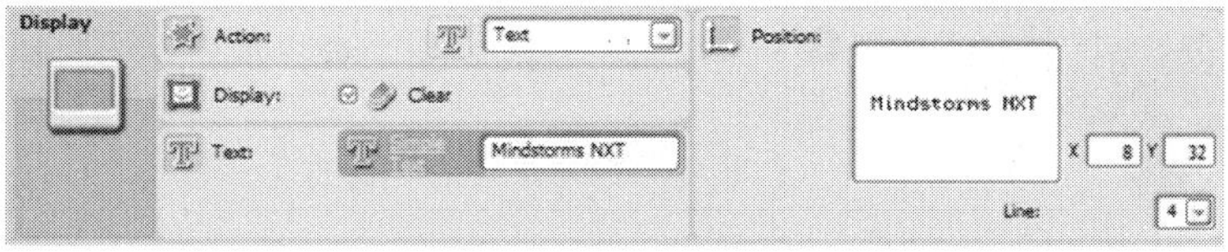

⑧

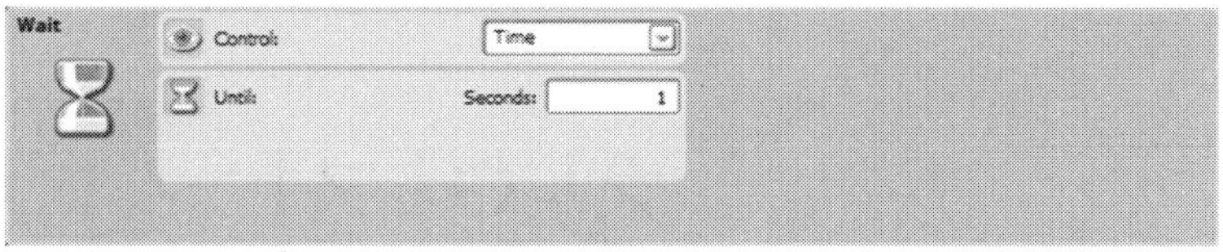

4.5 수행 규칙

- 기능에 대해 제약조건 미 구현시 감점
- 정해진 영역 내에서 일정 시간(2분) 동안 청소한 영역에 대해 평가
- 쓰레기 수거 방법에 대해 담거나 각각의 방법을 구현
- 수행하는 시간에 대해 LCD에 표시해 경과시간을 표시
- 조명에 대해 동일한 결과를 얻도록 미리 측정하여 경계값 유지

  (빛 조절 : 커튼 또는 조명등 작동법으로 명확한 조명수치 제공 : 조명 기준치 30%)

연 | 습 | 문 | 제

1. 한 개의 빛 센서를 사용하는 경우의 두 번째 주행법에 대한 NXT-G 프로그램을 작성하라. 로봇의 시작 위치는 진행 경로 방향의 왼쪽 배경 지점으로 설정한다.

2. 두 개의 빛 센서를 사용하는 경우에 대한 NXT-G 프로그램을 작성하라. 두 개의 빛 센서를 사용하기 위해서는 기존 로봇을 일부 변경하여 추가의 빛 센서를 장착해야 한다. 로봇의 시작 위치는 두 개의 빛 센서 사이에 경로선이 위치하는 지점으로 한다.

Chapter 12

창의적 설계 문제

이 장에서는 지금까지 살펴본 마인드스톰에 대한 지식을 기반으로 창의적 문제 해결 능력을 향상할 수 있는 몇 가지 설계 문제를 제시한다. 이 장에서 제시하는 설계 문제는 이전의 실습 예제와는 달리 팀 구성원 간의 협력이 필요하며 충분한 시간과 노력이 요구된다. 레고 블록을 사용해 로봇을 제작하고 이를 제어할 수 있는 프로그램을 함께 개발해야 한다. 각 설계 문제는 목표, 제한요소, 설계 내용, 경기 규칙, 평가 기준 등을 포함한다. 이 장에서 제시한 문제를 통해 이론으로 학습한 창의적 문제 해결 과정을 복습하고 활용할 수 있는 기회를 갖도록 하자.

1 왕복 빨리 달리기

1.1 목표

주어진 거리(1.5m~2m)를 가장 빨리 왕복 주행하는 로봇 제작

1.2 제한요소

- 원형 바퀴와 같이 구르는 원리를 사용할 수 없음
- 로봇은 경기장 밖으로 벗어날 수 없음. 빛 센서는 경기장 범위를 벗어났는지를 위해서만 사용할 수 있음. 즉 라인 트레이싱 원리를 사용해 이동해서는 안 됨
- 각 센서는 1개씩만 사용할 수 있음

1.3 설계 내용

- 구르지 않고 앞으로 이동하는 방법
- 경기장 내부와 외부를 인식하는 방법
- 반환 지점을 인식하는 방법

1.4 경기장 규격

- 재료
  - 하얀색 하드보드지 2개
  - 검은색 마스킹 테이프

- 경기장 ([그림 12 −1] 참조)
  - 하얀색 하드보드지 2개를 붙여서 만듦
  - 반환 지점과 최종 도착 지점에는 벽이 설치되어 있는 것으로 간주함. 즉, 반환 지점에 도착하면 터치 센서를 눌러 반환 지점에 도착했음을 알려줌
  - 경기장 좌우 경계에는 검정색 라인이 표시되어 있음. 이때 좌우를 구별하기 위해 서로 다른 색으로 표시할 수 있음

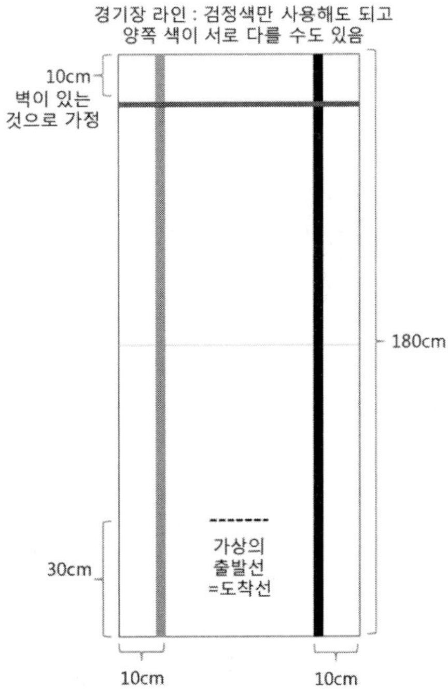

그림 12−1 왕복 빨리 달리기 경기장

1.5 경기 규칙

- 반환 지점에 도착하면 터치 센서를 눌러줌
- 몸체 전체가 도착선을 통과해야만 완주한 것으로 간주함

- 로봇이 출발한 후에는 손을 대는 등 로봇의 행동에 영향을 미칠 수 있는 일체의 행위를 할 수 없음

1.6 평가 기준

- 계획의 타당성 (15%)
  - 계획서 및 발표

- 최종 결과 (65%)
  - 성공한 경우 소요 시간 순으로 점수 부여
  - 단, 실패한 경우에는 성공한 경우보다 낮은 점수를 부여하되 빠르기, 창의성, 견고성 등을 종합적으로 고려함

- 결과 발표의 타당성 (20%)
  - 보고서 및 발표

2 로봇 스모

2.1 목표

상대방 로봇을 보다 빨리 경기장 밖으로 밀어내는 로봇 제작(로봇 스모)

2.2 제한 요소

- 최대 무게는 1kg을 초과할 수 없음
- 가로, 세로 길이는 각각 30cm×30cm 이내여야 함
- 경기 시작 후 움직이기 전에 5초 동안 대기wait 상태여야만 함
- 경기가 시작된 후에는 로봇에 영향을 미칠 수 있는 행동을 할 수 없음

2.3 설계 내용

- 경기장을 벗어나지 않도록 경기장 테두리 인식 방법
- 상대방 로봇의 인식 방법
- 쉽게 밀어낼 수 있는 구조 및 행동 방법
- 상대방의 공격에 대처할 수 있는 방법

2.4 경기장 규격

- 지름 길이가 약 80cm인 검은색 원형판으로서 테두리는 흰색으로 표시되어 있음([그림 12−2] 참조)
- 중심으로부터 약 15cm 위치에 시작 위치가 표시되어 있음
- 경기장 크기는 상황에 따라 달라질 수 있음

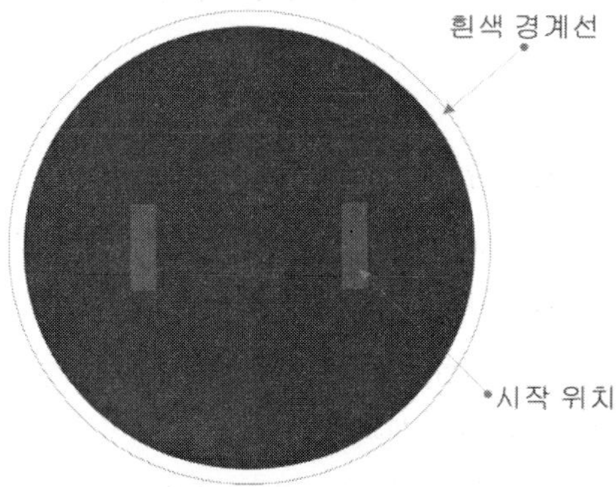

그림 12−2 로봇 스모 경기장

2.5 경기 규칙

- 3회 실시해 2회 이긴 로봇이 승리함
- 1회 경기 당 제한 시간은 1분이며, 1분이 초과되는 경우 무승부가 선언됨
- 무승부가 2회인 경우 1승을 먼저 거둔 로봇이 승리한 것으로 판정함
- 무승부가 5회 지속된 경우 무게가 가벼운 로봇이 승리한 것으로 판정함
- 경기 도중 두 로봇이 뒤얽히게 되거나 진전이 없다면 경기를 중단하고 시작 위치로부터 다시 시작할 수 있음

2.6 평가 기준

- 계획의 타당성 (30%)
  - 아이디어 및 발표

- 최종 결과 (70%)
  - 토너먼트 방식으로 경기를 진행하여 등수에 따라 점수 부여

3 장애물 제거 로봇

3.1 목표

경기장 내부의 모든 장애물을 경기장 밖으로 완전히 제거하는 로봇 제작

3.2 제한 요소

- 3개의 장애물이 존재(장애물의 개수는 쉽게 변경할 수 있어야 함)
- 장애물의 위치는 임의로 지정함
- 장애물을 제거할 때마다 구분할 수 있는 사운드를 재생해야 함
- 모든 장애물을 제거한 후에는 사운드를 재생하고 정지해야 함
- 최대한 빠른 시간 내에 장애물을 제거해야 함
- 주어진 부품만을 사용해야 함
  - 로봇이 장애물을 제거하기 위해 경기장의 경계를 벗어나는 것은 가능하지만 장애물 제거 후에는 경기장 내부로 복귀해야 함

3.3 설계 내용

- 장애물의 탐색 방법
- 장애물의 제거 방법
  - 최대한 경기장 밖으로 멀리 장애물을 제거하는 방법

– 장애물과 주변 물체를 구분하는 방법
– 정해진 구역에서 동작하는 방법
– 견고하게 로봇을 제작하는 방법

3.4 경기장 규격

• 재료

– 하얀색 폼보드 혹은 하드보드지 : 60cm×90cm 2개
– 검은색 마스킹테이프
– 색 도화지
– 장애물 내부를 채울 충전재

• 경기장

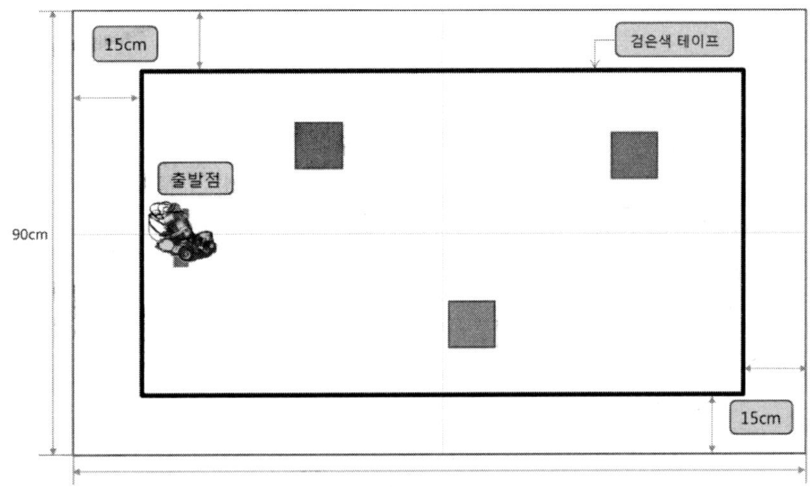

그림 12-3 장애물 제거 경기장

– 폼보드 두 장을 연결하여 제작([그림 12－3] 참조)
– 검은색 마스킹테이프를 사용해 경계선 표시

- 장애물
  - 색도화지를 사용해 정육면체(8cm×8cm×8cm) 모양으로 제작
  - 최소 3개 이상을 제작

3.5 경기 규칙

- 주어진 제한 조건을 만족하지 않을 경우에는 실격 처리함
- 조명 등의 환경 변화에 적응할 수 있도록 1회의 연습 기회를 가짐
- 연습을 마친 팀은 로봇을 제출하고 대기함
- 호출된 팀의 팀장은 로봇을 출발점에 위치하고 출발시킴
- 로봇의 출발 이후에는 일체 조작할 수 없음
- 로봇은 정해진 부속물을 사용해 정확하게 장애물을 제거해야 함(부정확하게 제거한 장애물은 다시 복원함)
- 2회 시행하며 각 시행마다 시간을 측정함. 단 두 번째 시행에는 장애물의 개수를 변경함

3.6 평가 기준

- 계획의 타당성 (20%)
  - 계획서 및 발표

- 최종 결과 (60%)
  - 제거 시간 : 20%
    - 2회 측정하여 평균 시간 계산(실패한 경우 정해진 최대 시간으로 처리함)
  - 창의성 및 기능성 : 30%
    - 단순하게 장애물을 밀어 제거하지 않고 특이한 동작으로 장애물을 제거
    - 집게나 이에 대응하는 부속물을 사용해 정확한 동작으로 장애물을 제거
  - 견고성 : 10%

- 결과 발표의 타당성 (20%)
  - 보고서 및 발표

4 계단 왕복 주행 로봇

4.1 목표

계단을 오르고 다시 내려오는 로봇 제작

4.2 제한 요소

- 5개 이상의 계단을 오르고 내려야 함
- 계단의 높이는 알 수 없음(단, 일반적인 계단 높이로 가정함)
- 모든 계단을 오른 후에는 사운드를 재생해야 함
- 모든 계단을 내려온 후에는 사운드를 재생해야 하고 정지해야 함
- 최대한 빠른 시간 내에 동작해야 함
- 주어진 부품만을 사용해야 함
- 로봇의 전체 길이는 계단 높이 이하로 해야 함

4.3 설계 내용

- 계단 탐지 방법
- 계단을 오르는 방법
- 계단을 내려오는 방법
- 올라간 계단의 개수를 구분하는 방법
- 내려온 계단의 개수를 구분하는 방법
- 견고하게 로봇을 제작하는 방법

4.4 경기장 규격

- 재료
  - 하얀색 하드보드지
  - 검은색 마스킹테이프

- 경기장
  - 기존 계단에 하얀색 하드보드지를 사용해 씌움([그림 12-4] 참조)
  - 검은색 마스킹테이프를 사용해 경계선 표시

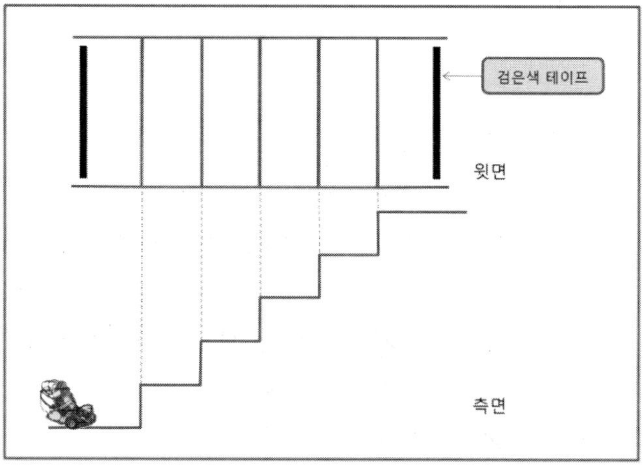

그림 12-4 계단 경기장

4.5 경기 규칙

- 주어진 제한 조건을 만족하지 않을 경우에는 실격 처리함
- 조명 등의 환경 변화에 적응할 수 있도록 1회의 연습 기회를 가짐
- 연습을 마친 팀은 로봇을 제출하고 대기함
- 호출된 팀의 팀장은 로봇을 출발점에 위치하고 출발시킴
- 로봇의 출발 이후에는 일체 조작할 수 없음

4.6 평가 기준

- 계획의 타당성 (20%)
  - 계획서 및 발표

- 최종 결과 (60%)
  - 이동 시간 : 20%
    - ▸ 실패한 경우 최대 시간으로 처리함
  - 창의성 및 기능성 : 30%
  - 견고성 : 10%

- 결과 발표의 타당성 (20%)
  - 보고서 및 발표

5 4족 보행을 이용한 강아지 로봇

5.1 목표

4족을 가지고 보행하는 강아지 로봇 제작

5.2 제한 요소

- 레고 마인드스톰의 부품을 이용해 제작
- 레고 마인드스톰의 프로그램을 이용해 프로그래밍
- 작동 시간을 LCD에 나타낼 수 있어야 함
- 주어진 모든 부품에 대한 제약조건을 최대한 사용해야 함

5.3 설계 내용

- Touch Sensor 이용 → 시작/끝
- Ultrasonic Sensor 이용 → 로봇이 앞으로 이동할 때
- Light Sensor 이용 → 로봇이 뒤로 이동할 때 물체/벽을 감지
- Sound Sensor 이용 → 잡음 발생 시 효과음 후 이전 작업 계속 수행
- 마인드스톰 본체 LCD에 작동 시간 표시

5.4 제작할 로봇

정면

뒷면

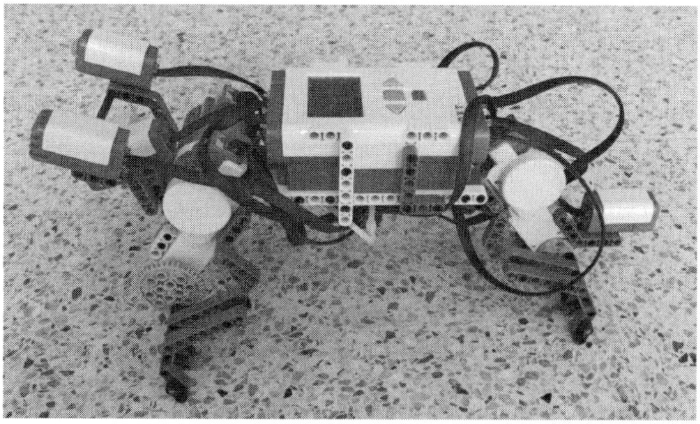

– 길이 : 약 30cm

– 폭 : 약 15cm

– 뒷부분은 Motor 1개로 다리 모양 2개를 제작 (총 사용 Motor 개수 : 3개)

5.5 측정기준

작은 잡음은 무시	아주 작은 소리부터 천천히 소리를 크게 하여, 보통의 사람이 작다고 느끼는 소리에 반응하는지 확인
물체/벽 인식	앞/뒤 각각 10회 이동 시 물체/벽을 인식하는 횟수 확인
시작/끝	손으로 터치 후 시작/끝 인식하는 횟수 확인
다리 간의 움직임의 정확성	앞다리와 뒷다리의 움직임이 실제 강아지와 같은지 확인
보행의 정확성	10회 보행 시 일직선으로 움직이는지 확인
낮은 무게 중심	손으로 터치를 10회 정도 했을 때, 로봇이 넘어지는 횟수 확인
보행 시 넘어지지 않음	10회 보행 시 넘어지는 횟수 확인
뾰족한 부분이 없음	손으로 터치 후 아픔(따가움) 정도를 확인

5.6 평가 기준

• 계획의 타당성 (20%)

  – 계획서 및 발표

• 최종 결과 (60%)

  – 실생활 편의성 및 기능성(30%)

    ▸ 쓰레기 제거 방법 미수행 시 실격처리

    ▸ 실생활에 도움이 되는 기능 등에 대해 가산점 부여

    ▸ 적은 소요 시간 동안 많은 영역 수행 시 가중치 부여

    ▸ 어두운 환경에서 동작하지 않음으로써 실생활의 적합도 평가

– 청소 수행 정도(20%)

▸ 정해진 타깃 10개에 대해 수행되는 정도를 점수로 평가

– 디자인 및 견고성(10%)

• 결과 발표의 타당성 (20%)

– 보고서 및 발표

6 해머 게임을 벤치마킹한 로봇

6.1 목표

해머게임([그림 12－5] 참조)을 유사하게 모방해 레고로 작동이 가능한 로봇 제작

그림 12–5 해머 게임 모형

6.2 제한 요소

• 주어진 모든 센서(Ultra sonic, distance, light, sound, Motor)를 사용해 제작해야 함

• 많은 센서 중 1개 이상은 주 기능을 담당해야 함

• 센서에 대한 명확한 수치를 LCD에 나타낼 수 있어야 함

• 게임의 승리/패배에 대한 각각의 이벤트(소리 또는 빛 센서)가 다르게 동작해야 함

• 최대한 공정한 게임 룰을 만들어야 함

• 주어진 모든 부품에 대한 제약조건을 최대한 사용해야 함

6.3 설계 내용

- 해머 게임에 대한 벤치마킹
- 게임에 대한 승패를 좌우할 수치화 방법
  - 사운드 센서의 입력값으로 수치화 방법
  - 직접적인 모터 회전각도에 대한 수치화 방법
- 주어진 센서를 각 부분에 대해 배치하는 방법
- 제한된 제약조건 하에서 최대한의 창의적 디자인 설계방법
  - 각 센서의 담당 역할을 지정해 구분 설계하는 방법
- 많은 사람이 즐길 수 있는 게임기의 견고성 구현 방법

6.4 설계 제작물 규격

- 1인 소지 가능의 크기(가로×세로 : 30cm 이하, 무게 2kg 이하)

6.5 게임 규칙

- 주어진 제한조건을 만족하지 않을 경우에는 실격 처리함
- 다양한 사람들이 즐길 수 있도록 미리 기능 설명
- 다양한 사람들이 사용하고 만족도를 체크
- 적절한 수치값을 LCD값에 표시해줌으로써 게임자에 대해 불만이 없도록 제시
- 게임기의 시작 이후 제작자는 게임기를 일체 조작할 수 없음
  (견고성 체크를 위해 많은 사람들의 상용성을 확인)

6.6 평가 기준

- 계획의 타당성 (20%)
  - 계획서 및 발표

- 최종 결과 (60%)
  - 창의적 구현 방법 및 기능성(40%)
    - ▸ 해머 게임에 대해 충분한 조사 및 벤치마킹 정도 고려
    - ▸ 타 팀과 동일한 기능과 동일한 방법에 대해 양 팀에 대해 감점
    - ▸ 센서의 사용 타당성에 대한 고려 또는 감점
  - 다수의 게임자 만족도(10%)
    - ▸ 게임 참여자의 만족도 확인서 수집으로 인한 평균점수 가산
  - 제작자의 게임 방법 설명(10%)
    - ▸ 충분한 게임 설명과 적극성 정도 판단

- 결과 발표의 타당성 (20%)
  - 보고서 및 발표

참고 문헌

"CPS: 창의적 문제해결", Donald J. Treffinger, Scott G. Isaksen, K. Brian Dorval, 김영채 역, 2004년 7월, 박영사

"창조적 아이디어 발상 및 전개", 박지원, 윤석호, 추봉조, 한만덕, 홍기헌, 2003년 2월, 학문사

"공학설계입문", 송동주, 김영탁, 박진호, 심재진, 이문용, 이화조, 형원길, 2008년 9월, 도서출판 YOUNG

"공학 문제 해결의 길라잡이 창의 공학", 박강, 김병재, 장혁수, 김영욱, 박용원, 2009년 2월, 교보문고

"창의성 수업 길라잡이", www.tcnc.net, 2006년 1월

"생각의 창의성 TRIZ", 김효준 외, 2004년 5월, 인터비전

"LEGO MINDSTORMS NXT-G Programming Guide", James Floyd Kelly, 2007, Apress

"Software Engineering 9th ed.", Ian Sommerville, 2010년 3월, Addison-Wesley

"컴포넌트기반 시스템 개발방법론 마르미-III 버전1.0", 2001년 6월, 한국전자통신연구원

찾아보기

영문

Maximum 230
Tone 185
5Why 41
80/20 룰 42
Active 모드 138
ALoU 72
Anders' C++ Communication Library 150
AS-IS TO-BE 122
Building guide Player 166
Bumped 201
Calibration 블록 270
Compare 블록 198
Compare 블록 238
Data Hub 189
Display 블록 159
Display 블록 175
Divide and Conquer 36
File Access 265
FURPS+ 모델 122
Generate Light 204
ISO9000 인증 93
Keep Alive 블록 262
LEGO 134
LEGO Digital Designer 161
leJOS NXJ 147
Logic 블록 197
Logic 블록 246
Loop 블록 215
lxf 166
M/MMan per Month 102
M/YMan per Year 101
Math 블록 198
Math 블록연산 블록 258
Minimum 230
Move 블록 179, 191
Number to Text 블록 233
NXC 152
NXT Buttons 블록 195
NXT 컨트롤러 138
NXT-G 152
Pan Tool 159
Passive 모드 140
PMI 66
Pressed 201
Random 블록 229
Range 블록 199, 242
rbt 154
rbt 160
RCX 136

Receive Message 블록 281
Record/Play 블록 182, 192
Released 201
Reset Motor 블록 모터 초기화 블록 275
RFP(제안 요청서) 98
RIS Robotics Invention System 135
RobotC 144
Rotation 블록 196
rxe 160
Send Message 블록 279
Sensor 블록 200
Sound file 185
Sound 블록 184, 193, 195
Steering 180
Stop 블록 197, 227
Switch 블록 221
SWOT 분석 106
Text 블록 255
Time 블록 159
Timer 블록 196
Update NXT Firmware... 155
Variable 블록 249
Volume 185
Wait 블록 159, 211

가

각도 Degrees 181
간접비 91
간트 차트 88
강아지 로봇 335
강제 결합법 66
개발 계획서 119
개발 규모 및 비용의 산정 119
검증 Verification 115
경로 주행 304
계속 Unlimited 181
계획 단계 117
계획 수립 87
계획 Planning 115
공학 10
구글 캘린더 89
구축 단계 125
구현 125
구현 Construction 115
기술적 모순 58

다

단계 Phase 118

라

라인 트레이서 286
란체스터의 법칙 84
랜덤 블록 285
로보센터 158
릴리즈 Release 115

마

마인드맵 51
마인드스톰 NXT 134
모순 58
모순 행렬 63
모터 141

문제 정의 32
문제 해결 프로세스 29
물리적 모순 58

바

발명원리 59
발산적 사고 50
방향 조정 180
범위 설정 119
범퍼카 284
보고서 102
보기 모드 163
분석 115, 121
분석 단계 121
브레이크 181
브레인스토밍 44
블록 156
비판적 사고 70
빌드 도구 163
빛 센서 138
빛 센서 203
빛 센서 305

사

사용자 중심의 요구 분석 121
사운드 센서 140, 203
산출물 119
상세 설계 124
상한값 230
서브시스템 113
설계 10, 115
설계 단계 124
설정 패널 158
수렴적 사고 51
스모 328
스캠퍼 53
시간 181
시스템 112
시스템 개발 라이프사이클 114
실행 예산 91
쌍비교분석법 73

아

아이디어 분석법 72
아이디어 평가 69
여섯 생각 모자 55
연상법 67
예산 변경 92
예산 정산 92
예산 집행 90
예산 통제 91
왕복 빨리 달리기 326
요구사항 오류 121
요소 112
원인결과도 38
유닛 112
이동 방향 179
이동양 181
이름 부여 규칙 110
인수 128
일정관리 도구 88

자

작업 영역 맵 159
작업 118
장애물 제거 로봇 330
전체 설계 124
제안서 98
제안서 작성 순서 99

차

창의 10, 48
창의성의 구성 요소 48
청소 로봇 308
초음파 센서 140, 204, 286
최단 경로 305

카

컨트롤러 156

타

타성 181
타이머 205
터치 센서 138, 201, 284
트리즈 57
팀워크 85

파

파레토 42
파레토도 42
팔레트 156
평가기준기반 쌍비교분석법 77
평가기준기반 아이디어 평가법 74
폭포수 모델 114
표준 펌웨어 138
표준인자 61
프로젝트 82
프로젝트 관리 83
프로젝트의 개요 파악 119
피쉬본 다이어그램 38

하

하이라이팅 64
하한값 230
해머 게임 338
협약 예산 91
형상 관리 108
활동 118
회의 86
회전 센서 204
회전 181
힘의 세기 181